本书得到现代农业产业技术体系——国家大宗淡水鱼产业技术体系（CARS-45）资金支持

甘肃鱼类图鉴与种质资源调查

Fish Illustrated Handbook and Research on Germplasm Resources in Gansu Province

主　编　李勤慎　康鹏天　丁丰源

副主编　邵东宏　李爱民　周风岐

兰州大学出版社
LANZHOU UNIVERSITY PRESS

图书在版编目（ＣＩＰ）数据

甘肃鱼类图鉴与种质资源调查 / 李勤慎，康鹏天，
丁丰源主编. -- 兰州 ：兰州大学出版社，2023.11
　ISBN 978-7-311-06571-3

　Ⅰ．①甘… Ⅱ．①李… ②康… ③丁… Ⅲ．①鱼类－
甘肃－图集②鱼类－种质资源－甘肃－图集 Ⅳ.
①Q959.408-64②S962-64

中国国家版本馆CIP数据核字(2023)第213587号

责任编辑　牛涵波　　丁承伦
封面设计　倪德龙

书　　名 **甘肃鱼类图鉴与种质资源调查**
作　　者 李勤慎　康鹏天　丁丰源　主编
出版发行 兰州大学出版社　（地址:兰州市天水南路222号　730000）
电　　话 0931-8912613(总编办公室)　0931-8617156(营销中心)
网　　址 http://press.lzu.edu.cn
电子信箱 press@lzu.edu.cn
印　　刷 陕西龙山海天艺术印务有限公司
开　　本 889 mm×1194 mm　1/16
印　　张 21.5
字　　数 556千
版　　次 2023年11月第1版
印　　次 2023年11月第1次印刷
书　　号 ISBN 978-7-311-06571-3
定　　价 218.00元

（图书若有破损、缺页、掉页,可随时与本社联系）

《甘肃鱼类图鉴与种质资源调查》
编写人员名单

主　　编：李勤慎　康鹏天　丁丰源

副 主 编：邵东宏　李爱民　周风歧

编写人员：（按照姓氏笔画排序）

马文辉	马玉涛	王　晓	王　璐	王廷宽	王全意
王秀琴	王剑周	王得文	计建华	史丽娜	白晶晶
冯志云	冯具盛	邢文嫱	刘山东	刘彦甫	闫经国
孙文静	李强强	杨　娟	杨树军	杨斌艳	肖　卫
何志强	张文江	张阳勤	张国维	张瑛珑	苟盼盼
范　辉	岳永河	金　静	金凡力	郜晓瑜	秦　勇
贾旭龙	高文慧	高祥云	郭慧玲	崔　健	梁尚海
葛文龙	葛仲显	蒋　晖	普华才让	魁海刚	

序

　　甘肃省地处黄土高原、青藏高原和内蒙古高原的交会地带，自然地理条件复杂，海拔一般在1000米以上。甘肃省的气候类型多样，包括亚热带季风气候、温带季风气候、温带大陆性气候和高原高寒气候4种气候类型。复杂多样的地理气候环境，使得甘肃省拥有丰富的动植物资源。

　　甘肃省的水资源主要分属黄河流域、长江流域、河西走廊内陆河流域3大流域9个水系。黄河流域有黄河干流（包括大夏河、庄浪河、祖厉河及其他直接入黄河干流的小支流）、洮河、湟水、渭河、泾河这5个水系，长江流域有嘉陵江水系，河西走廊内陆河流域有石羊河、黑河、疏勒河（含苏干湖水系）这3个水系。全省年径流量1亿立方米以上的河流有78条，其中，内陆河流域有独立出山口、年径流量大于1亿立方米的河流有15条，黄河流域有27条，长江流域有36条。

　　甘肃省多样化的地理环境、气候环境和分布不均的水资源，形成了不同流域、水系的独特水域环境，孕育了丰富的鱼类资源，甘肃省鱼类区系组成复杂多样、特有属种较多，是宝贵的鱼类遗传种质资源库。为了填补系统介绍甘肃省鱼类种质资源的空白，为了给广大渔业工作者、养殖者和人民群众认知与辨识甘肃省鱼类种类提供依据和便利，甘肃省渔业技术推广总站组织专业技术力量编撰了《甘肃鱼类图鉴与种质资源调查》一书。在编撰过程中，甘肃省渔业技术推广总站精心组织甘肃省渔业专家，广泛发动全省渔业系统力量，紧扣"看图识鱼"这一科普定位，通过深入一线调查研究，摸底调查了重点水域的渔业资源概况，并多方征集、整理、校对相关鱼类图片和文字资料，圆满完成了这项编撰工作。

　　本书共收录了108种鱼类的图片，图文并茂、直观生动，具有很强的趣味性和可读性；此外，书中关于甘肃省各地流域、水系鱼类的调查报告内容丰富。综上所述，本书是一本具有较高科普价值、参考价值和科研价值的鱼类鉴识工具书。

　　我相信，《甘肃鱼类图鉴与种质资源调查》的出版不仅能够增强人们对甘肃省鱼类的了解，提高人们对甘肃省土著鱼类资源及其栖息环境的保护意识，提升人们对鱼类的辨识和保护能力，还将对关心和从事甘肃省渔业和渔业经济发展的人士有所启迪和指导，这对保护甘肃省水生生物的多样性和生态系统平衡，实现甘肃省渔业的可持续、高质量发展非常有帮助。

戈贤平

国家大宗淡水鱼产业技术体系首席科学家

中国水产科学研究院首席科学家

前　言

　　甘肃省位于中国西北地区，自然环境复杂，气候类型多样，境内主要有黄河、长江、内陆河三大流域，其独特的地理环境和水系分布造就了水生野生动物自然分布的多样性和典型性。已记录的甘肃省土著鱼类有96种（亚种），隶属于6目12科65属（《甘肃省脊椎动物志》，王香亭，1991），其中甘肃省特有的土著鱼类有21种，两栖动物有2目9科24种。从流域分布来看，长江流域有鱼类45种，黄河流域有鱼类49种，河西走廊内陆河流域有鱼类25种。部分水生野生动物在三大流域有交叉分布，长江流域与黄河流域共有的种类有13种，长江流域与河西走廊内陆河流域共有的种类有10种。中国淡水鱼类中几个主要的区系类型在甘肃均有分布，高原冷水性土著鱼类在国内独具典型性，具有较高的遗传种质资源价值。

　　为了研究、保护和开发利用甘肃丰富的鱼类资源，满足广大渔业工作者、环境保护和野外生物调查工作者及鱼类爱好者的需求，自2010年起，甘肃省渔业技术推广总站开始着手搜集、整理相关鱼类图文资料，调查重点水域鱼类种质资源，为编撰《甘肃鱼类图鉴与种质资源调查》积累了素材，奠定了基础，历经十余年，终于完成了该书的图片收集、内容撰写工作。

　　本书的编写注重科学性、科普性和观赏性，集图片、分类依据、辨别特征于一体，使读者可结合每种鱼类的分类地位、形态特征、栖息习性、摄食习性、繁殖习性、地理分布等内容对其有较全面的了解。书中共收录了甘肃省境内现存及历史记录的108种鱼类的图片，同时，还收录了10篇甘肃省境内重点水域的鱼类资源调查报告。综上，本书既可作为水生生物的科普读物，亦可作为专业研究人员的工具书，是一本既能发挥社会效益，又有较高生态效益的科普书。

本书的编写分工如下：第一章由杨娟、康鹏天编写，第二章由康鹏天、王全意、冯具盛、冯志云、马文辉编写，第三章由康鹏天、高祥云编写，第四章由张国维、康鹏天、杨树军、秦勇、杨娟、王剑周编写。其中，图鉴部分的图片由丁丰源、邵东宏、康鹏天、王剑周、张阳勤、王廷宽、马玉涛、王璐、葛仲显、范辉、王得文、史丽娜、白晶晶、邢文嫱、肖卫、张瑛珑、苟盼盼、普华才让、梁尚海、刘彦甫、葛文龙、张文江、郭慧玲、贾旭龙、魁海刚、闫经国等提供。全书由李勤慎、丁丰源、康鹏天、邵东宏、李爱民、周凤岐统稿，由康鹏天、金凡力、王秀琴、李强强、孙文静、计建华、何志强、金静、杨斌艳等核稿，由康鹏天、高文慧、李强强、崔健、王晓、岳永河、刘山东、郜晓瑜、蒋晖等校对。

本书在编撰、出版过程中，得到现代农业产业技术体系——国家大宗淡水鱼产业技术体系（CARS-45）、甘肃省农业农村厅2021年省级财政现代丝路寒旱农业发展项目的资金支持，还得到多方专家、渔业同行和有关单位领导及同事的大力支持。在此一并表示衷心感谢！

由于编者水平有限，野外采集标本困难，拍摄条件有限，在鱼类的鉴定分类中遇到诸多困难，尤其是高原鳅属、条鳅属等定种定名较为困难，书中难免存在疏漏、错误之处，敬请业内同仁给予指导，诚望广大读者批评指正。

《甘肃鱼类图鉴与种质资源调查》编写委员会
2023年8月

目　录

第一章

总　论

一 甘肃省自然地理与水域环境概况

甘肃省位于中国西部地区，地处黄河中上游，地域辽阔；介于北纬32°11′～42°57′、东经92°13′～108°46′之间；大部分位于中国第二级阶梯上；东接陕西省，南邻四川省，西连青海省、新疆维吾尔自治区；北靠内蒙古自治区、宁夏回族自治区，并与蒙古国接壤；东西绵延1600多千米，纵横45.37万 km²，占中国总面积的4.72%。

甘肃省地处黄土高原、青藏高原和内蒙古高原三大高原的交会地带。境内地形复杂，山脉纵横交错，海拔相差悬殊，地貌复杂多样，山地、高原、平川、河谷、沙漠、戈壁交错分布。地势自西南向东北倾斜，地形狭长，大致可分为各具特色的六大区域。海拔大多在1000 m以上，四周为崇山峻岭所环抱。甘肃是个多山的省份，主要的山脉有祁连山、乌鞘岭、六盘山，其次诸如阿尔金山、马鬃山、合黎山、龙首山、西倾山、子午岭山等，多数山脉属西北—东南走向。甘肃省内的森林资源多集中在这些山区，大多数河流也都在这些山脉形成各自分流的源头。

甘肃省水资源主要分属黄河、长江、内陆河3个流域9个水系。黄河流域有洮河、湟水、黄河干流（包括大夏河、庄浪河、祖厉河及其他直接入黄河干流的小支流）、渭河、泾河这5个水系；长江流域有嘉陵江水系；内陆河流域有石羊河、黑河、疏勒河（含苏干湖水系）这3个水系，共有15条。甘肃省年总地表径流量174.5亿 m³，流域面积27万 km²。全省自产地表水资源量286.2亿 m³，纯地下水资源量8.7亿 m³，自产水资源总量294.9亿 m³，人均1150 m³。全省河流年总径流量415.8亿 m³，其中，年径流量1亿 m³以上的河流有78条。黄河流域除黄河干流纵贯省境中部外，还有支流36条。长江流域包括省境东南部嘉陵江上游支流的白龙江和西汉水，水源充足，年内变化稳定，冬季不封冻，河道坡降大，且多峡谷，蕴藏有丰富的水力资源。水力资源理论蕴藏量为1724.15万 kW，居中国第10位，可利用开发量为1068.89万 kW，年发电量为492.98亿 kW·h，水力发电量居中国第4位。

1.疏勒河水系

疏勒河水系以疏勒河为干流，主要支流有大哈尔腾河、党河、榆林河、石油河及白杨河，各河流均发源于祁连山脉，疏勒河水系水资源总量为21.2亿 m³。疏勒河干流发源于祁连山脉的疏勒南山东段纳嘎尔当，河流流经肃北县、玉门市及瓜州县，注入双塔堡水库。疏勒河流域干流总长945 km，年均径流量8.7亿 m³。

2.黑河水系

黑河水系以黑河为干流，自东向西主要支流有山丹河、民乐洪水河、大堵麻河、临泽梨园河、酒泉马营河、丰乐河、酒泉洪水河及讨赖河。黑河干流发源于青海省走廊南山南麓和讨赖山北麓，从甘肃省张掖市肃南县入境，途经张掖市甘州区、临泽县、高台县，于酒泉市金塔县出境流入内蒙古自治区，最后入居延海。黑河干流全长约956 km，年均径流量16亿 m³。黑河水系水资源总量为23.1亿 m³。

3.石羊河水系

石羊河流域诸河皆发源于祁连山冷龙岭北麓，河流短促，无主次之分，自东向西较大的河流有大靖河、古浪河、黄羊河、杂木河、金塔河、西营河、东大河、西大河这8条河流，西大河及东大河部分水量在下游汇成金川河入金川峡水库，其余6条河流出山后进入河西走廊武威灌区，水量大部分被引灌及渗入地下，后又以泉水形式溢出地表，形成众多的泉水河道，交汇成石羊大河。此后，河流向北穿过红崖山进入民勤盆地，经引灌蒸发而消失。石羊河水系水资源总量为17.1亿m³。

4.黄河干流水系

黄河干流水系包括干流上游玛曲段及下游积石关到黑山峡段，主要支流有大夏河、庄浪河、祖厉河、白河、黑河、西科河、银川河、宛川河等。黄河干流玛曲段从青海省的久治县入境，由西向东流至文保滩后向北流，因受西倾山的阻挡又朝西流去，在玛曲境内形成180度的大转弯，又流回青海省，形成了一个状如"U"形的弯曲，成为"九曲黄河十八弯"的第一弯。积石关至黑山峡段，即黄河兰州段区间，干流由青海循化县横穿积石山入境，经临夏、兰州、白银，从靖远县黑山峡出境。黄河干流甘肃段长913 km，其中上段长433 km，下段长480 km，流域面积56695 km²。黄河兰州段年均径流量312.6亿m³。

5.洮河水系

洮河水系主要河流包括洮河干流，以及周科河、科才河、括合曲、博拉河、车巴沟、卡车沟、大峪沟、迭藏沟、羊沙河、冶木河、漫坝河、三岔河、东裕沟、大碧河、广通河等支流。洮河干流发源于青海省海南州境内的西倾山北麓勒尔当，经甘肃省碌曲县境西部的西倾山东麓流入甘肃省。洮河流经碌曲、夏河、卓尼、临潭、渭源、临洮、永靖等县，在永靖县刘家峡水库上游流入黄河。流域面积25527 km²，年均径流量48.26亿m³。

6.湟水水系

湟水水系主要有湟水干流和大通河支流两条河流。湟水干流发源于青海省大通山南麓，在兰州市红古区进入甘肃省，流经兰州市的红古区至西固区达川镇汇入黄河，甘肃省内干流长73 km，流域面积32863 km²，年均径流量16.20亿m³。大通河发源于祁连山脉东段托来南山和大通山之间的沙果林那穆吉木岭，从西北向东南流经青海刚察、祁连、海晏等县，至甘肃天祝县天尝寺进入甘肃，经兰州永登、红古等区县再转入青海民和县享堂村汇入湟水。全长574.12 km，流域面积15133 km²，甘肃省境内长109.7 km，流域面积2190 km²，年均径流量28.2亿m³。

7.泾河水系

泾河水系主要河流有泾河干流，以及颉河、讷河、洪河、蒲河、马莲河、黑河等支流。泾河干流发源于宁夏回族自治区泾源县六盘山东麓马尾巴梁东南1 km的老龙潭以上，由西向东流，在平凉市大阴山下的崆峒峡流入甘肃省境内，流经平凉市泾川县、庆阳市宁县、庆阳市正宁县等地，流出至陕西省长武县。甘肃省境内长177 km，流域面积14126 km²，年均径流量17.10亿m³。

8.渭河水系

渭河水系以渭河为干流，包括秦祁河、咸河、榜沙河、葫芦河、藉河、牛头河、通关河等支流。渭河干流发源于甘肃省渭源县南部鸟鼠山，流经渭源、陇西、武山、甘谷等县，在天水市麦积区胡店乡流入陕西。甘肃省境内长360 km，流域面积25600 km²，年均径流量14.1亿m³。

9.嘉陵江水系

嘉陵江发源于秦岭山脉陕西省凤县代王山南侧东裕沟，流经甘肃的两当县及徽县，是长江流域中面积最大的一条支流。甘肃省境内长86.2 km，流域面积2556.6 km²，年均径流量11.95亿m³。

二　甘肃省鱼类多样性研究简史

甘肃省渔业发展较晚，早期鱼类调查有记载的有张孝威（1948）在河西走廊石羊河、弱水所进行的调查，其所采标本保存于中国科学院水生生物研究所，相关研究成果直到1964年才由曹文宣整理发表。20世纪80年代，研究人员陆续开展了鱼类多样性研究，系统地调查了甘肃省内三大流域的鱼类资源分布情况，出版的《甘肃渔业资源与区划》（刘阳光等）一书为甘肃省鱼类的后续研究做了较好的铺垫，《甘肃脊椎动物志》（王香亭，1991）一书论述了甘肃省野生鱼类的概况，对甘肃省的鱼类做了清晰的分类。

三　甘肃省鱼类种类组成及分布

甘肃省鱼类资源丰富，目前共有鱼类100多种，其在黄河流域、长江流域、内陆河流域这三大流域的分布情况见表1-0-1。

表1-0-1　甘肃省土著鱼类名录及三大流域分布

目次	科别	名称	拉丁文名	分布		
				黄河流域	长江流域	内陆河流域
鲑形目	鲑科	细鳞鲑	*Brachymystax lenok*	+		
鲤形目	鲤科	南方马口鱼	*Opsariichthys uncirostris bidens*	+	+	+
		马口鱼	*Opsariichthys bidens*			+
		瓦氏雅罗鱼	*Leuciscus waleckii*	+		
		赤眼鳟	*Squaliobarbus leuriculus*	+		
		鳘鲦	*Hemiculter leucisculus*	+	+	+
		平鳍鳅鮀	*Gobiobotia homalopteroidea*	+		
		麦穗鱼	*Pseudorasbora parva*	+		
		似铜鮈	*Gobio coriparoides*	+		
		黄河鮈	*Gobio huanghensis*	+		
		北方铜鱼	*Coreius septentrionalis*	+		
		圆筒吻鮈	*Rhinogobio cylindricus*	+		
		大鼻吻鮈	*Rhinogobio nasutus*	+		
		清徐胡鮈	*Huigobio chinssuensis*	+		
		棒花鱼	*Abbottina rivularis*	+		
		多鳞铲颌鱼	*Varicorhinus macrolepis*	+	+	
		白甲鱼	*Varicorhinus simus*		+	

目次	科别	名称	拉丁文名	分布		
				黄河流域	长江流域	内陆河流域
		四川白甲鱼	*Varicorhinus angustistomatus*		+	
		渭河裸重唇鱼	*Gymnodiptychus pachycheilus weiheensis*	+		
		厚唇裸重唇鱼	*Gymnodiptychus pachycheilus*	+		
		极边扁咽齿鱼	*Platypharodon extremus*	+		
		花斑裸鲤	*Gymnocypris eckloni*	+		
		黄河裸裂尻鱼	*Schizopygopsis pylzovi*	+		
		嘉陵裸裂尻鱼	*Schizopygopsis kialingensis*	+		
		骨唇黄河鱼	*Chuanchia labiosa*	+		
		鲤鱼	*Cyprinus carpio*	+	+	+
		鲫鱼	*Carassius auratus*	+	+	+
		华鲮	*Sinilabeo rendahli*		+	
		大鳞鲢	*Zacco macrolepis*		+	
		鳡鱼	*Elopichthys bambusa*		+	
		中华细鲫	*Aphyocypris chininsis*			+
		长江鲅	*Phoxinus lagowskii variegatus*	+	+	
		拉氏鲅	*Phoxinus lagowskii lagowskii*			+
		圆吻鲴	*Distoechodon tumirostris*		+	
		宽口光唇鱼	*Acrossocheilus monticopa*		+	
		瓣结鱼	*Torbrevifilis brevifilis*		+	
		唇鳎	*Hemibarbus labeo*		+	
		花鳎	*Hemibarbus maculatus*		+	
		中华倒刺鲃	*Barbodes sinensis*		+	
		刺鲃	*Barbodes coldwelli*		+	
		似鳎	*Belligobio nummifer*		+	
		嘉陵颌须鮈	*Gnathopogon herzensteini*		+	
		银色颌须鮈	*Gnathopogon argentatus*		+	
		点纹颌须鮈	*Gnathopogon wolterstorffi*		+	
		短须颌须鮈	*Gnathopogon imberbis*		+	
		裸腹片唇鮈	*Platysmacheilus nudiventris*		+	
		蛇鮈	*Saurogobio dabryi*		+	

目次	科别	名称	拉丁文名	分布		
				黄河流域	长江流域	内陆河流域
		宜昌鳅鮀	*Gobiobotia ichangensin*		+	
		异鳔鳅鮀	*Xenophysogobio boulengeri*		+	
		青海湖裸鲤	*Gymnocypris przewalskii*		+	
		中华裂腹鱼	*Schizothorax sinensis*		+	
		齐口裂腹鱼	*Schizothorax prenanti*		+	
		重口裂腹鱼	*Schizothorax davidi*		+	
	鳅科	红尾副鳅	*Paracbitis berozowskii*		+	
		似鲇高原鳅	*Triplophysa siluroides*	+		
		重唇高原鳅	*Triplophysa papilloso-labiatus*	+		
		空吉斯条鳅	*Nemachilus kvangessanus*			+
		杂色条鳅	*Nemachilus variegata*		+	
		小眼高原鳅	*Triplophysa microps*	+		
		短体条鳅	*Nemachilus potanini*		+	
		粗体高原鳅	*Triplophysa robusta*	+		
		斑背高原鳅	*Triplophysa dorsonotata*	+		
		尖体条鳅	*Nemachilus leptosuma*			+
		朱唇条鳅	*Nemachilus papjllo-labiatus*			+
		岷县高原鳅	*Triplophysa minxianensis*	+		
		黄河高原鳅	*Triplophysa pappenheimi*	+		
		武威高原鳅	*Triplophysa wuweiensis*			+
		泥鳅	*Misgurnus anguillicaudatus*	+	+	+
		大鳞泥鳅	*Misgurnus mizolepls*			+
		中华沙鳅	*Botia superciliaris*	+		
		花斑副沙鳅	*Parabotia fasciata*	+		
		大斑花鳅	*Cobitis macrotigma*		+	
		中华花鳅	*Cobitis sinensis*	+		
		达里湖高原鳅	*Triplophysa dalaica*	+		
		东方高原鳅	*Triplophysa orientalis*	+		
		新疆高原鳅	*Triplophysa strauchii*	+		+
		北方花鳅	*Cobitis granoei*	+		

目次	科别	名称	拉丁文名	分布		
				黄河流域	长江流域	内陆河流域
		斑纹副鳅	*Paracobitis variegatus*	+		
		大鳞副泥鳅	*Paramisgurnus dabryanus*	+	+	
		长薄鳅	*Leptobotia elongata*		+	
		红唇薄鳅	*Leptobotia rubrilabris*		+	
		短体副鳅	*Paracobitis potanini*		+	
		硬刺高原鳅	*Triplophysa scleroptera*		+	
		石羊河高原鳅	*Triplophysa shiyangensis*			+
		短尾高原鳅	*Triplophysa brevicauda*			+
		黑体高原鳅	*Triplophysa obscura*		+	
		梭形高原鳅	*Triplophysa leptosoma*			+
		酒泉高原鳅	*Triplophysa hsutschouensis*			+
		大鳍鼓鳔鳅	*Hedinichthys yarkandensis*			+
	平鳍鳅科	犁头鳅	*Lepturichthys fimbriata*		+	
		短身间吸鳅	*Hemimyzon abbreviata*		+	
		西昌吸鳅	*Sinogastromyzon sichamgensis*		+	
		四川华吸鳅	*Sinogastromyzon szechuanensis*		+	
		蛾眉后平鳅	*Metahomaloptera omeiensis*		+	
鲇形目	鲇科	鲇鱼	*Silurus asotus*	+		
		兰州鲇	*Silurus lanzhouensis*	+	+	
	鲿科	黄颡鱼	*Pelteobagrus fulvidraco*		+	
		瓦氏黄颡	*Pelteobagrus vachelli*		+	
		钝吻鮠	*Leiocassis crassirotris*		+	
		短尾鮠	*Leiocassis brevicaudatus*		+	
		江黄颡	*Pseudobagrus vachelli*		+	
		粗唇鮠	*Leiocassis crassilabris*		+	
		叉尾鮠	*Leiocassis tenuifurcatus*		+	
		乌苏里鮠	*Leiocassis ussuriensis*		+	
		白缘䰰	*Liobagrus marginatus*		+	
		大鳍鳠	*Mystus macropterus*		+	
	鮡科	中华纹胸鮡	*Glyptothorax sinense*		+	

目次	科别	名称	拉丁文名	分布		
				黄河流域	长江流域	内陆河流域
		中华鉠	*Pareuchiloglanis sinensis*		+	
		前臂鉠	*Pareuchiloglanis anteanalis*		+	
		福建纹胸鉠	*Glyptothorax fukiensis*		+	
		石爬鉠	*Euchiloganis myzostowa*		+	
鲑形目	胡瓜鱼科	池沼公鱼	*Hypomesus olidus*	+		
合鳃目	合鳃科	黄鳝	*Monopterus albus*		+	
鳉形目	青鳉科	青鳉	*Oryzias latipes*	+		
鲈形目	塘鳢科	黄黝鱼	*Hypseleotris swinhonis*	+		
	鰕虎鱼科	波氏栉鰕虎鱼	*Ctenogobius cliffordpopei*	+		

注："+"号表示有分布。

四 甘肃省鱼类资源及养殖概况

甘肃省鱼类资源丰富，截至目前，引进的鱼类共有130多种，隶属于6目12科65属，甘肃省土著鱼类达到百余种，这些鱼类中中国特产种类极多，达55种。其分布具有显著的区域性，长江、黄河、内陆河三大流域的鱼类有明显的差异。黄河流域分布有48个种和亚种，隶属6目8科36属；内陆河流域分布有2科15种；长江流域分布有2目6科44种。近年来，甘肃省渔业部门加强了对土著经济鱼类的开发，并在土著经济鱼类的科研、繁育、养殖技术推广以及保种等方面做了很大的努力，也取得了一定的成绩。例如，在科研及繁育方面，甘肃省渔业技术推广总站已经开展了兰州鲇、秦岭细鳞鲑、黄河鲤鱼、厚唇裸重唇鱼、极边扁咽齿鱼、黄河裸裂尻鱼、似鲇高原鳅等多种土著经济鱼类的人工驯化、养殖、繁育工作，并深入地研究了它们的生物学特性，使这些鱼在人工饲养的条件下能够存活，部分种类能够人工繁殖，并建立起了稳定的种群；在养殖技术方面，甘肃省渔业技术推广总站开发了如兰州鲇、黄河鲤鱼、极边扁咽齿鱼、黄河裸裂尻鱼等多种土著经济鱼类的池塘、网箱养殖技术，并向部分市、州渔业技术推广部门进行推广，取得了一定的效益；在保种方面，甘肃省成立了刘家峡水库等多个国家级水产种质资源保护区，保护区的建立，使甘肃省稀有、特有土著鱼类的主要产卵场、索饵场和栖息地的原生态环境得到保护，使这些鱼类的群体数量增加，生物多样性得到保护。

五 甘肃省鱼类资源保护及举措

甘肃省是较早对野生鱼类资源实施保护的省份之一。甘肃省公布的第一批《甘肃省重点保护野生动物名录》中仅含有北方铜鱼、山溪鲵、渭河裸重唇鱼这3种水生野生动物。2007年，甘肃省公布了第二批《甘肃省重点保护野生动物名录》，列入其中的全部是水生野生动物，共20种，其中，鱼类有2目4科18种，包括齐口裂腹鱼、重口裂腹鱼等；爬行类有1目1科1种，为中华鳖；两栖类有1目1科1种，为岷山大蟾蜍。将这20种水生野生动物列入《甘肃省重点保护野生动物名录》，有利于全面提升甘肃省水生生物资源养护管理水平，逐步改善甘肃省水域生态环境，维护水生生物多样性。

2006年，甘肃省农牧厅印发《关于在全省自然水域禁渔的通知》。自2006年起，甘肃省已连续17年在自然水域实施禁渔，全省大部分自然水域的渔业资源退化趋势初步得到遏制，渔业生态环境有了一定改善。近年来，甘肃省大力开展"中国渔政亮剑"系列专项执法行动，严厉打击破坏水生野生动物资源行为，依法从严打击非法捕捞行为，进一步提升了甘肃省水生生物资源养护管理水平，黄河流域渔业资源得到了有效保护，水域生态环境得到了有效改善，圆满完成了禁渔的各项目标和任务，有力促进了黄河流域生态保护。

2020年，长江流域重点水域"十年禁渔"行为全面启动，这一行动是保护鱼类资源以来，影响最为深远的大事之一。长江上游的嘉陵江在甘肃省境内长86.2 km，流域面积为2556.6 km²。甘肃省的长江流域"十年禁渔"重点区域包括4个国家级水产种质资源保护区，分别为：白水江重口裂腹鱼国家级水产种质资源保护区、永宁河特有鱼类国家级水产种质资源保护区、白龙江特有鱼类国家级水产种质资源保护区、嘉陵江两当段特有鱼类国家级水产种质资源保护区。长江流域禁捕是贯彻落实习近平总书记关于"共抓大保护、不搞大开发"的重要指示精神，保护长江母亲河和加强生态文明建设的重要举措，是为全局计、为子孙谋，功在当代、利在千秋的重要决策。

2022年3月31日，甘肃省第十三届人民代表大会常务委员会第三十次会议修订通过了《甘肃省实施〈中华人民共和国渔业法〉办法》，该办法从生物多样性保护、重点水域严格捕捞管理、生态补偿机制、绿色发展等方面做出了配套规定，有力支撑了《长江保护法》《渔业法》的施行，对甘肃省鱼类资源保护起到了重要作用。

六　常用术语说明

（一）常用形态术语

鱼体分头、躯干和尾部三部分。头部：鱼体从吻端至鳃盖骨后缘的部分。躯干：鱼体从鳃盖骨后缘至肛门的部分。尾部：鱼体从肛门至尾鳍末端的部分。

口的位置：取决于吻端或上颌与下颌的相对长度，主要分为以下5种类型。上位口：下颌长于上颌，口孔位于吻的背上方。端位口：吻端或上颌与下颌等长，口孔朝向正前方。下位口：上颌突出于下颌，口裂位于吻的腹面。亚上位（次上位）口：介于上位和端位之间。亚下位（次下位）口：介于端位和下位之间。

唇后沟：指下唇后的浅沟。因鱼类有不同种、属，左右唇后沟相通或中断。

颊部：头侧眼的前下方到前鳃盖骨后缘的部位。

颏部（颐部）：紧接在下颌联合后方的部分。

峡部：头部腹面左右鳃膜连合处或接近处至喉部的三角形区域，亦称鳃峡。

喉部：头部腹面峡部之后的区域。

胸部：腹面喉部之后，胸鳍基部附近区域。

腹部：鱼体胸部之后，臀鳍起点之前的部分。

围眶骨：指围绕眼的骨片系列，直接位于眼上方的称为上眶骨（眶上骨），其余骨片自前向后依次称为第一下眶骨（又称泪骨）、第二下眶骨等，通常有5块。

鳃盖：通常由4块骨片组成，紧接鳃孔的最大一块为鳃盖骨，位于其前方的为前鳃盖骨，位于其下方的为下鳃盖骨，介于前鳃盖骨、下鳃盖骨二骨之间的为间鳃盖骨。鲇形目鱼类下鳃盖骨缺失。

鳃盖膜：鳃盖骨后缘和下缘的皮膜。

须：很多鱼类在头部长有须，其数量、着生位置、发达程度是一些种类的鉴别特征之一。须按着生位置可分为以下4种类型。吻须：着生于吻部的须，如条鳅类的2对吻须。鼻须：着生在鼻孔之间的须，如鮡科鱼类的鼻须多较发达。口角须：生在口角的须（亦指着生在上颌部位的颌须），如鲃亚科鱼类多具口角须。颏须：着生在颏部的须，如鳅鮀亚科鱼类颏部较发达，具3对颏须。

鼻：多数真骨鱼类在眼前部的左右两侧均有由瓣膜（鼻瓣）隔开的2个鼻孔，前鼻孔为进水口，后鼻孔为出水口，前后鼻孔紧相邻或稍远隔；有的鱼类前鼻孔呈短管状，通常与呼吸无关，仅有嗅觉作用。

鳍：由条状鳍条支撑薄膜构成，是鱼类的平衡与运动器官。按结构组成、奇偶类型、生长部位，鳍有如下区分：

鳍条：鳍上支持鳍膜的分枝或不分枝、分节的细条状组织。具角质结构的鳍条称为角质鳍条，见于软骨鱼类；具骨质结构的鳍条称为骨质鳍条（或鳞质鳍条），见于硬骨鱼类。末端分枝的鳍条称为分枝鳍条，末端不分枝的鳍条称为不分枝鳍条。

鳍棘：由鳍条变成的不分节、不分枝的硬棘（水煮后左右不分开）。而鲤形目的许多种类亦具坚硬的棘，但有分节的特征，由左右两鳍条骨化而成，一经水煮，立即分开，故又称为假棘。真棘已骨化为单一的棘，不能左右分开，如鲇形目鲿科鱼类的胸鳍和背鳍，以及鲈形目鮨科鱼类的背鳍和臀鳍所具的鳍棘。通常也将鳍棘称作鳍刺。

奇鳍：沿鱼类身体正中线生长的不对称鳍，包括背鳍、臀鳍和尾鳍。

偶鳍：沿鱼类身体两侧对称生长的鳍，包括胸鳍、腹鳍。

背鳍：生长在鱼体背部正中线上的奇鳍。

臀鳍：生长在鱼体后腹部正中线，位于肛门与尾鳍之间的奇鳍。

尾鳍：生长在鱼类尾部末端中央的奇鳍。

胸鳍：生长在鱼类头部鳃孔后方或胸部的偶鳍。

腹鳍：通常生长在鱼体腹侧、胸鳍下方或后下方的偶鳍。

脂鳍：背鳍后方内部由脂肪构成的无鳍条支持的皮质鳍。

硬鳞：低等硬骨鱼类（如鲟鱼类）所特有的一种由真皮构成的鳞片；呈菱形或脊状骨板，表面有一层钙化闪光质。

骨鳞：真骨鱼类所特有的由真皮构成的骨质鳞。呈圆形或椭圆形，薄而略透明，其后缘光滑的称为圆鳞，其后缘有锯齿或小刺的称为栉鳞。

腋鳞：位于胸鳍或腹鳍基部扩大的鳞片。

臀鳞：鲤科裂腹亚科鱼类肛门和臀鳍两侧特化的大型鳞片，通常呈覆瓦状排列。

侧线：一根由带孔的鳞片组成的纵线，是鱼类的一种皮肤感觉器，位于体侧的皮下，呈沟状或管状，具有感受水流速度、水流方向和水振动频率的作用。通常侧线自鳃孔上角沿体侧中央或偏下向后延伸至尾鳍，但有的种类无侧线或侧线不完全。

侧线鳞：鱼体侧面侧线管所穿过的鳞片。

歪尾型：鱼体内部脊椎骨末端向上弯曲并伸入尾鳍上叶，将尾鳍分成上下不对称的两叶，如鲟的尾。

正尾型：鱼体内部脊椎骨末端向上翘，但仅达尾鳍基部，其后有支鳍骨，从外观上看尾鳍上下叶对称或近乎对称。正尾型根据外形可分为以下4种类型。叉尾：尾鳍中央最短鳍条长度小于或等于最长鳍条长度的1/2。凹尾：尾鳍中央最短鳍条长度为最长鳍条长度的2/3以上。截尾：尾鳍后缘呈平截形或斜截形。圆尾：尾鳍后缘呈圆形。

皮褶棱：尾柄上下缘的皮质棱。具有皮褶棱的有拟鳗荷马条鳅、大鳞副泥鳅等。

腹棱：腹部中线上呈刀刃状的棱脊。棱脊自胸部延至肛门的称为全棱，如鲢；自腹鳍基延至肛门的称为半棱，如鳊。

鳃弓：鳃腔内着生鳃瓣的骨条。共有5对，但第5对无鳃丝，特化为咽骨（下咽骨），其上生有咽齿。

鳃耙：着生于鳃弓内的刺状、瘤状或其他形状的突起。通常外侧和内侧各一列，有的鱼类第一鳃弓外侧腮耙退化，仅有内侧一列。

咽齿：着生在咽骨上的齿，又称为下咽齿、咽喉齿。咽齿的行数、各行的齿数及齿的形态是鲤科鱼类的分类依据之一。

鳔：大多数硬骨鱼类的腹腔上部、消化管与脊柱之间有一个大而中空的囊状器官，此即鳔。其内部充满着氧、二氧化碳及氮等气体，主要生理功能为调节鱼体在水中的相对密度。鳔的形态在一定的范围内可作为分类的依据。

幽门垂：鲈形目一些鱼类胃的幽门部与肠交界处的丝状突起物。其数目因种类不同而不同。

鳃上器官：一些鱼类中位于鳃上腔内，由部分鳃弓和舌弓骨骼特化形成的辅助呼吸器官。例如，胡鲇的鳃上器官由第二及第四鳃弓上的肉质突起构成；乌鳢的鳃上器官由第一鳃弓的上鳃骨与舌颌骨内面的骨质突起构成；鲢鱼、鳙鱼的鳃上器官是由鳃弓的上鳃骨卷曲而成的骨片。

（二）常用可量性状术语

全长：从吻端到尾鳍末端的水平距离。

体长（标准长）：从吻端到尾鳍基的水平距离。尾鳍基通常指最末的一个脊椎骨。在鲤科鱼类的外形测量中，当轻折尾部时，尾部常显现一个凹缝，此处即为尾鳍基。

头长：从吻端到鳃盖骨后缘的水平距离。

头高：头的最大高度，通常指头与背交界处的垂直高度。

头宽：头的最大宽度，即左右鳃盖骨最宽处的直线距离。

吻长：从吻端到眼前缘的水平距离。

口宽：口的最大宽度，即左右口角之间的直线距离。

眼径：按头的纵轴方向所量的眼的直径，即眼前缘至眼后缘的直线距离。

眼间距：左右眼背缘之间的直线距离。

眼后头长：从眼后缘到鳃盖骨后缘的水平距离。

体高：身体最大高度，通常为背鳍起点处的垂直高度。

体宽：躯干部左右最大宽度。爬鳅科为左右胸鳍基后缘的宽度。

尾柄长：从臀鳍基部后端到尾鳍基（即最后一个脊椎骨末端）的水平距离。

尾柄高：尾柄最低处的垂直高度。

背鳍高：背鳍最长鳍条的长度。

胸鳍长：胸鳍外侧起点至胸鳍最长鳍条末端的长度。

腹鳍长：腹鳍外侧起点至腹鳍最长鳍条末端的长度。

臀鳍高：臀鳍最长鳍条的长度。

尾鳍长：尾鳍基至末端的水平距离。

背鳍起点至吻端的距离：习惯上有两种量法，一种是量从背鳍起点至吻端的直线距离或水平距离；另一种是量从背鳍起点至尾鳍基、从臀鳍起点至尾鳍基、从腹鳍起点至胸鳍起点的距离等。

（三）常用可数性状术语

鳃耙数：第一鳃弓外侧或内侧的鳃耙数。

齿式：记录左右咽骨着生咽齿的数目和排列的方式。计数时分左咽骨、右咽骨，左咽骨咽齿由外侧向内侧计数，右咽骨咽齿由内侧向外侧计数。如：齿式2.3.5—5.3.2，表示下咽齿有3行，主行齿数为5。左右咽骨上各行的咽齿数不一定完全相同。

脊椎骨数：指脊椎骨的总数。鲤形目和鲇形目鱼类前3枚椎体与其两侧的4对小骨愈合成复合椎体，因此用"4+游离脊椎骨数"表示脊椎骨数。

鳍式：记载鳍的组成和鳍条的数目。D代表背鳍，P代表胸鳍，V代表腹鳍，A代表臀鳍，C代表尾鳍。鳍棘的数目用大写的罗马数字表示。假棘和不分枝软条的数目用小写的罗马数字表示。分枝鳍条的数目用阿拉伯数字表示。鳍为一基时，鳍棘和不分枝软条与分枝鳍条间用"–"连接，鳍条的范围用"～"连接。鳍为二基时，前鳍、后鳍间用"，"分开。

鳞式：由侧线鳞数、侧线上鳞数、侧线下鳞数组成。侧线鳞的计数从鳃孔上角的侧线鳞开始至尾鳍基部最后的侧线鳞为止。侧线上鳞数指从背鳍起点往下斜数到侧线以上（不包括侧线鳞）的行数，通常有1个鳞片骑跨背中线，这种情况只计1/2个。侧线下鳞数指从侧线（不包括侧线鳞）向下斜数到腹鳍外侧基的行数。例如：鳞式为32$\frac{5-6}{4}$36，表示侧线鳞数为32～36，侧线上鳞数为5～6，侧线下鳞数为4。

背鳍前鳞数：背鳍起点前方沿背中线的一纵列鳞片数目。

围尾柄鳞数：在尾柄最低处围尾柄一周的鳞片的数目。

纵列鳞数：有些鱼没有侧线，从鳃孔上角开始沿体侧中轴数到最末一个鳞片的数目即为纵列鳞数。

横列鳞数：由背鳍起点处向下斜数到腹鳍起点的鳞片行数。

七　其他术语说明

（一）甘肃特有种

甘肃特有种指在全球范围内仅分布于甘肃省的物种。

（二）中国仅分布于甘肃

中国仅分布于甘肃，即该物种在国外有分布，但在国内除甘肃省外，其他省（自治区、直辖市）无分布。

（三）国家一级、二级重点保护野生动物

国家一级、二级重点保护野生动物指经国家林业和草原局、农业农村部公告（2021年第3号）调整发布的《国家重点保护野生动物名录》中所列示的与保护级别一级、二级对应的动物。

（四）无危、易危、近危、濒危、极危、灭绝

这6种濒危程度参照《中国濒危动物红皮书》对相关鱼类物种濒危程度的评级标准和评价结果划分。

1.灭绝（Ex）

如果一个分类单元的最后一个个体已经死亡，或者在适当的时间（日、季、年），对已知和可能的栖息地进行彻底调查后，未发现任何一个个体，则认为该分类单元"灭绝"。注：必须根据该分类单元的生活史和生活形式来选择适当的调查时间。

2.极危（CR）、濒危（EN）和易危（VU）

这三个等级统称为"受威胁等级（threatened categories）"。按照采用的物种受威胁等级依据（世界自然保护联盟，2010），当某一分类单元符合相应标准时，该分类单元即被列为相应的等级。如果依据不同标准得到的等级不同，则该分类单元应被置于濒危风险最大的等级。

3.近危（NT）

当某一分类单元被评估为未达到极危、濒危或易危标准，但是在未来一段时间，接近符合或者可能符合受威胁等级时，该分类单元即被列为"近危"。

4.无危（LC）

当某一分类单元被评估为未达到极危、濒危、易危或近危标准时，该分类单元即被列为"无危"。广泛分布且数量多的分类单元都位于该等级。

对于数据缺乏（DD）的分类单元，将其列示为"不详"。

第二章

甘肃鱼类图鉴

1. 黄河鲤鱼（*Cyprinus carpio*）

种属关系：鲤形目，鲤科，鲤属。

地方名：鲤拐子，鲤子。

生物学特性：金鳞赤尾，体侧鳞片金黄色；背部稍暗，腹部色淡而较白；臀鳍、尾柄、尾鳍下叶呈橙红色；胸鳍、腹鳍橘黄色；除位于体下部和腹部的鳞片外，其他鳞片的后部有由许多小黑点组成的新月形斑。体形梭长（体长/体高>3，尾柄长/尾柄高≈1），侧扁而腹部圆，头背间呈缓缓上升的弧形，背部稍隆起，头较小，口端位，呈马蹄形。背鳍起点位于腹鳍起点之前，背鳍、臀鳍各有一硬刺，硬刺后缘呈锯齿状。一般体长与体高之比为3.34±0.48，体长与头长之比为4.03±0.47，尾柄长与尾柄高之比为1.09±0.27。

生存环境及食性：黄河鲤鱼性格温和，喜欢生活在环流水体里，常栖息于水体中下层，属于底栖杂食性鱼类，在水温20～30℃时游动活泼，摄食旺盛，生长迅速。在冬季4℃以下时潜入水底，基本处于半休眠停食状态。

分布情况：分布在甘肃、青海、陕西、宁夏、内蒙古、河南、山东、山西等地。

濒危程度：数量较多。

经济价值：正宗的黄河鲤鱼金鳞赤尾，外形优美，其肌肉中有较高的蛋白质含量（17.6%）和较低的脂肪含量（5.0%），含有人体必需的8种氨基酸和4种鲜味氨基酸，还含有人体必需的3种微量元素铁、铜、锌，以及钙、镁、磷等元素。食用时具有"甘、鲜、肥、嫩"的独特风味，被誉为我国"四大淡水名鱼"之首，具有很高的经济价值。

2. 草鱼（*Ctenopharyngodon idellus*）

种属关系：鲤形目，鲤科，草鱼属。

地方名：油鲩，草鲩，白鲩。

生物学特性：体长形，前部近圆筒形，尾部侧扁，腹部圆，无腹棱。头宽，中等大，前部略平扁。吻短钝，吻长稍大于眼径。口端位，口裂宽，口宽大于口长；上颌略长于下颌；上颌骨末端伸至鼻孔的下方。唇后沟中断，间距宽。眼中等大，位于头侧的前半部；眼间宽，稍凸，眼间距约为眼径的3倍余。鳃孔宽，向前伸至前鳃盖骨后缘的下方；鳃盖膜与峡部相连；峡部较宽。鳞中等大，呈圆形。侧线前部呈弧形，后部平直，伸达尾鳍基。背鳍无硬刺，外缘平直，位于腹鳍的上方，起点至尾鳍基的距离较至吻端为近。臀鳍位于背鳍的后下方，起点至尾鳍基的距离近于至腹鳍起点的距离，鳍条末端不伸达尾鳍基。胸鳍短，末端钝，鳍条末端至腹鳍起点的距离大于胸鳍长的1/2。尾鳍浅分叉，上下叶约等长。鳃耙短小，数少。下咽骨中等宽，略呈钩状。下咽齿侧扁，呈"梳"状，侧面具沟纹，齿冠面斜直，中间具一狭沟。鳔2室，前室粗短，后室长于前室，末端尖形。肠长，多次盘曲，其长为体长的2倍以上。腹膜黑色。体呈茶黄色，腹部灰白色，体侧鳞片边缘灰黑色，胸鳍、腹鳍灰黄色，其他鳍浅色。

生存环境及食性：典型的草食性鱼类，栖息于平原地区的江河湖泊，一般喜居于水的中下层和近岸多水草区域，性活泼，游泳迅速，常成群觅食。草鱼幼鱼期则食幼虫、藻类等，草鱼也吃一些荤食，如蚯蚓、蜻蜓等。在干流或湖泊的深水处越冬。

分布情况：分布广，主要分布于长江、珠江和黑龙江3个水系。

濒危程度：数量较多。

经济价值：草鱼食料简单，饲料来源广，肉质鲜嫩，是优良的养殖鱼类，也是中国传统的四大淡水养殖鱼类之一，经济价值较高。

3. 鳙鱼 (*Aristichthys nobilis*)

种属关系：鲤形目，鲤科，鳙属。

地方名：花鲢，胖头鱼，包头鱼，大头鱼，黑鲢，麻鲢。

生物学特性：体侧扁，较高，腹部在腹鳍基部之前较圆，其后部至肛门前有狭窄的腹棱。头极大，前部宽阔，头长大于体高。吻短而圆钝。口大，端位，口裂向上倾斜，下颌稍突出，口角可达眼前缘垂直线之下，上唇中间部分很厚。无须。眼小，位于头前侧中轴的下方；眼间宽阔而隆起。鼻孔近眼缘的上方。下咽齿平扁，表面光滑。鳃耙数目很多，呈叶状，排列极为紧密，但不连合。具发达的螺旋形鳃上器。鳞小，侧线完全，在胸鳍末端上方弯向腹侧，向后延伸至尾柄正中。背鳍基部短，起点在体后半部，位于腹鳍起点之后，其第1～3根分枝鳍条较长。胸鳍长，末端远超过腹鳍基部。腹鳍末端可达或稍超过肛门，但不达臀鳍，肛门位于臀鳍前方。臀鳍起点距腹鳍基较距尾鳍基为近。尾鳍深分叉，两叶约等大，末端尖。鳔大，分两室，后室大，为前室的1.8倍左右。肠长约为体长的5倍左右。腹膜黑色。雄性成体胸鳍前面几根鳍条上缘各具一排角质"栉齿"，雌性成体无此性状或只在鳍条的基部有少量"栉齿"。背部及体侧上半部微黑，有许多不规则的黑色斑点；腹部灰白色。各鳍呈灰色，其上有许多黑色小斑点。

生存环境及食性：生长在淡水湖泊、河流、水库、池塘里，性温驯，不爱跳跃，常在水体上层，为温水性鱼类，适宜生长的水温为25～30℃，能适应较肥沃的水体环境。滤食性，主要吃轮虫、枝角类、桡足类（如剑水蚤）等浮游动物，也吃部分浮游植物（如硅藻和蓝藻类）和人工饲料。从鱼苗到成鱼阶段都是以浮游动物为主食，兼食浮游植物，是典型的浮游生物食性的鱼类。

分布情况：中国特有。分布水域范围很广，从南方到北方几乎所有淡水流域中都有分布。

濒危程度：数量较多。

经济价值：养殖鳙鱼是一项低投入、中产出、高效益的养殖业，经济效益显著。

4. 鲢鱼（*Hypophthalmichthys molitrix*）

种属关系：鲤形目，鲤科，鲢属。

地方名：白鲢，水鲢，跳鲢，鲢子。

生物学特性：体形侧扁，稍高，呈纺锤形，背部青灰色，两侧及腹部白色。胸鳍不超过腹鳍基部，各鳍灰白色。头较大，眼小，位置偏低。无须，鳞片细小。腹部正中角质棱自胸鳍下方直延达肛门。口阔，端位，下颌稍向上斜。

生存环境及食性：性急躁，喜跳跃，多栖息于水流缓慢、水质较肥、浮游生物丰富的开阔水体，属中上层鱼类。典型的滤食性鱼类，终生以浮游生物为食，摄食有明显的季节性。春秋季，除浮游生物外，鲢鱼还大量地吃腐屑类饵料；炎热的夏季，水位越低，鲢鱼摄食量越大；冬季越冬时，鲢鱼少吃少动。最适宜的水温为23～32 ℃。

分布情况：分布广泛，在我国各大水系随处可见。

濒危程度：数量较多。

经济价值：养殖技术成熟，是大宗淡水鱼主要品种之一，经济价值较高。

5.虹鳟（*Oncorhynchus mykiss*）

种属关系：鲑形目，鲑科，虹鳟属。

地方名：瀑布鱼，七色鱼，虹鲑。

生物学特性：体形侧扁，口较大，斜裂，端位。吻圆钝，上颌有细齿。背鳍基部短，在背鳍之后还有一个小脂鳍。胸鳍中等大，末端稍尖。腹鳍较小，远离臀鳍。鳞小而圆。背部和头顶部蓝绿色、黄绿色和棕色，体侧和腹部银白色、白色和灰白色。头部、体侧、体背和鳍部不规则地分布着黑色小斑点。性成熟个体沿侧线有一条呈紫红色和桃红色、宽而鲜红的彩虹带（故得名"七色鱼"），直沿到尾鳍基部，在繁殖期尤为艳丽。

生存环境及食性：属冷水性鱼类，栖息于水质澄清、无污染、沙砾底质的河川、溪流中，适宜水温在8～20℃。湖沼型虹鳟多生活在比较深的冷水或沿岸地带的水域中，对水温、溶解氧、水流、pH、氨氮浓度、盐度都有一定的要求。游泳迅速，摄食凶猛，为掠食性鱼类。主食底栖动物、幼鱼及浮游动物，也抢食人工饲料，如鱼肉、鱼粉、动物内脏、蚕蛹、豆饼、糠麸等。全年均可摄食，甚至产卵期间也照常捕食，早晨和黄昏食欲最旺。

分布情况：原产于北美洲太平洋沿岸的山间溪流中，自1959年引进我国，经驯化和人工饲养，现已遍布我国20多个省市。目前全国有50多个虹鳟专业养殖场，分布在北京、黑龙江、山东、山西、辽宁、吉林、陕西等地。

濒危程度：数量较多。

经济价值：虹鳟是一种经济价值较高的鱼类，鱼体中含有远远高于其他鱼类的CHA（被称为"脑黄金"）、EPA，具有很好的药用及食用价值，还含有大量的B族维生素，尤其是维生素B_{12}，以及少量的维生素D、维生素A和维生素E。此外，还含有对人体代谢有重要作用的微量元素，如硒、碘、氟等。

6. 西伯利亚鲟（*Acipenser baeri*）

种属关系：鲟形目，鲟科，鲟属。

生物学特性：体呈长纺锤形，向尾部延伸变细。口裂与其他鲟鱼相比较小，口前有4根吻须，吻须形状为圆柱状。头部上端有喷水孔，下唇有断开处。鳃膜相互断开，不连接，鳃丝部分外露，鳃耙数最多为29。体表裸露无鳞片，躯体有5行骨板，5行骨板共有49~98枚，其中，背骨板10~20枚，侧骨板32~62枚，腹骨板7~16枚。鲟鱼较小时骨板较锋利，长成成鱼之后骨板呈钝状，并且在大骨板之间有很多小骨板和颗粒。成鱼背部为灰色或黑褐色，幼鱼为墨黑色或灰黄色，腹部扁圆，呈灰白色。鱼体鳍条总数为63~115，其中，背鳍条数为30~50，腹鳍条数为16~30，臀鳍条数为17~35，鳍条都是不分枝条的。头长占全长的14.1%~21.3%，吻长占头长的29.5%~47.6%，体高占全长的9.0%~14.3%。成熟个体一般体长95~125 cm，体重20~30 kg。

生存环境及食性：西伯利亚鲟对水质要求较高，水体要清澈，溶氧量要较高，环境要安静，噪声过大可能引起其发病，此外，其对光线也比较敏感。适应能力较强，能生活的温度范围较大，能生长的pH跨度也较大，是一种广温性鱼类，能生存的水温为-4~30 ℃，最适生长温度为17~23 ℃。冬季，西伯利亚鲟在冰下仍然会不停觅食。食性为肉食性，主要以底栖动物为食，食性较广，在不同生长阶段及不同区域，其摄食对象存在差异，幼鱼以水蚯蚓、摇蚊幼虫和软体动物等为主食，成鱼则多以甲壳类、小型鱼类及虾类为食。

分布情况：分布于鄂毕河至科雷马河之间的西伯利亚各条河流之中。在叶尼塞河、勒拿河、英迪吉尔卡河、亚纳河、哈坦加河水系内一般也可见到，有时在伯朝拉河下游也可以发现个别西伯利亚鲟。

濒危情况：濒危。

经济价值：肉质细腻、味道鲜美、营养丰富，尤其是鲟鱼卵制成的鱼子酱，被称为"黑色黄金"，营养价值和经济价值极高。

7. 施氏鲟 (*Acipenser schrencki*)

种属关系：鲟形目，鲟科，鲟属。

地方名：七粒浮子。

生物学特性：体延长，呈圆锥形，无鳞而有5列骨板，背上有一列骨板，体侧和腹侧有两列骨板，体侧骨板之间有许多呈疣状突起的骨化鳞甲，骨化鳞甲微小并呈小齿状。头呈三角形，口小，呈花瓣状，伸出呈管状；鳃膜在峡部不连接。幼鱼在吻部的腹面具5～9粒大小不等的粒状突起，平均7粒，吻部扁平，内有一个吻骨，感觉凹点覆盖在整个吻部的背面和腹面。体色为灰色或褐色，腹部银白，胸鳍、腹鳍和臀鳍为浅灰色，仅幼鱼侧面有黑色条纹，胸鳍小，呈圆形，边缘被骨化。

生存环境及食性：典型的江河鱼类，不作远距离洄游。属于中下层鱼类，几乎所有时间都在活动。日常所见多为单独个体，很少群集。平时多栖息于大江之江心及旋流里，更喜水色透明、底质为石块及沙砾的水域。平时行动迟缓，喜贴江底游动，很少进入浅水区和湖泊；而当江中春季涨水及风浪大时，游动甚为活跃。冬季在大江深处越冬，解冻时游往产卵场所。性成熟个体一般较长，在1 m以上，重6 kg，年龄在9龄以上；雌鱼稍晚。产卵期为5月底至7月中，在江河干流小石砾底质环境中产卵，适宜水温为17 ℃左右，怀卵量为51万～280万粒，卵具黏性。典型的底层摄食者，较小的幼鱼主要摄食底栖无脊椎动物，如摇蚊类幼虫；较大的幼鱼和成鱼主要摄食小鱼、水生昆虫幼虫（如毛翅目昆虫幼虫）和软体动物。在不同季节，施氏鲟的食物也不同；到了繁殖期，施氏鲟的摄食强度下降。

分布情况：主要分布于黑龙江。

濒危情况：濒危。

经济价值：具有很高的食用价值，皮可制成优质皮革，卵制成的鱼子酱被称为"黑色黄金"或"黑珍珠"。

8. 秦岭细鳞鲑（*Brachymystax lenok tsinlingensis*）

种属关系：鲑形目，鲑科，细鳞鲑属。

地方名：山细鳞鱼，江细鳞鱼（东北），闾鱼，闾花鱼，金板鱼，花鱼（陕西），梅花鱼（甘肃），小红鱼（新疆）。

生物学特性：体形中等大小，略呈纺锤形，稍侧扁。吻钝，微突出，上颌稍长于下颌。口小，在身体前端，位置较低，口裂抵达眼的中央，唇较厚。上颌骨宽且外露，后端伸达眼中央的下方。眼较大，位于头的侧上方，眼的上缘几乎与头的上缘持平，两眼之间平坦或中央微凸。两鼻孔很近，位于吻侧中部。鳃孔大，位于侧面，向前达眼的中央或稍前下方。牙齿较多，舌厚，前端游离，舌上有齿，左右各5枚，排列呈"V"字形。体表被椭圆形鳞片，非常细小，头部无鳞，侧线稍呈侧上位。背鳍外缘向后倾斜，平直或微凹。脂鳍与臀鳍相对，脂鳍基稍后于臀鳍基。胸鳍位于侧中线的下方，呈尖刀状。腹鳍为棕色，位于体长中点的稍后处，其起点正对背鳍基的中部，鳍基有一个长形腋鳞。尾鳍浅叉状。肛门紧靠臀鳍基的前方。身体背部为黑褐色，背鳍前颜色较深，两侧为淡绛红色，至腹侧渐呈银白色。背部、身体两侧侧线鳞以上及脂鳍上散布着多个椭圆形黑蓝色圆斑。在繁殖季节，身体侧面渲染的红色更加艳丽。

生存环境及食性：冷水性鱼类，多栖息于水温较低、水质清澈的流水中，冬季在支流的深河或大江中越冬，幼鱼钻入石缝或乱石堆里越冬。是肉食性鱼类，也是淡水鱼类中比较贪食的种类之一。4月底到8月为其摄食旺季，早晚摄食活动非常频繁，阴天则全天摄食，喜食小鱼、鱼卵、虾类，以及蜉蝣、飞蚁、萤火虫、瓢虫、牛虻和落入水中的其他昆虫等。在吞食鱼卵时，往往也把水底的树叶或枝条的碎片一并吞入。

分布情况：甘肃省内见于渭河南岸较大支流中，分布于渭源、岷县、漳县、甘谷、张家川、武山等地。国内见于陕西陇县、周至的渭河支流，以及流经陕西太白、佛坪的汉江支流等地，辽宁、内蒙古及河北均有分布。

濒危程度：濒危，被列为国家二级重点保护水生野生动物。

经济价值：肉肥美，含脂量高（3.8%～7.7%），体大，一般重1 kg左右，最大个体可达8 kg。此外，其卵也相当名贵。

9. 马口鱼 (*Opsariichthys bidens*)

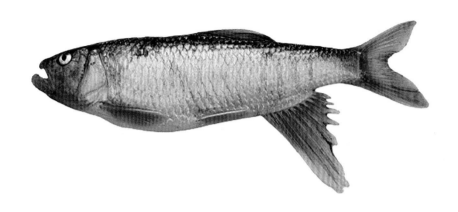

种属关系：鲤形目，鲤科，马口鱼属。

地方名：桃花鱼（桃花板），山鳡。

生物学特性：口大，下颌前端有一突起，两侧各有一凹陷，与上颌的凹凸处相嵌合。雄鱼的头部、胸鳍及臀鳍上均具珠星，臀鳍第1～4根分枝鳍条特别延长，体色较为鲜艳。

生存环境及食性：栖息于山涧溪流，尤以水流较急的浅滩和沙砾底的小溪中为多见。生殖期在3—6月。属小型凶猛鱼类，以小鱼和水生昆虫为食。

分布情况：分布于黄河以南各水系。甘肃省内见于天水、文县等地。

濒危程度：数量较多。

经济价值：体形较小，繁殖力强，生长快，产量较多，可以食用，亦可作为家禽饵料。

10.南方马口鱼（*Opsariichthys uncirostris bidens*）

种属关系：鲤形目，鲤科，马口鱼属。

地方名：桃花鱼，山鳡，坑爬，宽口，大口扒，扯口婆，红车公。

生物学特性：体延长，侧扁，银灰带红色，具蓝色横纹。口大，上下颌边缘凹凸。雄鱼臀鳍鳍条延长，在生殖季节色泽鲜艳。头后隆起，尾柄较细，腹部圆。头大且圆。吻短，稍宽，端部略尖。口裂宽大，端位，向下倾斜，上颌骨向后延伸超过眼中部垂直线下方，下颌前端有一不显著的突起与上颌凹陷相吻合。上颌两侧边缘各有一缺口，正好为颌突出物所嵌，形似马口，故得名"马口鱼"。口角具一对短须。眼较小。鳞细密，侧线在胸鳍上方显著下弯，沿体侧下部向后延伸，于臀鳍之后逐渐回升到尾柄中部。背鳍短小，起点位于体中央稍后，且后于腹鳍起点。胸鳍长。腹鳍短小。臀鳍发达，可伸达尾鳍基。尾鳍深叉。背部灰褐色，腹部灰白，体中轴有蓝黑色纵纹。在生殖期，雄鱼头下侧、胸腹鳍及腹部均呈橙红色。在性成熟季节，雄鱼的头部、胸鳍、臀鳍及体表均具珠星，臀鳍第1～4根分枝鳍条特别延长，体色较为鲜艳。

生存环境及食性：栖居于河川较上游的河段，喜生活在水流清澈、水温较低的水体中。即使在同一条河川中，也甚少有与其相近的鱲属鱼类。游动敏捷，善跳跃，性贪食，甚至可由此改变体形而极度肥胖。属小型杂食偏肉食性鱼类。

分布情况：广泛分布在中国珠江、闽江、湘江、长江、黄河、松花江及黑龙江等水系。甘肃省内见于天水一带。

濒危程度：易危。

经济价值：马口鱼虽然不是主要的经济鱼类，但是它在生物多样性保护和生态系统中起着重要的指示作用。

11. 瓦氏雅罗鱼（*Leuciscus waleckii*）

种属关系：鲤形目，鲤科，雅罗鱼属。

地方名：华子鱼，滑鱼，白鱼，沙包。

生物学特性：体长，侧扁，腹圆，无腹棱。吻端钝，稍隆起。口端位，上颌略长于下颌，上颌骨后延至眼前缘下方。唇薄，无角质边缘，无须。眼较大。鳞中等大，侧线完全，微向腹面弯下，向后延至尾柄正中轴。背鳍无硬刺。体背部灰褐色，腹部银白色。鳞片基部有明显的放射线纹，后缘灰色。各鳍灰白色，胸鳍、腹鳍和臀鳍有时呈浅黄色。性成熟的雄鱼在吻部、上颌、下颌、眼的周围、胸鳍内侧有显著的白色珠星。

生存环境及食性：雅罗鱼虽然不是冷水性鱼类，但喜栖息于水流较缓、底质多沙砾、水质清澈的江河口或山涧支流里，完全静水中较为少见。喜集群活动，往往形成一个很大的群体，夏季傍晚时浮于水的上层，使水面似雨点状。有明显的洄游规律，江河刚开始解冻时，即成群地上溯到上游进行产卵洄游，然后进入湖岸河边育肥，冬季进入深水处越冬。杂食性鱼类，食物以高等植物的茎、叶和碎屑为主，其次是昆虫，偶尔也食小型鱼类。

分布情况：国内见于黑龙江、松花江、嫩江、海拉尔河、鸭绿江、呼伦湖、镜泊湖等水系，以及黄河流域内的河南、山西、青海、宁夏、内蒙古等地。甘肃省内见于兰州、清水、靖远、临洮等地。

濒危程度：易危。

经济价值：此鱼对高盐碱度水体有较强的适应性，是我国半咸水水域中的主要经济鱼类。

12. 赤眼鳟（*Squaliobarbus curriculus*）

种属关系：鲤形目，鲤科，赤眼鳟属。

地方名：赤眼鱼，红目鳟，红眼棒，红眼鱼，醉角眼，野草鱼，麻郎。

生物学特性：体呈长筒形，后部较扁。头锥形，吻钝。上颌有两对细小的须。体银白，背部灰黑，体侧各鳞片后部边缘有黑斑，形成纵列条纹。鱼鳞较大，侧线平直，后延至尾柄中央。背鳍、尾鳍深灰色，尾鳍深叉形，具黑色边缘，其他各鳍灰白色。眼上缘有一显著红斑，故得名"赤眼鱼""红眼鱼"。

生存环境及食性：江河中层鱼类，适应性强。善跳跃，易多惊而致鳞片脱落受伤。杂食性鱼类，藻类、有机碎屑、水草等均可被摄食，喜食人工配合饲料。

分布情况：全国各水系均产，北起黑龙江，南至广东，西抵江浙一带。甘肃省内见于文县、武都、兰州、靖远、永靖、玛曲等地。

濒危程度：易危。

经济价值：优质的经济鱼类，有生长快、适应性强、食性杂、商品售价高等优点。具有重要的药用价值。

13.鳘鲦（*Hemiculter leucisculus*）

种属关系：鲤形目，鲤科，鳘属。

地方名：白条，鳘子，浮鲢。

生物学特性：体长，扁薄，腹棱自胸鳍基部至肛门。头略尖，侧扁，短于体高。吻中等长，吻长于眼径。口端位，中等大，斜裂，上下颌约等长，上颌骨末端伸达鼻孔下方。无须。眼较大，侧中位，位于头之前部。眼间隔宽而微凸，眼间距大于眼径。腮孔宽，鳃盖膜在前鳃盖骨的下方与峡部相连。体被中等大圆鳞，薄而易脱落。体背部青灰色，腹侧银色，尾鳍边缘灰黑鱼。鳃耙15～18枚。侧线在胸鳍上方向下急剧弯折，侧线鳞49～57枚。背鳍具光滑的硬刺。

生存环境及食性：行动迅速，生活于流水或静水的上层。性活泼，喜集群，沿岸边水面觅食。杂食性鱼类，主食无脊椎动物。5—6月产卵，产卵时有逆水跳滩习性。分批产卵，卵具黏性，淡黄色，黏附于水草或砾石上孵化。

分布情况：分布于全国各主要水系。甘肃省内见于永靖县、宁县（泾河水系）。

濒危程度：数量较多。

经济价值：小型鱼类，生长缓慢。一般体长100～140 mm，最长达240 mm。具有一定的经济价值。

14. 麦穗鱼（*Pseudorasbora parva*）

种属关系：鲤形目，鲤科，麦穗鱼属。

地方名：罗汉鱼，混姑郎，肉柱鱼，柳条鱼，食蚊鱼。

生物学特性：体细长，稍侧扁，尾柄较长，腹部圆。头尖，略平扁。口上位，无须。背鳍无硬刺。体背侧银灰色，腹侧灰白色，体侧鳞片后缘具新月形黑斑。在生殖时期，雄鱼体色深黑，吻部出现珠星。雄鱼个体大，雌鱼个体小，差别明显。

生存环境及食性：常见于江河、湖泊、池塘等水体中，生活在浅水区。杂食性鱼类，主食浮游动物。产卵期在4—6月，卵椭圆形，具黏液，成串地黏于石片、蚌壳等物体上，孵化期雄鱼有守护的习性。

分布情况：分布极广，几乎所有淡水水域中都有它的踪迹。但具体来说，静水水域和水透明度不高的水域中较多，而水流较急又深的水域中少有，水草较多的池塘中更多，因其大量吞食附着于水草上的各种鱼卵。

濒危程度：数量较多。

经济价值：有一定的观赏价值。

15. 似铜鮈（*Gobio coriparoides*）

种属关系：鲤形目，鲤科，鮈属。

地方名：银片子。

生物学特性：体粗短，略侧扁。背鳍起点处稍高，腹部圆，尾柄稍高。头长约等于体高。吻圆钝，较短，鼻孔前方凹陷不显著，吻长小于眼后头长。眼较小，侧上位，眼间距较宽。口下位，弧形，唇较厚，结构简单，上下唇在口角处相连，唇后沟中断。口角具须1对。上颌骨较长，末端向后延伸，超过眼后缘下方。鳃耙不发达。主行的下咽齿末端略呈钩状。鳞圆形，胸鳍基部之前的胸部裸露，有的个体裸露区可扩展到胸鳍基部和腹鳍起点间的后1/3处。侧线完全，平直。背鳍无硬刺。胸鳍较长，一般可达腹鳍。腹鳍可达肛门，但不及臀鳍起点。臀鳍较短，起点距腹鳍基部较距尾鳍基部为近。尾鳍呈叉形。肛门约位于腹鳍基部和臀鳍起点间的后1/4处。体背深褐色，腹面灰白色，体背中线上有一排小黑斑，体侧侧线上方有一条不明显的纵行黑色条纹，在尾柄处较为显著。各鳍灰白色，均无明显斑点。

生存环境及食性：生活于水体下层。以底栖无脊椎动物为食。

分布情况：分布于黄河水系等，模式产地在山西。国内见于山西寿阳、太原。甘肃省内见于渭河。

濒危程度：数量较少。

经济价值：小型鱼类，肉可食用，数量颇少，未能形成捕捞群体，经济价值不大。

16. 黄河鮈（*Gobio huanghensis*）

种属关系：鲤形目，鲤科，鮈属。

地方名：船钉子。

生物学特性：体长，背部稍隆起，体较宽，前段略呈圆筒形，尾柄稍侧扁，腹部较平坦。吻长大于眼后头长，鼻孔前方无显著凹陷。眼很小，侧上位，眼间宽而平。口下位，弧形。唇厚，上下唇在口角相连处较发达，其上有许多细小乳突。口角有须1对，粗而长，末端向后延伸，远超过前鳃盖骨的后缘。鳃耙不发达。主行下咽齿末端呈钩状。鳞较小，圆形。胸部裸露无鳞。侧线平直，完全。背鳍无硬刺，尾鳍分叉，上下叶末端尖，肛门约位于腹鳍基部和臀鳍起点间的中点。鳔2室，长圆形，后室长为前室长的1.7～2.0倍。腹膜白色，体背灰黑色，腹部灰白色，体侧无明显斑点。吻部两侧从眼上前缘至口角处有一黑色条纹。背鳍和尾鳍上有许多黑色斑点，其他各鳍灰白色。

生存环境及食性：栖息于水库、河流的近岸宽阔水域，常在缓慢流水中游动取食。通常以底栖动物、摇蚊幼虫等为主要食物，兼食钩虾和底栖藻类。

分布情况：分布于黄河水系和青藏高原。国内见于宁夏、青海。甘肃省内见于兰州、永靖、临洮、临潭等地。

濒危程度：2004年的《中国物种红色名录》（第一卷）中将其列为濒危物种。

经济价值：体形较小，但肉质细嫩、肉味鲜美，有一定的经济价值。

17.北方铜鱼（*Coreius septentrionalis*）

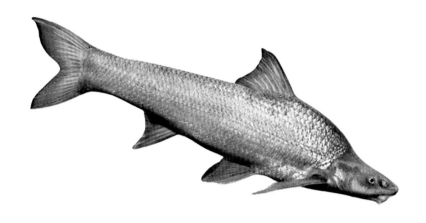

种属关系：鲤形目，鲤科，铜鱼属。

地方名：鸽子鱼，沙嘴子，尖嘴水密子。

生物学特性：体长，粗壮，前端呈圆筒形，尾柄部高，稍侧扁。头小且长，稍平扁，头后背部稍隆起。吻尖而突出，口下位，马蹄形，略宽。唇较发达，口角处稍游离。须1对，粗长，末端超过前鳃盖骨后缘。鼻孔大于眼径，眼小，带有红圈。侧线鳞55～56枚。胸鳍、腹鳍、尾鳍基部具不规则排列的小鳞片，背鳍、臀鳍基部具鳞鞘。背鳍位于体中央的前部；胸鳍宽长，但不达腹鳍基部；尾鳍上叶略长。体银灰色，略带黄色；体侧具青紫色斑；腹部银白色，略带黄色。背鳍灰黑色，其他鳍灰黄色。繁殖期间，雄鱼胸鳍上出现白色条状珠星。

生存环境及食性：中下层生活鱼类，喜栖息于河湾及底质多砾石、水流较缓慢的水体中。常成群活动。冬季潜伏于深水处的岩石下或深沱中，春季溯游产卵。生殖期在5—7月，产卵期不集群，产漂流性卵；9—10月退至下游。幼鱼阶段食性较广，摄食浮游动物、摇蚊幼虫、昆虫等，也捕食其他鱼类的卵和鱼苗；成鱼主食底栖动物，亦食水生昆虫、小鱼虾、植物碎屑、谷物、小螺蚌等，多在混浊的深水区觅食。繁殖期间少食或停食。

分布情况：分布于黄河水系。国内见于银川、包头、开封、郑州、济南等地，以兰州、靖远、宁夏青铜峡一带的中上游河段为多见。

濒危程度：一级濒危。

经济价值：北方铜鱼原来在黄河上游数量较多，且其个体大，肉质细嫩而少刺，富含脂肪、味美、肉肥，是宁夏、甘肃等地的珍贵经济鱼类，被称为"黄河鸽子鱼"，以靖远一带最多。

18. 圆筒吻鮈（*Rhinogobio cylindricus*）

种属关系：鲤形目，鲤科，吻鮈属。

地方名：尖脑壳，粗鳞黄嘴子鱼，鳅子，黄鳅子。

生物学特性：体细长，呈筒形，腹部稍平，尾柄长，稍侧扁。头较长，呈锥形，其长度较体高长。吻长而尖，向前突出。口下位，略呈马蹄形。唇较厚，无乳突，上唇厚，下唇在口角处稍宽厚，唇后沟中断，其间相距较宽。口角须1对，较粗壮，其长度超过眼径。眼小，位于头侧上方，眼前缘距吻端较距鳃盖后缘稍近，眼间宽平。鼻孔比眼小，离眼前缘较近。鳃膜连于鳃峡，其间距较小，鳃耙短小，排列较稀。下咽齿较弱，主行齿侧扁，末端稍呈钩状。背鳍无硬刺，外缘凹形，其起点距吻端较距尾鳍基部为近。胸鳍末端稍尖，后伸不达腹鳍起点。腹鳍起点在背鳍起点之后，约与背鳍第1～2根分枝鳍条基部相对，其末端不达臀鳍起点。臀鳍稍短，其起点距腹鳍基部较距尾鳍基部为近。尾鳍分叉深，上下叶末端尖。尾柄较细长。肛门位于腹鳍基部后端至臀鳍起点的中点。鳞片细小，稍呈椭圆形，胸部鳞片较小，埋于皮下。侧线完全，平直。体背部棕黑色，腹部灰色，背鳍和尾鳍灰黑色，其余各鳍灰白色。幼鱼体色浅，体侧上部有5个较大的灰黑色斑块，吻背部黑色，吻侧有一黑色条纹。

生存环境及食性：底栖性鱼类，生长速度较慢，喜流水生活。属杂食性鱼类，主要以底栖无脊椎动物为食，如摇蚊幼虫等水生昆虫或藻类。

分布情况：分布于长江中上游及其支流等。国内见于四川、湖北、江西、湖南等地。甘肃省内见于兰州、靖远、临夏刘家峡等地。

濒危程度：濒危。

经济价值：中型鱼，肉质鲜美，为产地的经济鱼类。

19. 大鼻吻鮈 (*Rhinogobio nasutus*)

种属关系：鲤形目，鲤科，吻鮈属。

地方名：细鳞黄嘴子鱼。

生物学特性：体长，前段呈圆筒形，后段侧扁，腹部圆。头长，呈锥形，其长大于体高。吻长，口角须1对。臀鳍无硬刺，分枝鳍条6根。背鳍无硬刺，起点距吻端较其基底后端距尾鳍基近。下咽齿2行，侧线鳞48～49枚。口前吻端较长，口唇结构简单，下颌无角质。体长为体高的5.2～5.7倍。头长为眼径的8.6～13.4倍。

生存环境及食性：生活于水体底层，喜流水。属杂食性鱼类，以底栖动物、毛翅目幼虫为食。

分布情况：分布于黄河水系。国内见于宁夏青铜峡、山东济南。甘肃省内见于兰州、靖远、临夏刘家峡。

濒危程度：数量较少。

经济价值：生长较慢，体形较大，中型食用鱼类，脂质含量丰富，为产地的经济鱼类。

20. 清徐胡鮈（*Huigobio chinssuensis*）

种属关系：鲤形目，鲤科，胡鮈属。

生物学特性：体长约50 mm，前段近圆筒形，后段侧扁。口角须1对，长度约为眼径的1/2。臀鳍无硬刺，分枝鳍条6根。背鳍无硬刺，起点距吻端较其基底后端距尾鳍基远。下咽齿1行，侧线鳞36～37枚。唇发达，上下唇均具乳突。下唇明显分3叶，中叶呈心脏形，两侧叶向后扩展成翼状。

生存环境及食性：生活于水体较清澈、多沙砾的河流底层。以藻类、水生昆虫等为食。

分布情况：分布于珠江水系的北江、西江，长江水系，黄河水系，辽宁本溪的太子河等。国内见于山西太原、山东济南、河南。甘肃省内见于武山渭河。

濒危程度：数量亦多。

经济价值：小型鱼类，除可供肉食性鱼食用和作为水禽食饵外，无其他大的经济价值。

21.棒花鱼（*Abbottina rivularis*）

种属关系：鲤形目，鲤科，棒花鱼属。

地方名：爬虎鱼，猪头鱼，推沙头，淘沙郎，稻烧蜈。

生物学特性：体粗壮。鼻孔前方下陷。唇厚，上唇的褶皱不明显；下唇侧叶光滑。侧线鳞35～39枚。生殖时期，雄鱼胸鳍及头部均有珠星，各鳍延长。背鳍无硬刺，位于背部最高处。背部暗棕黄色，体侧棕黄色，吻及眼后各有一条纵纹。体侧上部每一鳞片后缘有一黑色斑点。各鳍淡黄色，背鳍和尾鳍上有许多小黑点。1龄鱼性成熟，4—5月繁殖，在沙底掘坑为巢，产卵其中，雄鱼有筑巢和护巢的习性。

生存环境及食性：属底栖性小型鱼类，生活在静水或流水的底层。杂食性鱼类，主食无脊椎动物。

分布情况：分布于黑龙江、黄河、长江等水系及湖泊、沟塘中。甘肃省内的黄河、长江水系及河西走廊内陆水系均有分布。

濒危程度：数量多。

经济价值：鱼体小，但肉多，肉质细嫩、味美，营养丰富。在生物链中有一定作用，经济价值不大。

22. 白甲鱼（*Onychostoma sima*）

种属关系：鲤形目，鲤科，白甲鱼属。

地方名：瓜溜，圆头鱼，白甲。

生物学特性：体呈纺锤形，侧扁，背部在背鳍前方隆起，腹部圆，尾柄细长。头短而宽，吻钝圆而突出，在眶前骨分界处有明显的斜沟走向口角。口下位，下颌具锐利的角质前缘。唇后沟仅限于口角。须退化，仅在全长10 cm以下的幼鱼中有2对须或1对须。背鳍外缘略内凹，具一根后缘有锯齿的粗壮硬刺，其尖端柔软；尾鳍深叉形。鳞中等大，胸腹部鳞片较小。背鳍和臀鳍基部具鳞鞘，腹鳍基部有狭长的腋鳞。背部青黑色，腹部灰白色，侧线以上的鳞片有明显的灰黑色边缘。背鳍和尾鳍灰黑色，其他各鳍灰白色。

生存环境及食性：大多栖息于水流较湍急、底质多砾石的江段中，喜游弋于水的底层。每年"雨水"前后成群溯河上游，立秋前后则顺水而下，冬季在江河干流的深水处乱石堆中越冬。常以锋利的下颌铲食岩石上着生的藻类，兼食少量的摇蚊幼虫、寡毛类动物和高等植物的碎片。

分布情况：国内分布于长江上游（四川）、中游（湖北），以及长江干支流和乌江（广东）、西江（广西）、珠江、元江水系。甘肃省内见于徽县、文县。

濒危程度：数量多。

经济价值：长江上游及珠江流域的主要经济鱼类之一。其生长速度较快，在产区的捕获物中所占比重较大，肉细嫩、味鲜美，有重要的经济价值。

23. 多鳞白甲鱼（*Onychostoma macrolepis*）

种属关系：鲤形目，鲤科，白甲鱼属。

地方名：钱鱼，梢白甲，赤鳞鱼，石口鱼。

生物学特性：体长，稍侧扁，背稍隆起，腹部圆。头短，吻钝，口下位，横裂，口角伸至头腹面的侧缘。下颌边缘具锐利角质；须2对，上颌须极细小，口角须也很短。背鳍无硬刺，外缘稍内凹。胸部鳞片较小，埋于皮下。体背黑褐色，腹部灰白色。体侧每个鳞片的基部都具新月形黑斑。背鳍和尾鳍灰黑色，其他各鳍灰黄色，外缘金黄色，背鳍和臀鳍都有一条橘红色斑纹。

生存环境及食性：栖息在砾石底质、水清澈低温、流速较大、海拔高程为300～1500 m的河流中，常借助河道中熔岩裂缝与溶洞的泉水发育，秋后入泉越冬。4月中旬出泉，出泉多集中于夜半三更，头部朝内，尾部向外，集群而出，一般在8～10日内出完。雄性性成熟一般在3龄以上，雌性为4～5龄，怀卵量为0.6万～1.2万粒，生殖季节为5月下旬至7月下旬。以水生无脊椎动物及附着在砾石表层的藻类为食，取食时用下颌猛铲，进而将体翻转，把食物铲入口中，取食后的石块上可见白斑点。

分布情况：分布于嘉陵江水系和汉江水系的中上游、淮河上游、渭河水系、伊河、洛河、海河上游的滹沱河和山东泰山。国内见于湖北、陕西、四川、河南、安徽等地。甘肃省内见于文县、两当、武都、康县、岷县等地。

濒危程度：数量多。

经济价值：其因独特的地理分布和对生态环境的适应性，而被称为"活化石"。肉嫩味鲜，具有药用价值，有滋补明目下乳之功效，是一种经济价值较大的鱼类。

24.四川白甲鱼（*Onychostoma angustistomatus*）

种属关系：鲤形目，鲤科，白甲鱼属。

地方名：小口白甲，尖嘴白甲，腊棕。

生物学特性：体长，侧扁，尾柄细长，腹部圆，背鳍起点为鱼体的最高点。头短。吻圆钝，稍隆起，吻端有小的白色斑点，在眶前骨分界处有明显的斜沟。口宽，下位，横裂，口角稍向后弯。上颌后端达到鼻孔后缘的下方，下颌具锐利的角质前缘；上唇薄而光滑，为吻皮所盖。须2对，吻须极短小，颌须稍长，约为眼径的1/2～2/3。背鳍硬刺后缘具锯齿，末端柔软，背鳍外缘呈凹形。背鳍上有黑色斑纹，尾鳍下叶鲜红，其他各鳍亦略带红色。背部青灰色，腹部微黄。生殖期间，雄鱼吻部、胸鳍、臀鳍上具粗大的白色珠星，偶鳍及臀鳍呈鲜红色；雌鱼吻部珠星不明显。

生存环境及食性：生活习性与白甲鱼相近，均为底栖性鱼类，喜生活于清澈而具有砾石的流水中。早春成群溯河而上，秋冬下退，至深水多乱石的江底越冬。常以锐利的下颌角质边缘在岩石及其他物体上刮取食物，食物以着生藻类及沉积的腐殖物质为主。通常个体大的四川白甲鱼产卵期要早些。亲鱼待性成熟后，上溯至多砾石及沙滩的急流处产卵，卵常附着在水底砂石上孵化。

分布情况：分布于长江上游干支流，尤以金沙江、嘉陵江、岷江、大渡河和雅砻江中下游等水系为多见。甘肃省内见于文县。

濒危程度：数量较多。

经济价值：长江上游一带中型的食用鱼，产量虽不如白甲鱼，但其肉质更佳，为产区人们日常喜食的鱼类之一。可以将其驯化为池塘养殖对象，使其在水库中繁殖。

25. 渭河裸重唇鱼（*Gymnodiptychus pachycheilus weiheensis*）

种属关系：鲤形目，鲤科，裸重唇鱼属。

地方名：重唇鱼，石花鱼，花鱼，裸黄瓜鱼，重口。

生物学特性：体长，稍侧扁，头圆锥形，吻部略尖。口下位，呈马蹄形。唇发达，下唇分左右两叶，唇后沟深，中断。下颌前缘无锐利的角质边缘；须1对，较细长，伸达眼后缘。体几乎裸露，仅在胸鳍基部上方、肩带后缘有3～5行不规则的鳞片；肛门和臀鳍两侧各有一行大型鳞片；侧线鳞97～98枚，前段鳞片较大，后段较小。侧线完全，平直或稍弯向腹方。背鳍无硬刺。体背部暗灰色或灰褐色，头部、背部和侧部有棕黑色大小不一的斑点，腹侧淡黄带灰色，背鳍和尾鳍上具许多不规则的小斑点。生殖期间，雄性个体的背鳍边缘突出或呈半圆形，鳍条较长，鳍膜也较宽，臀鳍特别长，头部和鳍上均有珠星。

生存环境及食性：属冷水性鱼类，生活在大江和河川的急流中，有时也游至附属的静止水体中。2—3月开始向河的上游游动，尤其以4月较为集中，10月即开始下游。属杂食性鱼类，主要以软体动物、桡足类动物、端足类动物、小鱼、摇蚊幼虫和其他昆虫为食，有时也食少量的水生植物的枝叶和藻类。个体成熟慢，4～5冬龄才开始性成熟，通常雌体较同龄的雄体大。产卵期在4—8月，喜产卵于湖泊、河川多石质的水底，卵常附着于石子上，之后被水流冲走至石缝中进行发育。

分布情况：国内见于新疆的伊犁河、塔里木河、乌鲁木齐河、楚河、塔拉斯河、锡尔河、阿拉湖、斋桑湖等水系。甘肃省内见于清水县、岷县、漳县等渭河流域。

濒危程度：濒危。

经济价值：个体较大，一般能长至30～50 cm，最大可重达3 kg左右。肉味鲜美，脂肪含量丰富，产量亦多，为重要的食用鱼类。

26.厚唇裸重唇鱼（*Gymnodiptychus pachycheilus*）

种属关系：鲤形目，鲤科，裸重唇鱼属。

地方名：重唇花鱼，麻鱼，石花鱼，重口，翻嘴鱼。

生物学特性：体呈长筒形，稍侧扁，尾柄细圆。头锥形，吻突出，吻皮止于上唇中部。口下位，马蹄形。下颌无锐利的角质边缘。唇很发达，下唇左右叶在前方连接，后边未连接部分各自向内翻卷，两下唇叶前部具不发达的横膜，无中叶；唇后沟连续。口角须1对，较粗短，末端约达眼后缘的下方。体表绝大部分裸露，除臀鳍两侧各有一列大型鳞片外，其余仅在胸鳍基部上方的肩带后方有2～4行不规则的鳞片。侧线平直，背鳍无硬刺。体和头部黄褐色或灰褐色，较均匀地分布着黑褐色斑点，侧线下方也有少数斑点。腹鳍灰白或黄灰色。背鳍浅灰色，尾鳍浅红色，均布有小斑点。

生存环境及食性：栖息于青海、甘肃、四川等省内长江和黄河上游各水系的高原宽谷河流中，在河湾洄水处较常见。以水生动物如石蛾幼虫、端足虾和石蝇的稚虫等为食，也食少量的植物碎屑。生殖季节为4—5月。

分布情况：见于长江和黄河水系各流域上游的宽谷河段，青海省内常见于扎陵湖、鄂陵湖及黄河河道中，以及玛多县、达日县、久治县内的黄河干支流。甘肃省内见于玛曲、刘家峡、卓尼、岷县。

濒危程度：濒危。

经济价值：生长较缓慢，10龄鱼的平均体长仅为44 cm左右，但肉质好，肉味鲜美，产量较高，为产区重要的经济鱼类。卵有毒，不能食用，加工时需注意去除干净。肉、骨、胆有药用价值，用以主治妇科病、肠胃病、疮疖化脓、水肿、疮疡热痛、白内障、烧伤等症。

27.极边扁咽齿鱼（*Platypharodon extremus*）

种属关系：鲤形目，鲤科，扁咽齿鱼属。

地方名：扁咽齿鱼，小嘴巴鱼，湟鱼，草地鱼。

生物学特性：体长，侧扁，体背隆起，腹部平坦。头锥形。吻钝圆。口下位，横裂；下颌具锐利发达的角质前缘。上唇宽厚，下唇细狭，唇后沟止于口角。无须。体裸露无鳞，仅具臀鳞；肩带处鳞片消失或仅留痕迹；侧线鳞不明显。背鳍刺强，具深锯齿，背鳍、腹鳍起点相对；臀鳍位后；尾柄短。体背侧黄褐色或青褐色，腹部浅黄或灰白色。腹鳍、臀鳍浅黄色，背鳍、尾鳍青灰色。

生存环境及食性：属高寒地带生活的种类，种群较小，分布区狭窄。适应生活在海拔3000 m以上的高原河流中，栖息环境为水底多砾石、水质清澈的缓流或静水水体，喜在草甸下穴居。食性单一，以下颌刮食水底附着的藻类等为食。生殖期在5—6月开冻之后，产卵场在水深1 m以内的缓流处。常见个体重1.5～2.0 kg。

分布情况：分布区狭窄，仅分布于黄河上游高原的宽谷河流。甘肃省内见于刘家峡至上游玛曲河段。

濒危程度：濒危，国家二级重点保护野生动物。

经济价值：个体较大，产量较高，是重要的经济鱼类。

28. 花斑裸鲤（*Gymnocypris eckloni*）

种属关系：鲤形目，鲤科，裸鲤属。

地方名：大嘴巴鱼，大嘴花鱼，大嘴鱼。

生物学特性：体长，侧扁。头锥形。口下位，口裂较大。下颌无锐利角质。唇薄，下唇侧叶狭窄，唇后沟不连续。无须。鱼体大部分裸露，仅有臀鳞和少数肩鳞。背鳍刺强，具发达的锯齿，起点稍在腹鳍之前。体侧具多数环状、点状或条状的斑纹。体背暗褐色或青灰色，腹部浅黄色或银灰色。背鳍和尾鳍上各有5～6行小黑斑，较大个体一般仅在体侧有少数隐约可见的块状暗斑。

生存环境及食性：栖息在高原宽谷河道之中水的中层。属杂食性鱼类，食性范围广。

分布情况：见于四川、甘肃、青海与黄河邻近水系，新疆柴达木盆地的奈齐河水系中亦有分布。甘肃省内见于黄河干流、刘家峡至玛曲河段，内陆河见于酒泉、张掖、金昌。

濒危程度：濒危。

经济价值：生长缓慢，体重增0.5 kg需8～9年。肉质较好，多脂，味道鲜嫩，富有营养，是有开发前景的一类经济鱼种。鱼子有毒，不能食用。鱼肉除鲜食外，还可干制、卤制、熏制及制成罐装食品，便于久藏及远销。

29.黄河裸裂尻鱼（*Schizopygopsis pylzovi*）

种属关系：鲤形目，鲤科，裸裂尻鱼属。

地方名：小嘴湟鱼，小嘴巴鱼，鱼景鱼，绵鱼，草生鱼。

生物学特性：体侧扁，形长。头钝锥形。吻钝圆，吻皮稍厚。口弧形，下位。下颌前缘具锋利角质。唇狭窄，唇后沟中断。体裸露无鳞。侧线完全。体背青灰色，腹部灰黄色，背部密布浅褐色小斑点。胸鳍、腹鳍、臀鳍青灰色，略带红色；背鳍和尾鳍青灰色，尾鳍具蓝灰色边缘。

生存环境及食性：栖息于高原地区的黄河上游干支流、湖泊及柴达木水系。越冬时潜伏于河岸洞穴或岩石缝隙之中，喜清澈冷水。分布于海拔2000～4500 m处。以摄食植物性食物为主，常以下颌发达的角质边缘在沙砾表面或泥底刮取着生藻类和水底植物碎屑，兼食部分水生维管束植物的叶片和水生昆虫。

分布情况：分布于兰州以上黄河水系的干支流及其附属水体。甘肃省内见于玛曲、夏河、卓尼、临潭、岷县、渭源、漳县、武山等地。

濒危程度：濒危。

经济价值：中型鱼类，最大个体体长330 mm以上，为产区主要经济鱼类。

30.骨唇黄河鱼（*Chuanchia labiosa*）

种属关系：鲤形目，鲤科，黄河鱼属。

地方名：大嘴湟鱼，鳇精，小花鱼，黄河鱼，湟鱼。

生物学特性：体长，稍侧扁。头锥形，吻突出。口下位，横裂。下颌角质发达，向上倾斜形成截形钝缘。唇较发达，下唇完整，肉质表面光滑，无乳突；唇后沟连续，中部较浅。无须。除臀鳞和肩鳞之外，全体裸露。背鳍刺强，具发达锯齿，起点稍在腹鳍之前。

生存环境及食性：属高原冷水性鱼类，栖息于高原缓流和静水水体。主食无脊椎动物和掉落在水面上的陆生昆虫、水生昆虫，也食附着在砾石表面的藻类。

分布情况：国内见于黄河青海段、鄂陵湖、扎陵湖。甘肃省内见于玛曲。

濒危程度：易危。

经济价值：最大个体长达300 mm，是产区的经济鱼类之一。

31. 鲤鱼（*Cyprinus carpio*）

种属关系：鲤形目，鲤科，鲤属。

地方名：鲤拐子，鲤子，红鱼。

生物学特性：体呈纺锤形，侧扁而腹部圆。头背间呈缓缓上升的弧形，背部稍隆起，头较小。口端位，呈马蹄形，位于头部前端。口须2对，颌须长约为吻须长的2倍。侧线鳞多为37～38枚。体色青黄。背鳍起点位于腹鳍起点之前。背鳍、臀鳍各有一硬刺，硬刺后缘呈锯齿状。体侧鳞片呈金黄色，背部稍暗，腹部色淡而较白。臀鳍、尾柄、尾鳍下叶橙红色，胸鳍、腹鳍橘黄色。除位于体下部和腹部的鳞片外，其他鳞片的后部有由许多小黑点组成的新月形斑。

生存环境及食性：栖息在水域的底层，单独或成小群生活在平静且水草丛生的有泥底的池塘、湖泊、河流中。杂食性鱼类，以食底栖动物为主。生长迅速，当年可长到250 g以上。生命力强，耐受各种不良环境条件。

分布情况：国内广布于南北各水系。甘肃省内江河及附属水体（除祖厉河外）均有分布。

濒危程度：未危。

经济价值：鲤鱼中的黄河鲤鱼是中国四大名鱼之一，肉质细嫩肥美。鲤鱼是我国重要养殖对象，经济价值大。

32. 鲫鱼（*Carassius auratus*）

种属关系：鲤形目，鲤科，鲫属。

地方名：草鱼板子，喜头鱼，鲫瓜子，鲋鱼，鲫拐子，朝鱼，刀子鱼，鲫壳子。

生物学特性：一般体长15～20 cm，呈流线形（也叫梭形）。体侧扁而高，体较厚，腹部圆。头短小，吻钝。无须。鳃耙长，鳃丝细长。下咽齿1行，扁片形。鳞片大。侧线微弯。背鳍长，外缘较平直。背鳍、臀鳍第3根硬刺较强，后缘有锯齿。胸鳍末端可达腹鳍起点。尾鳍深叉形。一般体背面灰黑色，腹面银灰色，各鳍条灰白色。因生长水域不同，体色深浅有差异。

生存环境及食性：鲫鱼是杂食性鱼，但成鱼以植物性食料为主，偶食硅藻、小虾、蚯蚓、幼螺、昆虫等。生活在江河流动水里的鲫鱼喜欢群集而行，有时顺水，有时逆水，到水草丰茂的浅滩、河湾、沟汊、芦苇丛中寻食、产卵，遇到水流缓慢、静止不动或有丰富饵料的场所时，它们就暂栖息下来。生活在湖泊和大型水库中的鲫鱼择食而居，尤其是较浅的水生植物丛生地，更是它们的集中地，即使到了冬季，它们也贪恋草根，多数也不游到无草的深水处过冬。生活在小型河流和池塘中的鲫鱼遇流即行，无流即止，择食而居，冬季多潜入水底深处越冬。

分布情况：分布广泛，全国除青藏高原外，其余各地水域中常年均有分布，甘肃省除祖厉河外的江河及附属水体中均有分布。

濒危程度：未危。

经济价值：具有大范围饲养价值、营养价值和药用价值，为我国重要食用鱼类之一。

33. 华鲮（*Sinilabeo rendahli*）

种属关系：鲤形目，鲤科，华鲮属。

地方名：青龙棒，桃花棒，野鲮鱼，青衣子。

生物学特性：体长，略呈棒状，尾柄高而宽厚。吻钝圆而突出，口下位，横裂。上唇前部光滑，被游离的吻皮所遮盖，两侧有细小的乳突；下唇游离部分的内缘有许多小乳状突，下唇与下颌分离，被一深沟相隔，上颌为上唇所包。有1对短颌须，吻须常退化。侧线鳞45～47枚。体背及体侧青黑色，鳞片紫绿色夹有红色，并具金属光泽；腹部微黄，各鳍灰黑色。

生存环境及食性：栖息于水流较急的河流及山涧溪流中，为底栖性鱼类，喜集群生活。常出没于岩石间隙中，在石砾底的基质上觅食，利用下颌锐利的角质边缘刮取着生藻类，也食高等植物的枝叶、碎屑等。入冬以后，数十尾甚至上百尾集群在深水洞穴越冬，很少外出活动。

分布情况：分布于长江上游干流及各大支流中，尤以川东盆地水流湍急、水质清澈的山涧溪流中为多。甘肃省内见于文县。

濒危程度：濒危。

经济价值：生长较缓慢，一般个体为1～2 kg，最大个体可达5 kg，在产地产量较高。肉质坚实脆嫩，十分鲜美，富含油脂，与青鱼相似，被视为珍贵食品。

34. 宽鳍鱲（*Zacco platypus*）

种属关系：鲤形目，鲤科，鱲属。

地方名：桃花板。

生物学特性：体长而侧扁，体高稍大于头长。口端位，吻短而钝。上下颌等长，下颌前端有一凸起与上颌空隙相吻合。无须。眼小，位于头侧的上方。吻长和眼间距相等。背鳍条3,7；臀鳍条3,9。侧线鳞41～46枚。下咽齿3行，2.4.5—5.4.2或2.4.4—5.4.2。鳃耙短而稀，外侧7～10。脊椎骨35～36。体长为体高的4.4～4.6倍，为头长的4.2～4.4倍，为尾柄长的4.2～5.1倍，为尾柄高的11.0～11.4倍。头长为吻长的2.8～3.2倍，为眼径的3.8～4.6倍，为眼间距的2.4～2.8倍。鳞呈圆形，较大。侧线完全。背鳍无硬刺，其起点至吻端较至尾鳍基为近。与腹鳍相比，胸鳍较长，末端较尖，可达或超过腹鳍起点。臀鳍较长，雄鱼的第1～4根分枝鳍条达尾鳍基部。鳔2室，后室的长度约等于前室的2倍。体腔膜黑色。背部灰黑色，腹部灰白色，体侧有垂直的黑色条纹10～12条。成熟雄鱼在生殖季节体侧有红绿鲜艳的婚姻色，头部及臀鳍条有显著突出的珠星。

生存环境及食性：生活于水流急、河床为沙砾和泥沙的浅水中，平时栖息在支流浅滩和山涧的流水中。杂食性，以甲壳动物和水生昆虫为食，也食藻类、小鱼及水底腐殖物质。

分布情况：国内见于各地，主要在长江、钱塘江、闽江和珠江水系。甘肃省内见于偏南地区水域，如两当县、文县水域。

濒危程度：数量不多。

经济价值：小型鱼类，鱼肉含脂肪多，其养殖业为产区的特殊小渔业。

35. 鳡鱼（*Elopichthys bambusa*）

种属关系：鲤形目，鲤科，鳡属。

地方名：黄钻，黄颊鱼，竿鱼，水老虎，大口鳡，鳡棒。

生物学特性：体细长，呈亚圆筒形，头尖长。吻尖，呈喙状。口大，端位，下颌前端正中有一坚硬突起与上颌凹陷处相嵌合。无须，眼小，稍突出。下咽齿3行，齿末端呈钩状。鳞细小。背鳍较小，其起点位于腹鳍之后；尾鳍分叉很深。体背灰褐色，腹部银白色，背鳍、尾鳍深灰色，颊部及其他各鳍淡黄色。

生存环境及食性：鳡鱼生活在江河、湖泊的中上层。游泳力极强，性凶猛，行动敏捷，常袭击和追捕其他鱼类，属典型的掠食性鱼类，一旦受其追击就难有逃脱者。3~4龄开始性成熟，亲鱼于4—6月在江河激流中产卵。幼鱼从江河游入附属湖泊中摄食、肥育，秋末，幼鱼和成鱼又回到干流的河床深处越冬。生长十分迅速，性成熟后，体长还在持续增加，最大个体长达2 m，重可达80 kg。

分布情况：鳡鱼分布甚广，我国自北至南的平原地区各水系皆产此鱼。甘肃省内见于文县。

濒危程度：未危。

经济价值：生长迅速，2龄鱼体重可达3.5 kg。天然产量高，为江河、湖泊中的大型经济鱼类之一。

36. 中华细鲫（*Aphyocypris chinensis*）

种属关系：鲤形目，鲤科，细鲫属。

地方名：碎杂鱼。

生物学特性：体小而侧扁，头部前段圆钝。口端位，口裂向后方倾斜，唇薄，无须。腹鳍基部至肛门之间有腹棱。鳃耙短小，稀疏。鳞片大，侧线不完全。背鳍短且无硬刺。体背和侧线以上体部灰黑色，侧面正中至尾鳍基部有一显明的黑色条纹，鳍均微黄色。

生存环境及食性：小型鱼类，生活于水田、沟渠、池塘、湖泊中。喜集群，游泳迅速。生殖季节在4—5月。

分布情况：分布于我国各地，主要在东部各溪流中。甘肃省内见于河西走廊。

濒危程度：易危。

经济价值：体小，数量不多，除可作为肉食性鱼类和水禽的饵料外，无其他大的经济价值。

37.长江鲅（*Phoxinus lagowskii variegatus*）

种属关系：鲤形目，鲤科，鲅属。

地方名：土鱼，麻鱼，石鱼。

生物学特性：体长，稍侧扁，腹部圆，尾柄较高。头钝。口较大，稍上位，马蹄形。吻钝。鳞小，排列不整齐。背鳍小，位置稍后，其起点在腹鳍起点之后。体背及两侧上半部黑褐色，幼鱼身体有许多小黑色斑点，各鳍上亦有许多小黑点。雌鱼生殖突粗短，与肛门突起部分几乎等长；腹鳍末端仅达肛门前，前上颌较宽，呈半圆形。雄鱼生殖突尖长，管状，显著长于肛门突起；腹鳍末端可伸达肛门之后，前上段较窄，近似三角形。

生存环境及食性：喜生活于水温低、水质澄清、水流缓的两河口交汇处，或河底多页岩、砾石处，或山涧多石缝处。主要以硅藻、蓝藻、绿藻等为食，食谱中水生昆虫幼体的出现频率也较高。生长较慢，为小型鱼类。

分布情况：湖北省内呈点状分布于长江干流及支流、清江、汉江上游等地。甘肃省内见于陇南、甘南一带。

濒危程度：易危。

经济价值：在汉江上游南河、官渡河等地种群数量较大，为当地重要的食用鱼类。

38. 拉氏鲅 （*Phoxinus lagowskii lagowskii*）

种属关系：鲤形目，鲤科，鲅属。

地方名：柳根，沙骨丹，绵鱼。

生物学特性：体长，后部侧扁。腹部圆，头长，吻钝圆。眼中等。鳞片很小，排列紧密，胸部有鳞。侧线完全，在腹鳍之前有弯曲。背鳍较短小，胸鳍椭圆形，尾鳍内凹。体背侧灰黑色，腹部白色，背部正中有隐约黑条纹，体侧有许多不规则的黑色小斑点，尾鳍基部有一黑色斑点。

生存环境及食性：属小型鱼类，喜生活于水温偏低的溪流中。杂食性，食物包括绿藻、浮游动物的枝角类、水生昆虫及其幼虫。生殖季节在5—7月。雄鱼在生殖季节生殖突变得明显。

分布情况：国内分布于黑龙江、辽河、长江流域。甘肃省内见于天水、甘谷、武山、岷县、清水、秦安、张家川回族自治州、庄浪、漳县、陇西、渭源、通渭、静宁等地。

濒危程度：易危。

经济价值：肉可食，体形小，经济价值不大，可作为家禽饵料。

39.圆吻鲴（*Distoechodon tumirostris*）

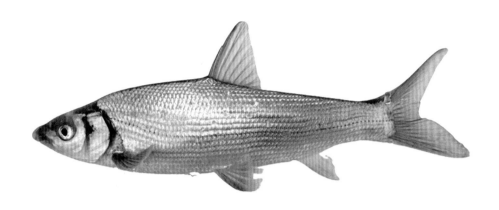

种属关系：鲤形目，鲤科，圆吻鲴属。

地方名：扁鱼，青片。

生物学特性：体稍侧扁。腹部圆，无腹棱。头呈锥形，眼小，侧位。吻钝，向前突出。口极宽，横裂，下颌具锐利而发达的角质边缘。下咽齿2行。侧线鳞72～82枚。尾柄宽大，尾鳍中间截形，两边缘斜上翘，呈新月牙形。体微黑色，腹侧淡白色，胸鳍黄棕色，其他各鳍颜色较淡。背鳍末根不分枝鳍条为硬刺，其长度短于头长，胸鳍不达腹鳍，臀鳍起点紧靠肛门，无腹棱。侧线完全，体侧有由10～11条黑色斑点组成的条纹。背鳍、尾鳍青灰色，鳍缘灰黑色。

生存环境及食性：不耐低氧，属广温性鱼类，在池塘、湖泊、水库等水体中可自然繁殖。栖息于江河的中下层，主要以水中有机碎屑、藻类等为食，也食配合饲料。

分布情况：主要分布于我国南方各江湖中，如江苏、四川、浙江、福建、广东、台湾等地。甘肃省内见于文县。

濒危程度：濒危。

经济价值：体形不大，具食用和药用价值，为产地的经济鱼类之一，甘肃省内暂未形成捕捞群体。圆吻鲴是一种很好的养殖品种，在我国已有两三百年的养殖历史，与家鱼混养可提高产量。

40. 宽口光唇鱼（*Acrossocheilus monticolus*）

种属关系：鲤形目，鲤科，光唇鱼属。

地方名：桃花板，火烧板。

生物学特性：体长而侧扁，腹部平圆。头小，呈锥形，吻圆钝，向前突出。吻皮止于上唇基部。眼中等大，侧上位，眼间距宽且呈弧形。口下位，呈亚弧形。下咽齿侧扁，末端弯曲。侧线完整，平直。体背青色，腹面浅黄色，各鳍呈灰黑色，鳃盖上具一黑斑。

生存环境及食性：生活于较大河流及其主要支流水质清澈的深潭中。喜栖息于石砾底质、水清流急的河溪中，常以下颌发达的角质层铲食石块上的苔藓及藻类。

分布情况：国内见于湖北、四川境内长江中上游及其干流等。甘肃省内见于文县。

濒危程度：易危。

经济价值：中小型鱼，有食用价值。

41.瓣结鱼（*Tor brevifilis*）

种属关系：鲤形目，鲤科，结鱼属。

地方名：哈司，重口，马嘴，沙嘴子。

生物学特性：体细长，侧扁，尾柄细，腹部圆。头较长，吻端尖，向前突出，表面具白色珠星状的角质小突起，在前眶骨前缘有一深裂纹和缺刻。口大，下位，呈马蹄形，前上颌骨能自由伸缩，吻皮包盖于上颌之外。唇厚且稍向上卷，上唇被沟痕分成中叶和侧叶；下唇分3叶，中间有一狭长中叶，向后几乎达到口角垂直线。须2对，吻须细小，不明显；颌须略长，约为眼径的1/2长。鳞中等大，胸部鳞片小，侧线鳞45～46枚。背鳍具粗状硬刺，后缘有锯齿，鳍的外缘内凹。体背部青灰或青黑色，腹部灰白色，体侧大部分鳞片的基部有新月形黑斑。背鳍、尾鳍暗黑色，其他各鳍灰白色。幼鱼体侧有一纵行黑色条纹，特别是后半段更为明显。

生存环境及食性：属中下层鱼类，生活于清澈流水中，常在水底乱石中穿越。杂食性鱼类，能用喇叭形伸缩自如的大口在江底和石面上吸食底栖软体动物、水生昆虫及其幼虫、植物的碎片和丝状藻类。

分布情况：国内见于珠江水系（包括北江和西江）、湖北宜昌、湖南沅江、四川境内的长江干支流、云南元江和罗梭江、海南岛五指山和乐东。甘肃省内见于文县。

濒危程度：易危。

经济价值：平均含肉率为66.91％，鱼肉中共有14种脂肪酸，钙、铜含量高，是产区的一种普通食用鱼。

42. 唇䱻（*Hemibarbus labeo*）

种属关系：鲤形目，鲤科，䱻属。

地方名：重唇鱼，麻点子。

生物学特性：体长，略侧扁，胸腹部稍圆。头大，头长大于体高。吻长，稍尖而突出，长度明显大于眼后头长。口大，下位，呈马蹄形。口角向后延伸，不达眼前缘。唇厚，肉质，下唇发达，两侧叶特别宽厚，具发达的皱褶，中间有一极小的三角形突起，常被侧叶所盖。唇后沟中断，间距甚窄。须1对，位于口角，其长略小于或等于眼径，后伸可达眼前缘下方。眼大，侧上位，眼间较宽，微隆起。前眶骨、下眶骨及前鳃盖骨边缘具一排黏液腔，前眶骨扩大。体被圆鳞，较小。侧线完全，略平直。背鳍未根不分枝鳍条为粗壮的硬刺，后缘光滑，较头长为短，约为其长度的2/3，起点距吻端较至尾鳍基近。胸鳍末端略尖，后伸不达腹鳍起点。腹鳍较短小，起点位于背鳍起点稍后的下方。肛门紧靠臀鳍起点。臀鳍较长，有的个体臀鳍末端达尾鳍基部，起点距尾鳍基与至腹鳍起点相等。尾鳍分叉，末端微圆。下咽骨宽，较粗壮，下咽齿主行略粗长，末端钩曲，外侧2行纤细，短小。鳃耙发达，较长，顶端尖。腹膜银灰色。体背青灰色，腹部白色。成鱼体侧无斑点，小个体具不明显的黑斑。背鳍、尾鳍灰黑色，其他各鳍灰白色。

生存环境及食性：生活于江河上游水温较低的地方，活动于水体的中下层。主要以水生昆虫、蜉蝣目动物、毛翅目动物、蜻蜓目动物、摇蚊科动物及软体动物为食。

分布情况：分布于我国台湾各水系、闽江、钱塘江、长江、黄河等，向北直至黑龙江水系。甘肃省内见于白龙江流域的文县、武都。

濒危程度：易危。

经济价值：体形较大，生长速度中等，产区产量大，甘肃省内未形成捕捞群体。

43. 花鳕 （*Hemibarbus maculatus*）

种属关系：鲤形目，鲤科，鳕属。

地方名：麻鲤，鲫花。

生物学特性：体长，较高，背部自头后至背鳍前方显著隆起，以背鳍起点处为最高，腹部圆。头中等大，头长小于体高。吻稍突，前端略平扁，其长小于或等于眼后头长。口略小，下位，稍近半圆形。唇薄，下尾侧叶极狭窄，中叶为一宽三角形明显突起。唇后沟中断，间距较宽。须1对，位于口角，较短，长度为眼径的0.5～0.7倍。眼较大，侧上位。眼间宽广，稍隆起。前眶骨、下眶骨及前鳃盖骨边缘具一排黏液腔。体鳞较小。侧线不全，略平直。背鳍长，末根不分枝鳍条为光滑的硬刺，长且粗壮，其长几乎与头长相等，起点距吻端较至尾鳍基为近。胸鳍后端略钝，后伸不达腹鳍起点。腹鳍短小，起点稍后于背鳍起点，末端后伸远不及肛门及臀鳍起点。肛门紧靠臀鳍起点。臀鳍较短，起点距尾鳍基较至腹鳍起点为近，其末端未达尾鳍基。尾鳍分叉，上下叶等长，末端钝圆。下咽骨较粗壮，主行下咽齿顶端钩曲，外侧2行甚纤细。鳃耙发达，粗长，为长锥状。腹膜银灰色。体背及体侧上部青灰色，腹部白色。体侧具多数大小不等的黑褐色斑点，沿体侧中轴侧线稍上方处有7～11个黑色大斑点。背鳍和尾鳍具多数小黑点，其他各鳍灰白色。

生存环境及食性：花鳕为江湖中常见的中下层鱼类，以水生昆虫的幼虫为主要食物，也食软体动物和小鱼。生殖季节在4—5月，分批产卵，卵具黏性，附着于水草上发育。最大个体达4 kg左右。

分布情况：分布较广，长江以南至黑龙江水系均有分布。国内见于四川（宜宾、雅安、木洞）、湖北（宜昌、武汉、黄石）、江西鄱阳湖、黑龙江。甘肃省内见于白龙江上游文县、武都。

濒危程度：易危。

经济价值：体形大，生长快，为产地的经济鱼类。

44. 中华倒刺鲃（*Barbodes sinensis*）

种属关系：鲤形目，鲤科，四须鲃属。

地方名：青波，乌鳞，青板。

生物学特性：体长而侧扁，头锥形，吻钝，口亚下位，呈马蹄形。须2对，颌须末端可达眼径后缘。背鳍起点前有一向前平卧的倒刺，隐埋于皮肤下，背鳍具一后缘有锯齿的硬刺。背鳍后缘微凹，背鳍起点位于腹鳍起点之前上方，距吻端比距尾鳍基近。体背青黑色，腹部灰白色，各鳍青灰色，后缘黑色。幼鱼尾鳍基部有一黑斑，成鱼不明显。

生存环境及食性：底栖性鱼类，性活泼，喜欢成群栖息于底层多乱石的流水中。冬季在干流和支流的深坑岩穴中越冬，春季水位上涨后，则到支流中繁殖、生长。杂食性鱼类，主要食水网藻、水绵、硅藻、高等植物枝叶、水生昆虫的稚幼虫、轮虫、软体动物、水蚤和小鱼等。

分布情况：国内见于长江中上游及其附属水体，如洞庭湖；四川境内见于长江支流，如嘉陵江、岷江等；贵州境内见于乌江水系、长江上游和金沙江水域。甘肃省内见于文县。

濒危程度：易危。

经济价值：2冬龄以后生长较快，最大个体可达25 kg。产量大，肉质肥美，富油脂，为四川、贵州等地的重要经济鱼类。鱼肉鲜美，具有一定药效，有壮阳补中之功效，主治腰膝酸软。

45. 刺鲃（*Barbodes caldwelli*）

种属关系：鲤形目，鲤科，四须鲃属。

生物学特性：体稍呈圆筒形。吻较圆钝，须2对。鳞大，侧线鳞20～26枚。背鳍无硬刺，背鳍起点处有一平卧向前的尖刺，埋于皮内。头背及体背青黑色，体侧多数鳞片基部有一黑斑。腹部灰白色，尾鳍灰色，腹鳍、臀鳍橙红色。

生存环境及食性：中下层鱼类，喜生活于水流较急、砾石底质、水质清澈的江河中。杂食性，食水生昆虫、高等植物碎屑等，在水流湍急的江段产卵。

分布情况：分布于长江以南各水系。国内见于浙江、福建、广西、云南、海南岛、台湾等地。甘肃省内见于文县。

濒危程度：濒危。

经济价值：生长快，体形大，最大个体可长至12 kg。重要的经济鱼类，可作为山谷水库中的驯化放养对象。鱼肉鲜美，具有一定药效，有壮阳补中之功效，主治腰膝酸软。

46. 似鮈（*Belligobio nummifer*）

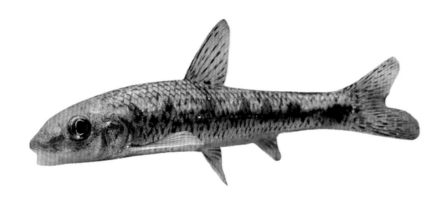

种属关系：鲤形目，鲤科，似鮈属。

生物学特性：体侧扁而形长。头呈锥形。吻稍圆钝，口亚下位，微呈弧形，外形和构造与长吻鮈极相似，主要区别点为似鮈的背鳍无硬刺。雄鱼臀鳍延长，末端可达到或超过尾鳍基部。背部侧线以上青灰色，腹部灰白色，侧线上方有6个黑色圆斑。背鳍、尾鳍上具黑点，其他各鳍灰白色。

生存环境及食性：栖息于江河干流及支流的中下层水体。以水生昆虫及底栖无脊椎动物为食。

分布情况：国内见于甬江、灵江、富春江和长江水系。甘肃省内见于白龙江上游的武都、文县。

濒危程度：易危。

经济价值：小型鱼类，常见个体体长约120 mm，经济价值不大。

47.嘉陵颌须鮈（*Gnathopogon herzensteini*）

种属关系：鲤形目，鲤科，颌须鮈属。

生物学特性：体长，侧扁，背部在背鳍前稍隆起，腹部圆而微凸。头中等大，侧扁。吻短而钝，吻的长度稍大于眼径。口小，端位，口裂斜，呈弧形，口宽大于口长。颌骨的末端后伸达鼻孔中部的下方。唇简单，不发达，唇后沟中断。口角具须1对，短小，长度小于眼径的1/2。眼较小，眼间宽，略隆起。鳃耙短，排列稀疏。主行的下咽齿侧扁，末端略呈钩状，外行的齿纤细，鳞片较小，胸腹部具鳞。侧线较平直，背鳍无硬刺，其起点距吻端较距尾鳍基为近或二者等距。胸鳍短而圆，末端不达腹鳍起点。腹鳍较胸鳍短，其起点稍后于背鳍起点，约与背鳍第2根分枝鳍条相对，末端可伸达肛门。臀鳍短，其起点距腹鳍基较距尾鳍基为近。尾鳍分叉，上下叶等长，末端圆钝。肛门位置紧靠臀鳍起点的前方。鳔2室，后室大于前室，长度约为前室的2倍。腹膜灰白色，其上具许多小黑色点。体背侧灰黑色，腹部灰白色，体侧上半部具数行黑色细条纹，体中轴具一较宽的黑色纵纹，后段色深，背鳍鳍条的上半部具一黑纹，其余各鳍灰白色。

生存环境及食性：喜流水，于溪涧处生活。以水生无脊椎动物等为食。

分布情况：分布于嘉陵江上游及汉水上游等。该物种的模式产地在甘肃徽县。

濒危程度：易危。

经济价值：小型鱼类，食用价值、科研价值高。

48. 银色颌须鮈（*Gnathopogon argentatus*）

种属关系：鲤形目，鲤科，颌须鮈属。

地方名：亮壳，亮幌子，须鮈。

生物学特性：口亚下位。唇简单。须1对，其长与眼径相等。眼径等于吻长。侧线鳞38～42枚。背鳍起点距吻端较距尾鳍基为近。肛门位于腹鳍基与臀鳍起点之间的后1/3处。

生存环境及食性：属常见小型鱼类，栖息于水体中下层。生殖季节在5月。主要食物为水生昆虫、藻类和水生植物。

分布情况：分布于黄河以南各水系。甘肃省内见于靖远、天水、临洮等地。

濒危程度：易危。

经济价值：小型鱼类，有食用价值。

49. 点纹颌须鮈（*Gnathopogon wolterstorffi*）

种属关系：鲤形目，鲤科，颌须鮈属。

地方名：麻点子鱼。

生物学特性：体长稍侧扁，吻短而尖，眼较大，眼间宽平。口亚下位，弧形。鳃耙短小，排列稀疏。鳞大而形圆。胸腹部具鳞，侧线完全，且较平直。体浅棕灰色，头、背浓黑灰色，鳍灰白色。

生存环境及食性：栖息于小溪流与主河道相汇处的清澈水体中。主要捕食昆虫和藻类。

分布情况：主要分布在黄河、淮河、长江、钱塘江、闽江、珠江等水系。国内见于河北、浙江、福建、四川、湖北、安徽等地。甘肃省内见于嘉陵江水系的两当、徽县等地。

濒危程度：未危。

经济价值：小型鱼类，肉虽可食，但因个体小而不为人们所乐用。本身无较大的经济价值，在维持生态平衡方面有一定的作用。

50. 短须颌须鮈（*Gnathopogon imberbis*）

种属关系：鲤形目，鲤科，颌须鮈属。

地方名：麻点子鱼。

生物学特性：吻钝圆。口端位。唇细狭。眼径小于吻长。须1对，极短。侧线鳞39～40枚。背鳍起点距吻端与至尾鳍基的距离相等。肛门紧靠臀鳍起点，尾柄粗短。体背灰黑色，腹部灰白色。背鳍中段具黑色斑纹，其余各鳍均灰白色。

生存环境及食性：属小型鱼类，栖息于峡谷溪流、清澈缓流的河段、支流、河湾等处。底栖性鱼类，主要捕食昆虫，亦吃藻类和水生高等植物。

分布情况：分布于长江水系。国内见于陕西凤县、洛阳等地。甘肃省内见于徽县、成县、康县、两当县等地。

濒危程度：未危。

经济价值：小型鱼类，肉可食，在自然界中常为肉食性鱼类和水禽的食饵，在食物链中有一定的作用。产地多将其用于饲喂家禽，有一定的经济价值。

51. 裸腹片唇鮈（*Platysmacheilus nudiventris*）

种属关系：鲤形目，鲤科，片唇鮈属。

地方名：小沙棒子鱼。

生物学特性：体长，前段近圆筒形，后段侧扁。口角须1对，长度小于眼径。臀鳍无硬刺，分枝鳍条6根。背鳍无硬刺，起点距吻端较其基底后端距尾鳍基为远。下咽齿1行，5-5。侧线鳞39～41枚。唇发达，上下唇均具乳突。下唇较窄，向后扩展成一横的长方形薄片，后缘无缺刻。胸腹部裸露区可达腹鳍基部。体暗灰色，腹部灰色。背鳍及尾鳍上有许多黑色小斑点，其余各鳍灰白色。

生存环境及食性：生活于白龙江干支流。以水生昆虫及无脊椎动物为食。

分布情况：分布于长江上游。国内见于河南洛阳、湖北宜昌等地。甘肃省内见于舟曲县。

濒危程度：未危。

经济价值：小型鱼类，体长约80 mm，无食用价值，但可作为肉食性鱼类的饵料，在维持自然界生态平衡方面有一定价值。

52. 蛇鮈（*Saurogobio dabryi*）

种属关系：鲤形目，鲤科，蛇鮈属。

地方名：船钉子，白杨鱼，打船钉，棺材钉，沙锥，船丁鱼。

生物学特性：体延长，略呈圆筒形，背部稍隆起，腹部略平坦，尾柄稍侧扁。头较长，头长大于体高。吻突出，在鼻孔前下凹。口下位，马蹄形。唇发达，具显著的乳突，下唇后缘游离。上下唇沟相通，上唇沟较深。口角须1对，其长度小于眼径。眼较大。背鳍无硬刺。侧线完整且平直。体背部及体侧上半部青灰色，腹部灰白色。体侧中轴有一条浅黑色纵带，上面有13～14个不明显的黑斑。背部中线隐约可见4～5个黑斑。胸鳍、腹鳍及鳃盖边缘为黄色，背鳍、臀鳍及尾鳍为灰白色。

生存环境及食性：栖息于江河、湖泊的中下层，小型鱼类，喜生活于缓水沙底处。一般在夏季进入大湖肥育，主要摄食水生昆虫或桡足类，同时也吃少量水草或藻类。

分布情况：分布极广，从黑龙江向南直至珠江各水系均产此鱼。国内见于长江水系的江苏、安徽、湖北，黄河水系的河北、山东、济南，以及黑龙江等省。甘肃省内见于嘉陵江上游的两当县。

濒危程度：未危。

经济价值：个体不大，最大个体仅长24 cm，一般多为10 cm左右。数量较多，体肥壮，味较美，有一定的经济价值。

53. 宜昌鳅鮀（*Gobiobotia ichangensin*）

种属关系：鲤形目，鲤科，鳅鮀鮀属。

地方名：叉婆子，沙胡子，石虎鱼，鲤科，春鱼。

生物学特性：体稍长，尾柄长而侧扁。眼较大，须较长，须4对，第1对颏须起点位于口角须起点之前。吻略尖，具细小的颗粒，吻长小于眼后头长。口下位，呈马蹄形，口宽约等于口长，小于吻长。鳞片圆形，侧线平直，一直伸达尾鳍基部，侧线鳞5～6枚，体侧上半部的鳞片皆具棱脊。腹鳍基部之前的胸腹部裸露。体背棕灰色，具不规则黑色斑点。腹部白色，鳃盖处有一黑色斑块。背鳍青灰色，尾鳍有明显的条纹，偶鳍灰白色。

生存环境及食性：栖息于江河的砂石底上。食无脊椎动物。

分布情况：分布于长江水系。国内见于湖北、陕西、四川。甘肃省内见于文县。

濒危程度：易危。

经济价值：小型鱼类，无大的经济价值。

54.青海湖裸鲤（*Gymnocypris przewalskii*）

种属关系：鲤形目，鲤科，裸鲤属。

地方名：湟鱼，花鱼，狗鱼，无鳞鱼。

生物学特性：体长，稍侧扁。头锥形，吻钝圆，口裂大，亚下位，呈马蹄形。上颌略微突出，下颌前缘无锐利角质。下唇细狭不发达，分为左右两叶；唇后沟中断，相隔甚远；无须。体裸露，胸鳍基部上方、侧线之下有3～4行不规则的鳞片；肛门和臀鳍两侧各有一列发达的大鳞，向前达到腹鳍基部，自腹鳍至胸鳍中线偶具退化鳞的痕迹。侧线平直，侧线鳞前段退化成皮褶状，后段更不明显。背鳍具发达且后缘带有锯齿的硬刺。体背部黄褐色或灰褐色，腹部浅黄色或灰白色，体侧有大型不规则的块状暗斑。各鳍均带浅红色。生殖期间，雄性个体的吻部、臀鳍、尾鳍及体后部均有白色颗粒状的珠星。

生存环境及食性：属冷水性鱼类，喜欢生活在浅水中，也常见于滩边洄水区或大石堆间流水较缓的地方，入冬则潜居于深潭、岩石缝中。适应性强，对生活条件没有严格的要求，在较小的水塘和较浅的湖边都能生活，在咸淡水里也可生活。幼鱼孵出后即成群游泳，多集群于河口浅水地区。幼鱼阶段以动物性饵料为主食；成鱼为杂食性，青海湖中所有的动植物都是其食料，其主要食物为硅藻、桡足类、枝角类、轮虫类、端足类、水生昆虫、摇蚊幼虫等，甚至其幼鱼及条鳅也为之吞食。

分布情况：分布于青海湖及其支流中，克鲁克湖、扎陵湖、鄂陵湖也出产裸鲤。

濒危程度：濒危。

经济价值：裸鲤体粗壮丰腴，肉味鲜嫩，营养丰富，脂肪含量高达12%，蛋白质含量高达16.14%，深受人们喜爱，是青海省极为重要的经济鱼类之一。

55. 中华裂腹鱼（*Schizothorax sinensis*）

种属关系：鲤形目，鲤科，裂腹鱼属。

地方名：细鳞鱼，洋鱼。

生物学特性：体延长，稍侧扁，背部隆起。头锥形，吻略钝，口下位，横裂或略呈弧形。下颌具锐利的角质前缘，下唇略呈新月形，表面有乳突，唇后沟连续。须2对，较发达，约等长，长度大于眼径，前须末端到达眼球中部下方，后须末端到达眼球后缘下方或延至前鳃盖骨，胸部自鳃峡后有明显的细鳞。背鳍刺在16 cm以下的个体中较发达，背鳍起点至吻端较至尾鳍基部稍远，腹鳍基部起点与背鳍第1分枝鳍条相对。体背部暗灰色或青灰色，腹侧银白色，背鳍、腹鳍皆为青灰色，尾鳍红色。

生存环境及食性：属底栖鱼类，喜栖息于卵石底质、水质清澈、流速较快、水温较低的河段。杂食性鱼类，常以下颌的角质缘在石块上刮取食物，食物组成以硅藻为主，其次为昆虫的水生幼虫。攻击时不停食，夏季摄食强度较高。

分布情况：分布于长江上游嘉陵江上段峡谷的河流中。国内见于四川。甘肃省内见于沿嘉陵江主要支流白龙江的舟曲、武都、文县等地。

濒危程度：易危。

经济价值：可食用，为产区主要经济鱼类之一。

56.齐口裂腹鱼（*Schizothorax prenanti*）

种属关系：鲤形目，鲤科，裂腹鱼属。

地方名：雅鱼，齐口细甲鱼，齐口细鳞鱼。

生物学特性：体长，稍侧扁。吻钝圆。口下位，横裂（在小个体中略呈弧形）。颌前缘具锐利的角质，下唇完整，呈新月形，表面有许多小乳突，唇后沟连续。须2对，约等长，其长度约等于眼径。体被细鳞，排列整齐，胸鳍部不裸露，都有明显的鳞片；臀鳍和肛门两侧各具大鳞一排；鳃孔后方、侧线之下有数片大鳞。侧线平直，横贯于体的中轴。背鳍硬刺在体长14 cm以下的小个体中较强，其后缘具明显的锯齿；但在大个体（体长在15 cm以上）中变柔弱，其后缘光滑或仅有少数锯齿痕。体背部暗灰色，腹部银白色，背鳍、胸鳍和腹鳍青灰色，尾鳍红色。生活于支流清溪中的个体体侧有小黑斑，性成熟的雄鱼吻部出现珠星。

生存环境及食性：属冷水性鱼类，平时多生活于缓流的深沱中，有短距离的生殖洄游现象。摄食季节在底质为沙砾、水流湍急的环境中活动，秋后向下游动，在河流的深坑处或水下岩洞中越冬。以动物性饲料为主食，其口能自由伸缩，在砾石下摄食；几乎90%的食物是水生昆虫和昆虫幼体，也吞食小型鱼类、小虾及极少量的着生藻类。

分布情况：国内分布于四川岷江、大渡河，偶见于长江上游干流。甘肃省内见于文县、武都。

濒危程度：濒危。

经济价值：产地主要食用鱼，属中等体形，经济价值大。

57. 重口裂腹鱼（*Schizothorax davidi*）

种属关系：鲤形目，鲤科，裂腹鱼属。

地方名：雅鱼，重口，重口细鳞鱼，重唇细鳞鱼，细甲鱼。

生物学特性：体长，稍侧扁。头呈锥形，口下位，呈马蹄形。上下唇为肉质，肥厚，下唇分3叶；较小个体的中间叶明显，较大个体的中间叶极小，被左右下唇叶所遮盖；左右两叶宽阔，成为后缘游离的唇褶；唇后沟连续。下颌内侧轻微角质化，但无锐利角质缘。须2对，约等长或颌须稍长，吻须达到眼前缘或超过眼前缘，颌须末端超过眼的后缘。鳞细小，排列整齐，胸部和腹部有明显的鳞片，臀鳍和肛门两侧具覆瓦状的较大鳞片，鳃孔后面侧线之下也有数片大鳞，背鳍刺弱，但后缘具锯齿。体上部青灰色，腹部银白色，部分较小的个体中上部出现黑色斑，尾鳍淡红色。

生存环境及食性：属冷水性鱼类，常生活在河流中水流湍急的中下层。摄食季节在底质为沙砾、水流湍急的环境中活动，秋后向下游动，在河流的深坑或水下岩洞中越冬。生殖季节一般在8—9月，产卵于水流较急的砾石河床中。杂食性鱼类，以浮游动植物、水生昆虫幼虫为主食生物。

分布情况：分布于长江干支流中，尤以嘉陵江、岷江、乌江、汉江、沱江水系的峡谷河流中多见，有时冬季也可在长江干流的中下游发现。甘肃省内见于嘉陵江水系支流的白龙江、白水江流域的舟曲、文县、武都。

濒危程度：濒危。

经济价值：此种鱼肉质肥美，富含脂肪。生长较快，个体也较大，一般可长至1～3 kg，最大个体可达10 kg。产量丰富，在产区的产量仅次于齐口裂腹鱼。除肉可食外，其卵煮熟后也可食用（未煮熟时有毒）。长江上游各支流水系中重要的经济鱼类，也是当地发展中小型水体养殖业的放养对象。

58.红尾副鳅（*Paracobitis variegatus*）

种属关系：鲤形目，鳅科，副鳅属。

地方名：巴鳅，贝氏条鳅，尖颌条鳅，红尾子，红尾巴。

生物学特性：体延长，圆柱状。头部较扁平，尾柄侧扁而长，头尾部分布了较多的圆斑。体背具条形斑纹，体前半部裸露无鳞，后半部具细鳞。上颌中央具一齿状突起。须3对。背鳍位于体的前半部，背鳍前距为体长的43.5%～47%。腹鳍起点与背鳍起点相对或位于背鳍第一根处。背部和两侧有10～20条不规则的横条纹，条纹呈深褐色或黑褐色，背部和后段的斑纹较明显且规则，而前段的斑纹不明显，排列不规则。通常需要2～3年才能达到性成熟，一般来说，性成熟后，雄鱼体色比雌鱼略显鲜艳，每年6—8月是其繁殖季节，通常选择在河床底部布满砾石的急流中产卵繁殖，其卵较大，呈黄棕色，但怀卵量不大，约为500～600粒。

生活习性及食性：喜集群栖息在山区溪流水质清澈、无污染的岩缝、石隙或多巨石的洄水湾。以底栖水生无脊椎动物寡毛类、摇蚊幼虫为主要食物，兼食小鱼，常以下颌发达的角质边缘在岩石上刮取食物，但其肠管里食物出现较多的仍是昆虫幼虫（蜉蝣目、襀翅目、鞘翅目等幼虫）。

分布情况：分布于汉江支流源流及堵河、金沙江，南盘江水系，长江中上游及其附属水体支流沿渡河，渭河水系。

濒危程度：未危。

经济价值：其个体虽小，但产区的天然种群数量多，其肉质细嫩，营养丰富，为当地常见的小型食用鱼。

59. 拟鲇高原鳅（*Triplophysa siluroides*）

种属关系：鲤形目，鳅科，高原鳅属。

地方名：狗鱼，土鲇鱼。

生物学特性：头部及体前躯平扁，后躯近圆柱形。眼小。口裂大，唇窄，唇面常有乳突或浅皱褶。须中等长。体无鳞，头部及躯体具许多短杆状皮质棱突。侧线完全。鳔后室退化。

生存环境及食性：栖息于河流、湖泊多砾石处。以小鱼或水生昆虫、蠕虫为食，体色随个体生长及环境不同而有所变化。

分布情况：分布于黄河上游及其附属水体。国内见于青海、黄河支流。甘肃省内见于黄河支流、洮河河口。

濒危程度：濒危。

经济价值：个体最大的鳅科鱼类，有资料记载的最大个体体长482 mm，重1160 g。肉味鲜美，是黄河上游的主要经济鱼类之一。

60.粗壮高原鳅（*Triplophysa robusta*）

种属关系：鲤形目，鳅科，高原鳅属。

地方名：狗鱼子。

生物学特性：一种特殊的高原鳅属鱼类。一般通体被鳞，躯体鳞片呈退化状或消失。唇较薄，唇面光滑。须较短。下颌呈匙状。腹鳍基部起点位于背鳍起点之前。尾鳍黄色，具特殊黑褐色斑。侧线完全。雄性吻部两侧和胸鳍背面有小刺突区。

生活习性和食性：属小型鱼类，生活于江河砾石底质、多水草的浅滩流水处，群居或与其他高原鳅混居。适应能力特别强，有些在小水体里能生长繁殖。主食水生昆虫、底栖无脊椎动物、停落在水中的陆生昆虫，偶食高等植物碎屑。

分布情况：分布于嘉陵江上游、黄河上游及其支流。国内见于青海，甘肃省内见于玛曲。

濒危程度：数量较多。

经济价值：小型鱼类，肉可食，但个体小，一般不作食用，可作为肉食性鱼和家禽的饵料，有一定的经济价值。

61. 东方高原鳅（*Triplophysa orientalis*）

种属关系：鲤形目，鳅科，高原鳅属。

地方名：峞吉斯条鳅，巩乃斯条鳅，东方须鳅。

生物学特性：体长，前躯较宽，近圆筒形，后躯侧扁，尾柄至尾鳍方向尾柄的高度不变。头部稍扁平，头宽大于头高。体表无鳞，皮肤光滑。侧线完全。吻钝，吻长等于或短于眼后头长。口下位，上唇有皱褶，下唇表面有乳头状突起和深皱。下颌呈匙状，不露出。外吻须伸达鼻孔和眼前缘之间的下方，口角须伸达眼后缘的下方或稍超过眼后缘。背鳍起点靠后或与腹鳍起点相对，背吻距大于背尾距。腹鳍末端达到或超过肛门。尾柄较高，后缘微凹，上叶稍长于或等于下叶。游离的鳔后室发达。

生存环境及食性：属底层鱼类，生活于溪流缓流处或浅水多砾石及水草处。以动物性食物为食。

分布情况：分布于西藏拉萨河、怒江上游，甘肃和四川西部的长江、黄河干流及其附属水体，青海柴达木盆地，甘肃河西走廊的自流水体等处。

濒危程度：濒危。

经济价值：个体较大，曾见体长142 mm的个体。数量多，可形成区域性捕捞。

62.岷县高原鳅（*Triplophysa minxianensis*）

种属关系：鲤形目，鳅科，高原鳅属。

地方名：狗鱼子。

生物学特性：一种特殊的高原鳅属鱼类。体呈圆筒形，后部侧平，无肌间刺。一般通体被鳞。唇较薄，唇面光滑。须较短。下颌呈匙状。腹鳍基部起点位于背鳍起点之前。侧线完全。雄性吻部两侧和胸鳍背面有小刺突区。体基色浅黄或浅棕，体侧有许多不规则斑块，胸鳍背面有许多黑色斑点。

生存环境及食性：属小型冷水性鱼类，生活于沼泽静水、河汊湖湾或沟渠缓流中，喜群居。食物以动物性食物为主。

分布情况：在秦岭地区主要分布于洮河、渭河上游及其支流石头河和黑河，属黄河水系特有的鱼类。国内见于陕西，甘肃省内见于岷县。

濒危程度：近年来，因栖息环境的改变，其资源已近枯竭。

经济价值：小型鱼类，肉可食，因个体小而不为人们所乐用，可作为饵料使用。在生物链中占一定地位。

63. 黄河高原鳅（*Triplophysa pappenheimi*）

种属关系：鲤形目，鳅科，高原鳅属。

地方名：狗鱼。

生物学特性：一种体形较大的鳅科鱼类。头部微扁，躯干椭圆且直，尾柄细且扁。头顶部位光滑，有微略凹陷，背部微倾斜。吻端扁平，眼侧上位，呈弧形。口裂大，唇狭窄，口唇肉质，上下唇边缘处有细皱褶。须3对，中等长，周边须至鼻端前缘或者超过鼻端前缘，颏须至眼球中部或者超过眼球中部。体背侧暗黄色，背鳍4个，末根不分枝鳍条的下半部变硬，后有3个明显灰横斑。背末端部位存在些许暗色斑纹。体无鳞，皮肤具短杆状皮质棱突。

生存环境及食性：生活于砾石底质急流河段。肉食性鱼类。每年4—5月河道融冰时，即逆水上溯产卵繁殖。

分布情况：分布于黄河上游干流、支流。国内见于青海。甘肃省内见于黄河干流各处及洮河。

濒危程度：濒危。

经济价值：体较大，肉可食用，具有一定的经济价值。

64. 泥鳅（*Misgurnus anguillicaudatus*）

种属关系：鲤形目，鳅科，泥鳅属。

地方名：鱼鳅，狗鱼。

生物学特性：体细长，前段略呈圆筒形，后部侧扁，腹部圆，头小。口小，下位，马蹄形。眼小，无眼下刺。须5对。鳞极其细小，圆形，埋于皮下。体背部及两侧灰黑色，全体有许多小的黑色斑点，头部和各鳍上亦有许多黑色斑点，背鳍和尾鳍膜上的斑点排列成行，尾柄基部有一明显的黑色斑点，其他各鳍灰白色。体表黏液丰富。体背及体侧2/3以上部位灰黑色，分布有黑色斑点，体侧下半部灰白色或浅黄色。背鳍无硬刺，不分枝鳍条为3根，分枝鳍条为8根，共11根。背鳍与腹鳍相对，但起点在腹鳍之前，约在前鳃盖骨的后缘和尾鳍基部的中点。胸鳍距腹鳍较远，腹鳍短小，起点位于背鳍基部中后方，腹鳍不达臀鳍。尾鳍呈圆形。胸鳍、腹鳍和臀鳍灰白色，尾鳍和背鳍具黑色小斑点，尾鳍基部上方有明显的黑色斑点。

生存环境及食性：属底层鱼类，常见于底泥较深的湖边、池塘、稻田、水沟等浅水水域。杂食性，幼鱼阶段摄食动物性饵料，以浮游动物、摇蚊幼虫、丝蚯蚓等为食。成鳅饵料范围扩大，除可食多种昆虫外，还可摄食丝状藻类，植物的根、茎、叶及腐殖质等，以摄食植物食物为主。

分布情况：国内除青藏高原外，其余各地河川、沟渠、水田、池塘、湖泊及水库等天然淡水水域中均有分布，尤其在长江和珠江流域中下游分布极广。甘肃省内见于张掖、酒泉、天水、兰州等地。

濒危程度：未危。

经济价值：肉质鲜美，营养丰富，富含蛋白质和多种维生素，并具药用价值，是人们所喜爱的水产佳品。泥鳅所含脂肪较少，胆固醇更少，属高蛋白低脂肪食品，且含有一种类似甘碳戊烯酸的不饱和脂肪酸，这种成分有利于人体抗血管衰老，故泥鳅有益于老年人及心血管病人。群体数量大，是一种小型淡水经济鱼类。

65. 大鳞泥鳅 (*Misgurnus mizolepis*)

种属关系：鲤形目，鳅科，泥鳅属。

生物学特性：体长而侧扁。口亚下位。须5对，最长一对口须末端远超过前鳃盖骨后缘。鳞埋于皮下。背鳍不具硬刺，其起点约在前鳃盖骨至尾鳍基部之中点。尾柄较高，具明显的皮褶棱。胸鳍距腹鳍较远。尾鳍圆形。肛门离臀鳍起点较近，约在腹鳍基部至臀鳍起点的3/4处。体背及体侧上半部灰黑色，体侧下半部及腹面灰白色。背鳍及尾鳍具黑色小点，其他各鳍灰白色。

生存环境及食性：常见于底泥较深的湖边、池塘、稻田、水沟等浅水水域。杂食性，可食多种昆虫、藻类，植物的根、茎、叶及腐殖质等。

分布情况：分布于长江中下游及其附属水体中。

濒危程度：易危。

经济价值：肉质鲜美，营养丰富，具有药用价值。群体数量大，是一种小型淡水经济鱼类。

66.中华沙鳅（*Botia superciliaris*）

种属关系：鲤形目，鳅科，沙鳅属。

地方名：龙针，钢鳅。

生物学特性：体长，侧扁，腹部圆。头小，呈锥形。吻锥形。口亚下位。颌下有一对钮状突起。须3对，吻须长。眼较小，眼下缘具双叉硬刺。背鳍短小，无硬刺。胸鳍短，后缘呈圆形，末端后伸不达胸鳍。臀鳍短小，无硬刺。尾鳍深分叉。具鳞，较小。侧线完全。肛门靠近臀鳍起点。体色艳丽，橙黄色，体表具美丽的斑纹，身体两侧具7～9条宽的黑褐色垂直带纹。背鳍上有一条黑色带纹，胸鳍、腹鳍和臀鳍上各有一条黑色带纹，尾鳍基部有一条横斑纹。尾柄高、胸鳍基部起点至腹鳍基部起点之间的距离、臀鳍基部后末端至尾鳍基部腹面起点之间的距离与尾鳍基部腹面起点至尾鳍基部背面起点之间的距离等存在显著形态差异。

生存环境及食性：栖居于砂石底河段的浅水区，为底栖型的小型经济鱼类。杂食偏肉食性，以藻类、水生昆虫幼虫及甲壳类等为主要食物。其中，水生昆虫幼虫主要包括双翅目（摇蚊幼虫）、毛翅目（石蚕）、蜻蜓目（豆娘幼虫）、鞘翅目（溪泥甲科幼虫）等，甲壳类主要包括虾、钩虾、蚌虫、枝角类、桡足类。在不同发育阶段，其食性不同（即食性转变），体长＜80 cm时主要摄食水生昆虫和藻类，体长＞80 cm时主要摄食甲壳类和水生昆虫幼虫。摄食强度不大，存在季节差异，春季摄食强度大于夏季和秋季。

分布情况：分布于澜沧江、四川东部盆地和盆周低山区江段，湖北宜昌、甘肃文县亦有分布等。

濒危程度：濒危。

经济价值：肉质细嫩，味道鲜美，营养价值和药用价值兼备，观赏价值、食用价值大。市场价格高达每千克400～500元，是长江中上游特产的优质名贵鳅科鱼类。

67. 花斑副沙鳅（*Parabotia fasciata*）

种属关系：鲤形目，鳅科，沙鳅属。

地方名：黄鳅，黄沙鳅。

生物学特性：体长形，略圆，尾部侧扁。头长而尖。吻部甚长，尖端突出。吻皮盖过上颌。口下位，呈马蹄形。上下唇的侧皮褶较厚。须3对，2对吻须在吻端且靠拢，1对颌须在口角。前后鼻孔靠近，中间有一皮褶。眼小，侧上位，眼在吻端与鳃盖后缘的正中间。眼的前下缘有分叉的硬刺。鳃孔很小，鳃膜在胸鳍基部前方处与峡部侧面相连。侧线完全。背鳍无硬刺，起点位于腹鳍之前。尾鳍分叉。体呈黄色或黄褐色，腹部浅黄色，头部有许多斑点，鳃盖后缘至尾鳍基部有13～15条深褐色背腹向的横斑纹，尾鳍基部有一深褐色斑点。背鳍、尾鳍上有多行由褐色斑点组成的纵纹。胸鳍、腹鳍、臀鳍与腹部色泽相同。

生存环境及食性：栖息于缓流水的底质为砂石的江河底层，性警觉，善隐匿和躲藏，白天栖息于沙砾间，夜晚出来觅食。平时难觅其踪，只有在夏季涨水时才易于捕获。食水生昆虫、水蚯蚓、摇蚊幼虫、底栖无脊椎动物和藻类。

分布情况：广布于北起黑龙江南至珠江的各江河。分布于张家口、承德、北京、天津、河南、山西、湖北、江苏、江西、四川、甘肃、广西等地。

濒危程度：易危。

经济价值：小型鱼类，肉味鲜美，营养丰富，外观漂亮，经济价值较高。怀卵量高，生长迅速，抗病能力强。具有良好的推广价值，有一定的经济价值。

68. 短体副鳅 (*Paracobitis potanini*)

种属关系：鲤形目，鳅科，副鳅属。

地方名：钢鳅，包氏条鳅，短体泥鳅。

生物学特性：身体稍延长，侧扁，头部较平扁，颊部稍鼓出，具发达的皮质棱。吻短，前端圆钝。口下位，口裂呈横裂状。唇稍厚，其上有许多褶襞。须3对，吻须2对，外吻须后伸达鼻孔下方，口角须伸达眼球中部下方。眼小，位于头侧上方。鼻孔位于眼前方，离眼前缘较近，在一短管中。鳃孔小，鳃膜在胸鳍基部前缘与峡部侧面相连。胸鳍短小，呈圆形，后伸可达胸鳍至腹鳍基部的中间。腹鳍短小，末端圆，无硬刺。臀鳍甚短小，末端圆，后伸不达尾鳍基部。尾鳍截形，短而高，尾柄上下侧具软鳍褶，上侧软鳍褶的前端至背鳍基部末端。侧线完全，终止在背鳍下方之前。体黄棕色，头部散生黑褐色斑点，体背部和侧上部褐色带浅灰色，体侧有许多较宽的深褐色横条纹，腹部黄褐色。背鳍前缘和外缘具鲜红色边缘，其中部有一列黑色斑纹。胸鳍、腹鳍和臀鳍黄褐色。尾柄上部皮质棱的边缘鲜红色，尾鳍上具许多小黑斑，其基部有一鲜红色横条纹。

生存环境及食性：生活于河流湾叉多砾石的浅水区或急流砾石缝中。食料主要是底栖无脊椎动物和昆虫幼虫等。

分布情况：分布于长江中下游及其附属水体等。国内见于陕西，甘肃省内见于文县。

濒危程度：易危。

经济价值：小型鱼，体色鲜艳，全身布满漂亮的花纹，具有极高的观赏价值。常被用作饲料，无较大经济价值。

69.硬刺高原鳅（*Triplophysa scleroptera*）

种属关系：鲤形目，鳅科，高原鳅属。

地方名：狗鱼。

生物学特性：体粗壮，尾柄较高。唇厚，上唇缘具较多乳突，下唇具皱褶及乳突。须较长。背鳍最末根不分枝鳍条变硬。体无鳞。侧线完全。鳔后室发达，其前端通过一长细管与鳔前室相连，鳔后室呈长椭圆形。腹鳍基部起点约与背鳍第2分枝鳍条基部相对。一般分布在湖泊或静水环境中的个体鳔后室较大。

生存环境及食性：生活于河流、湖泊缓流及静水水体中，栖息于湖泊近岸多水草处及河流缓流河段。主要摄食浮游动物、摇蚊幼虫，其次是藻类、维管植物及其他水生昆虫的幼虫。

分布情况：分布于长江、黄河及其附属水体，柴达木河，格尔木河。甘肃省内见于玛曲、岷县。

濒危程度：易危。

经济价值：分布较广，个体较大，肉味鲜美，已形成地区性捕捞群体，有一定的经济价值。

70. 短尾高原鳅（*Triplophysa brevicauda*）

种属关系：鲤形目，鳅科，高原鳅属。

生物学特性：体略长，前段呈圆筒形，后段侧扁。唇较厚，具皱褶，下唇中部缺刻较深。须3对，稍长。背鳍起点约位于吻端与尾鳍基的中点。体裸露，侧线完全、明晰。

生存环境及食性：于山溪流水环境中生活，主要以水体中的无脊椎动物、硅藻类中的舟形藻和针杆藻、植物碎屑为食。

分布情况：分布于柴达森盆地达布逊戈壁的河流及大通河。甘肃省内分布于酒泉一带。

濒危程度：易危。

经济价值：渔业经济价值不大。

71. 犁头鳅（*Lepturichthys fimbriata*）

种属关系：鲤形目，爬鳅科，犁头鳅属。

地方名：燕鱼，石扒子，牛尾巴，长尾鳅。

生物学特性：身体细长，头、胸部平扁，形似犁头。体高小于体宽。尾柄特别细长，呈细鞭状，高度小于眼径。口小，下位，呈弧形。吻褶分叶，中叶宽，后缘有1对须状突。吻须2对，口角须3对。上下唇均具多数须状突，颏部有1~2对小须。鳃裂扩展到头部腹面。侧线完全。体鳞细小，鳞片上一般具刺状疣突。背鳍短，无硬刺。胸鳍、腹鳍宽圆，向左右平展。胸鳍起点在眼后下方，后端不达腹鳍起点。腹鳍起点与背鳍起点或第一分枝鳍条相对，末端不达肛门。肛门至臀鳍起点距离近于至腹鳍末端距离。尾鳍深叉形，下叶略长于上叶。

生存环境及食性：一种栖息于水流湍急的山涧溪河石头滩上的底栖性小型鱼类。胸鳍、腹鳍平展，可吸附于石块上以免被水冲走。以固生藻类为食，对水质、溶氧量要求极高。生殖季节为4月中旬至6月初。卵具有漂流性。

分布情况：分布于长江中下游及其支流。

濒危程度：易危。

经济价值：有一定的经济价值。

72. 四川华吸鳅（*Sinogastromyzon szechuanensis*）

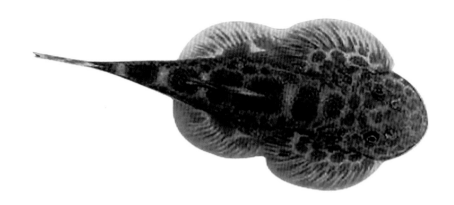

种属关系：鲤形目，平鳍鳅科，华吸鳅属。

生物学特性：体宽短，扁平。吻须、口角须各2对。鳃裂稍扩展至头部腹面。胸鳍基部背面及其后缘至腹鳍基部的体侧裸露。胸鳍、腹鳍左右平展，胸鳍起点在眼的前方，末端超过腹鳍起点，腹鳍左右相连成吸盘状，尾鳍呈凹形。

生存环境及食性：主要栖息于山溪激流环境中，底栖性小型鱼类。体形特化，腹鳍呈吸盘状，吸附在水流湍急的山涧溪流的砾石上，能匍匐跳跃前进。主食藻类。每年5月份，在急流石滩上产卵，卵黏附于砾石上发育。

分布情况：我国特有鱼类，分布于长江上游及其支流中。该物种的模式产地在四川。

濒危程度：濒危。

经济价值：有一定的经济价值。

73. 峨眉后平鳅（*Metahomaloptera omeiensis*）

种属关系：鲤形目，平鳍鳅科，后平鳅属。

地方名：石爬子。

生物学特性：头短而扁平。吻扁圆。体短宽，平扁。口下位，口裂小，弧形。吻须、口角须各2对。眼小，侧上位，眼间隔宽平。鳃裂颇窄，仅限于胸鳍基部的背上方。背鳍小，无硬刺，其起点距吻端较距尾鳍基稍近或与之相等。胸鳍、腹鳍左右平展，胸鳍起点在眼前缘的下方，末端超过腹鳍起点，左右腹鳍连成吸盘状，尾鳍凹形。腹鳍后缘鳍条左右相连成吸盘状，末端远不及肛门。臀鳍无硬刺。尾柄稍侧扁。肛门紧靠臀鳍起点。体被细鳞。头、胸、腹部及偶鳍基背面均裸露无鳞。侧线完全。背面为褐色，具团块状斑纹。各鳍均有斑纹。

生存环境及食性：体形特化，栖居于水流湍急的山涧溪河的砾石或沙滩上，可停伏于岩石上不致被冲走。行动敏捷，能在石上匍匐跳跃前进。小型底栖鱼类，体长一般为40～70 mm。

分布情况：分布于长江干支流。

濒危程度：濒危。

经济价值：有一定的经济价值。

74. 鲇鱼（*Silurus asotus*）

种属关系：鲇形目，鲇科，鲇属。

地方名：棉鱼，土鲇。

生物学特性：体长形，头部扁平，尾部侧扁。口下位，口裂小，末端仅达眼前缘下方（末端达眼后缘的是大口鲇）。下颚突出。齿间细，绒毛状，颌齿及梨齿均排列成弯带状，梨骨齿带连续，后缘中部略凹入。眼小，被皮膜。成鱼须2对，上颌须可深达胸鳍末端，下颌须较短。幼鱼须3对，体长至60 mm左右时1对颏须开始消失。鲇鱼多黏液，体无鳞。背鳍很小，无硬刺，有4～6根鳍条。无脂鳍。臀鳍很长，后端连于尾鳍。鲇鱼体色通常黑褐色或灰黑色，略有暗云状斑块。

生存环境及食性：主要生活在江河、湖泊、水库、坑塘的中下层，多在沿岸地带活动，白天多隐于草丛、石块下或深水底，一般夜晚觅食活动频繁。秋后居于深水活污泥中越冬，摄食程度亦减弱。鲇鱼为底栖肉食性鱼类，捕食对象多为小型鱼类，如鲫鱼、鰕虎鱼、麦穗鱼、泥鳅等，也吃虾类和水生昆虫。以吞食为主，牙齿的作用主要是防止食物逃脱。

分布情况：甘肃省内分布于黄河沿岸各县、渭河、洮河。

濒危程度：未危。

经济价值：中医上认为，鲇鱼味甘性温，有补中益阳、利小便、疗水肿等功效。鲇鱼营养丰富，每100 g鱼肉中含水分64.1 g、蛋白质14.4 g，并含有多种矿物质和微量元素，特别适合体弱虚损、营养不良之人食用。除鱼子有杂味不宜食用以外，其余全身是宝，为名贵的营养佳品，早在《史书》中就有记载，它可以和鱼翅、野生甲鱼相媲美，食疗作用和药用价值是其他鱼类所不具备的，独特的强精壮骨和益寿作用是它独有的亮点。

75. 兰州鲇 （*Silurus lanzhouensis*）

种属关系：鲇形目，鲇科，鲇属。

地方名：鲇鱼，黄河鲇。

生物学特性：体长，头较为扁平，体后部侧扁。口裂末端与眼前缘相对。背鳍小，胸鳍刺后缘锯齿极其微弱。臀鳍条数在78以上。体表光滑无鳞，皮肤富于黏液，侧线上有一行黏液孔。眼小。口横宽而大，下颌突出，须2对，颌须长超过胸鳍基部。背鳍小，第2根鳍条最长，位于腹鳍的前上方；胸鳍具硬刺，前缘有一排很微弱呈锯齿状的突起；腹鳍末端椭圆形；臀鳍长，与尾鳍相连。尾鳍平截或稍内凹，上下等长。体背部及侧面灰黄色，背鳍、臀鳍和尾鳍灰黑色，胸鳍和腹鳍灰白色。

生存环境及食性：常栖息于河流缓流处或静水中，多在黄昏和夜间活动。5—6月份繁殖。属底层鱼类，有避光趋暗的习性。肉食性鱼类，性凶贪吃，主要以小鱼、蛙、虾和水生昆虫为食。

分布情况：分布于黄河水系。

濒危程度：濒危。

经济价值：肉质细嫩、味美，是鱼类中的上品。鲇肉有催乳等药用价值，主治水肿、乳汁不足。

76. 黄颡鱼（*Pelteobagrus fulvidraco*）

种属关系：鲇形目，鲿科，黄颡鱼属。

地方名：黄腊丁，嘎鱼。

生物学特性：体长 123～143 mm，腹平，体后部稍侧扁，头大且扁平。吻圆钝，口大，下位，上下颌均具绒毛状细齿，眼小。须4对，大多数上颌须特别长。无鳞。背鳍和胸鳍均具发达的硬刺，硬刺尖带有毒性。胸鳍短小。背部墨绿色，腹部淡黄色。体青黄色，大多数具不规则的褐色斑纹；各鳍灰黑带黄色。4—5月产卵，亲鱼有掘坑筑巢和保护后代的习性。在生殖期，雄鱼有筑巢的习性。

生存环境及食性：在静水或缓流的浅滩生活，昼伏夜出。以肉食性为主的杂食性鱼类，主食底栖无脊椎动物，食物多为小鱼、水生昆虫等小型水生动物。

分布情况：国内见于陕西、河南、四川、湖北。甘肃省内见于文县。

濒危程度：未危。

经济价值：肉质细嫩，肌间刺少，味道鲜美，营养价值高。此外，黄颡鱼还有较高的药用价值，有祛风、利尿的功效，主治水肿、喉痹肿痛等病症。在甘肃偏南诸江河中有一定的捕捞量，但未形成捕捞群体。

77.瓦氏黄颡（*Pelteobagrus vachelli*）

种属关系：鲇形目，鲿科，黄颡鱼属。

地方名：黄拐头。

生物学特性：瓦氏黄颡鱼比黄颡鱼大得多，最大个体可达1 kg以上。体长，背部隆起，胸腹面平坦，后半部侧扁，尾柄较细长，头部稍扁平，头背宽阔而较平，头顶部覆盖薄皮，枕骨裸露。口亚下位，上下颌有绒毛状细齿，上颌细齿带2条。吻钝圆。眼小，侧上位。触须4对，均呈青黑色。颌须1对，末端接近背鳍起点垂直下方。鼻须位于后鼻孔前缘，末端达到眼眶后缘，颏须2对，外侧1对的末端达到胸鳍起点，内侧1对稍长于鼻须。肩胛骨突出，位于胸鳍上方。肛门接近臀鳍起点。全身裸露无鳞，侧线平直。鳃孔较大。鳃膜不与颊部相连。体色与其他黄颡鱼相似。其主要特征是头顶覆盖薄皮，胸鳍刺前缘光滑，且4对触须均为青黑色。

生存环境及食性：喜栖息于江河缓流江段及江河相通湖泊水体，底栖生活，喜弱光、喜穴居、喜群居。属以肉食性为主的杂食性鱼类，主要摄食摇蚊幼虫、浮游幼虫及其他昆虫，也摄食藻类和高等植物的碎片等。

分布情况：国内分布于陕西、河南、湖北。甘肃省内分布于文县等地。

濒危程度：未危。

经济价值：肉质细嫩，味道鲜美，无肌间刺，营养丰富，极受消费者欢迎。在甘肃偏南诸江河中有一定的捕捞量，但未形成捕捞群体，经济意义不大。

78.乌苏里鮠（*Leiocassis ussuriensis*）

种属关系：鲇形目，鲿科，鮠属。

地方名：牛尾巴，黄昂子，回鳇鱼。

生物学特性：体裸露无鳞，长形，头部扁平，后部侧扁，头顶被皮膜覆盖。吻圆钝。口下位，口裂弧形。上下颌及梨骨上均具绒毛状齿带。须4对，上颌须伸不到鳃孔；下颌外侧须长于内侧须。眼小，侧上位。两对鼻孔前后分离，前鼻孔位于吻端，后鼻孔位于鼻须基部之后。侧线完全。身体被侧灰黄色，腹部及各鳍浅黄色。

生存环境及食性：生活于山溪、江河的急流水体中，底栖。主要食浮游类和毛翅目幼虫。

分布情况：分布于黑龙江到珠江的各水系、陕西、河南和甘肃文县。

濒危程度：易危。

经济价值：可食用，但在甘肃数量不多，无较大经济价值。

79. 白缘䱀（*Liobagrus marginatus*）

种属关系：鲇形目，钝头鮠科，䱀属。

地方名：土鲇鱼，水蜂子，河蜂子，鱼蜂子。

生物学特性：头扁平，颊部特别膨大。头宽大于体宽。上下颌几乎等长，具绒毛状细齿。眼极小。无鳞，有侧线，头部有两个异常突起，鼻后排列3对白色斑点，眼下排列4个斑点。4对口须左右对称，中间2对颌须长，鼻须和颏须略短。背鳍位置靠近头部；背鳍刺光滑，较胸鳍刺为短。胸鳍刺光滑，包于皮内。脂鳍长，在与尾鳍连接处具有一明显的缺刻。尾鳍圆形。各鳍外缘呈白色。具有奇特的对称性（外观对称和内脏对称）、奇特的透明性（腹部和尾部）、奇特的卵（直径约3 mm）、奇特的性别分化（雌雄异体，且有XY性染色体）、奇特的温度适应能力（生存水温为0～25 ℃）、奇特的耐低氧能力（皮肤和鳃的呼吸能力）以及奇特的退化与适应能力（视觉退化且适应底栖生活）等。

生存环境及食性：底栖性鱼类，一般生活于山涧溪流。以淡水无脊椎动物为主要食物，主要食摇蚊幼虫、虾类、蚌类、枝角类、桡足类、轮虫和淡水寡毛类。

分布情况：分布于长江上游，甘肃文县的碧口、舟曲、迭部、碌曲的郎木寺等。

濒危程度：易危。

经济价值：个体小，常见个体体长在100 mm以下。由于野生白缘䱀没有人工养殖，但需求量居高不下，近年来天然资源急剧减少，其市场价格逐年升高。

80.大鳍鳠（*Mystus macropterus*）

种属关系：鲇形目，鲿科，鳠属。

地方名：江鼠。

生物学特性：体延长，背鳍前平扁，尾部侧扁。头宽且平扁。吻扁圆，口宽阔，亚下位，呈弧形。上颌略长于下颌，上下颌均具绒毛状齿带。前后鼻孔分离，后鼻孔有鼻须。须4对，稍扁而长；鼻须末端达于眼；上颌须最长，末端超过胸鳍末端；颏须较短，外侧颏须长于内侧颏须，外侧1对末端可达到或超过胸鳍基起点，内侧1对约与鼻须等长。眼小，眼间隔宽且平。鳃孔宽阔，鳃膜不与峡部相连。肩骨显著突出于胸鳍之上。在生长过程中，体后半部增长较快。背鳍起点约在体前1/3处，硬刺短而光滑，末端柔软。胸鳍具粗壮硬刺，后缘锯齿发达，前缘则锯齿细小。腹鳍距臀鳍远。脂鳍特别长而低，后缘不游离，略斜或截形，与尾鳍相连。尾鳍分叉，上叶略长。体裸露无鳞，侧线平直。体呈灰黑色，背部色深，腹部色浅，体或有散在的细小斑点。背鳍、臀鳍、尾鳍灰白色，其边缘灰黑色。

生存环境及食性：底栖性鱼类，多栖息于水流较急、底质多石砾的江河干支流中，喜集群。夜间觅食，以底栖动物如螺、蚌、水生昆虫及其幼虫、小虾、小鱼等为主食，偶尔也食高等植物碎屑及藻类。6—7月在流水滩产卵，卵黏附在岩石上进行发育。

分布情况：大鳍鳠为分布于我国长江和珠江水系的特产经济鲇类，在长江上游江段渔获物中占有一定比例，产量相对较大，近年来其所占比例还有所上升。见于四川、陕西、河南、甘肃文县。

濒危程度：濒危。

经济价值：蛋白质、脂肪含量高，营养价值全面，肉质细嫩，味鲜美，无肌间刺，具有较高的食用价值。甘肃省内分布局限于陇南的极狭窄区域，产量不大，无较大经济价值。

81. 中华纹胸鮡（*Glyptothorax sinense*）

种属关系：鲇形目，鮡科，纹胸鮡属。

地方名：石黄姑。

生物学特性：头平扁，眼小，上唇具小乳突，下唇薄而光滑。须4对，上颌须有宽阔的皮褶，与吻部相连，末端超过胸鳍起点。颏部和胸部均具皱褶。体无鳞。背鳍刺短，光滑。胸鳍刺前缘光滑，后缘具锯齿。脂鳍与臀鳍相对，尾鳍分叉。

生存环境及食性：属底栖小型鱼类。常在急流中活动，用胸腹面发达的皱褶吸附于石上，以昆虫幼虫为主要食物。5—6月在急流石滩上产卵，卵黏附于石块上。

分布情况：见于陕西、河南、湖北等地。甘肃省内分布于文县、武都、成县、徽县、康县。

濒危程度：濒危。

经济价值：鱼体小，除可作为肉食性鱼类的饵料外，无其他较大的经济价值。

82. 中华鮡（*Pareuchiloglanis sinensis*）

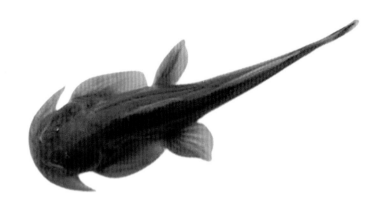

种属关系：鲇形目，鮡科，鮡属。

地方名：石爬子。

生物学特性：体细长，背缘圆凸，腹面平直。头平扁。吻钝圆。眼小，背位。口下位，齿锥形，上颌齿带中央有缺刻，口闭时略露。上唇及口侧有突起，下唇连颌须基。鼻须达眼下，颌须达鳃孔下端，内外颏须更短。鳃孔下达胸鳍基中部。尾柄高大于鼻眼间距。肛门距臀鳍较距腹鳍基稍近。胸部突起。侧线平直。背鳍位于胸鳍后半段背侧。脂鳍始于肛门上方，不连尾鳍。臀鳍位于脂背鳍中部下方，始点位于腹鳍、尾鳍基间正中。胸鳍低圆，不达腹鳍。腹鳍略伸过肛门。尾鳍凹截形。身灰色，鳍灰黑色。

生存环境及食性：栖息于江河上游、砾石质河岸的穴隙。食水生昆虫、寡毛类。

分布情况：分布于四川金沙江和嘉陵江、甘肃白龙江等。

濒危程度：濒危。

经济价值：小型底栖肉食性鱼类，除可作为肉食性动物的饵料外，无其他经济价值。

83. 前臀鳅（*Pareuchiloglanis anteanalis*）

种属关系：鲇形目，鳅科，鳅属。

生物学特性：体长，头宽而扁平，枕部稍隆起；胸腹部平扁，背鳍之后的体部渐次侧扁；尾柄低长，末端略隆起。吻宽圆，口下位，横裂，唇后沟中断。上颌齿带呈香蕉形，两侧不向后方延伸，前缘中央无明显缢凹；下颌齿左右两团，呈"八"字形列生。颏部和胸部满布细粒状突起，前后鼻孔相近；眼小，侧上位，位于头中部偏后。鳃孔中等大，下角和胸鳍第2～3根分枝鳍条基部相对。须4对，上颌须特宽大，基部与头部相连，末端略尖，超过鳃孔下角，下颌须1对，颏须2对，均较短。侧线完全，略偏于体轴上方。背鳍短，无硬刺，后缘略凹，起点位于体前1/3左右；脂鳍基底长度大于背鳍前距，末端游离，胸鳍基部宽厚，第1鳍条腹面具横褶皱，末端达到或接近腹鳍起点；腹鳍达到肛门但不及臀鳍。体背橄榄褐色，腹面黄白色，背鳍前有一鞍形黄斑，胸、腹基部黄色，鳍背皮黄色；臀鳍基部有一灰斑，余鳍末端色浅淡，脂鳍饰以淡黄边缘，尾鳍黑色，尾基上下各有一显著黄斑，侧线白色。

生存环境及食性：生活于水流湍急、沙砾石质河床。食水生无脊椎动物。

分布情况：分布于云南，陕西，甘肃文县、武都、舟曲、康县。

濒危程度：未危。

经济价值：小型鱼，数量不多，无显著经济价值。

84. 石爬鮡（*Euchiloglanis myzostowa*）

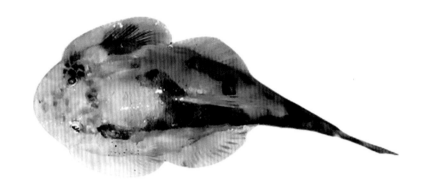

种属关系：鲇形目，鮡科，石爬鮡属。

地方名：石爬子，青石爬子，黄石爬子，火箭鱼，石把鱼，石斑鱼。

生物学特性：体扁平，头大尾小，头部特别扁平，背鳍起点之前隆起，体后部侧扁。口宽大，下位，稍呈弧形。上下颌具呈带状排列的细齿，分布在整个口盖骨上。唇厚，肉质，有多数乳突和皱褶，稍呈吸盘状。须4对，口角须最粗。鳃孔小，位于胸鳍基部上方。眼小，位于头顶，有皮膜覆盖。背鳍不发达，脂鳍长而低，胸鳍大而阔，呈圆形，吸盘状，富肉质。胸鳍、腹鳍第一根软鳍条很发达，变得十分肥大。臀鳍短小，尾鳍截形；体无鳞。背部和尾部黑褐色，腹部白色。雌雄个体的外形区别在于非生殖期雄性肛门后面具生殖乳突，生殖期雌体腹部突出较高。

生存环境及食性：属流水性底栖鱼类，活动范围很窄，无洄游现象。常栖息于山涧溪河多砾石的急流滩上，以扁平的腹部和口胸的腹面贴附于石上，用匍匐的方式移动。以动物性食物为主的杂食性鱼类，食物尤以水生昆虫及其幼虫为主，如浮游幼虫、蜻蜓幼虫、石蝇、石蚕、水蚯蚓等，其次为水生植物的碎片及有机腐屑。雌性的卵巢和雄性的精巢均只有1个，而且很小。产卵期一般在9—10月，卵多产于水流湍急的河道乱石缝穴中，受精卵黏附在石块和砂粒上。

分布情况：主要分布于青海、四川、云南、西藏的金沙江水系，甘肃文县也有。

濒危程度：未危。

经济价值：个体一般不大，常见个体长140～170 mm，最大可达1 kg左右。天然产量多，容易捕捞。其肉质鲜美，且多含脂肪，具有一定的经济价值。

85. 黄黝鱼（*Hypseleotris swinhonis*）

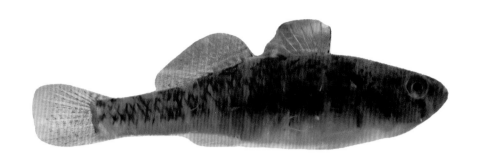

种属关系：鲈形目，塘鳢科，黄黝鱼属。

地方名：黄黝，黄肚鱼，黄麻嫩。

生物学特性：体长，头和体均侧扁。吻圆钝，口端位，口裂大，下颌前突，且稍长于上颌，上下颌均具齿，齿有4行，犁骨无齿。眼侧上位，眼径大，等于或稍长于眼间距。身体除头和前后鳃盖骨被圆鳞片外，余部均为栉鳞，舌游离缘呈圆形，前鳃盖骨上无刺，梨骨和颚骨缺如，腹鳍胸位，左右腹鳍虽很接近，但不相连，尾鳍圆形，尾柄较长。体背黄褐色，腹部皮黄色，体侧基部灰黄色，背鳍淡青灰色，有4行黑色斑点，尾鳍有数行黑点。

生存环境及食性：栖息于水体底层，为江河、湖泊中常见的小型鱼类，一般体长40 mm以下。具有攻击性，食物以小鱼、小虾为主，也吃枝节类。

分布情况：分布于我国东部、陕西黄河水系。甘肃省内见于兰州、永靖、武山。

濒危程度：未危。

经济价值：数量较多，本身无食用价值，可作为其他食肉鱼类饵料。

86. 波氏栉鰕虎鱼（*Ctenogobius cliffordpopei*）

种属关系：鲈形目，鰕虎鱼科，栉鰕虎鱼属。

地方名：沙疙瘩。

生物学特性：体稍粗壮，后部侧扁。头大，宽扁。吻圆钝。唇肥厚，上唇较下唇宽。口端位，口裂大，稍倾斜，后伸达眼前缘的下方。上下颌3行，褐色，第1行大，齿尖不分叉，稍向内斜，第2、3行齿小。舌端游离，圆形，具带状细齿。舌小，略尖。前鼻孔短管状。眼较大，位高，间距小。体被栉鳞，腹部裸露，背鳍前亦无鳞，腹部为圆鳞。臀鳍宽大，外缘弧形。尾鳍宽大，后缘圆形。生殖突位于臀鳍基部前端。身体黑褐色，腹部黄白色。头部褐色，尾鳍褐色，其上有8~9列黑色斑纹。背鳍分离，相距较近，第一背鳍灰黑褐色，外缘白色，前部有一翠蓝色斑点；第二背鳍灰黑褐色，其上有数列深褐色小斑点。胸鳍宽圆，灰色。腹鳍灰褐色，边缘为灰白色，呈圆吸盘。

生存环境及食性：栖息于近岸潮间带或底质为泥沙、岩礁的浅海区，个别种类生活于外海，也有种类栖息于河口咸淡水水域的泥涂中，有些种类生活于淡水，少数生活于激流或穴居于泥洞中。大多数游泳能力不强，活动范围较窄。少数种类有生殖洄游习性，洄游进入河川。主要摄食虾、蟹等甲壳类，小型鱼类、蛤类幼体，有的摄食底栖硅藻。生活在淡水中的种类也摄食水生昆虫和蠕虫。生命力强，离水不易死亡。性成熟期较早，一般肉食性种类一年成熟，植食性种类两年成熟。在石砾或洞穴中产卵，卵大多为黏性，黏附于石砾、泥沙或洞壁上。寿命较短，一般2~3年，最多4年。

分布情况：国内广布于秦岭南北各水系。甘肃省内见于临洮、兰州、天水、静宁、庄浪及河西地区。

濒危程度：濒危。

经济价值：体小，无食用价值，但其数量颇多，在自然水域中可作为其他肉食性鱼类的饵料，经济价值不大。

87. 大斑花鳅（*Cobitis macrostigma*）

种属关系：鲤形目，鳅科，花鳅属。

地方名：花泥鳅。

生物学特性：身体延长，侧扁。须4对。眼下刺分叉。颏叶发达。体被小鳞，头部裸出。侧线不完全。背鳍起点距吻端较距尾鳍基为近。尾柄较长，尾鳍后缘平截或稍圆。体侧沿纵轴有6～9个较大的略呈方形的斑块，尾鳍基具一黑斑。

生存环境：生活在江河、湖泊的浅水区。

分布情况：分布于长江中下游及其附属水体。

濒危程度：易危。

经济价值：数量不多，个体小，经济价值不大。

88. 中华花鳅（*Cobitis sinensis*）

种属关系：鲤形目，鳅科，花鳅属。

地方名：花泥鳅。

生物学特性：体长而侧扁，头甚侧扁。眼中等大小，眼间距大于或小于眼径；眼下刺分叉，末端达眼中央。口下位，颏叶发达，自下唇中间分为两片，外缘各有一须状突起。须3对。各鳍无硬刺。胸鳍、臀鳍、腹鳍短小，背鳍较长。腹鳍起点位于背鳍第2～3根分枝鳍条的下方，末端远不达肛门。尾柄短，尾鳍截形。侧线短而不完全，其长不超过胸鳍末端上方。体除头部无鳞外，其余概被细鳞。鳔2室，前室包于骨质囊内，后室退化仅有痕迹。肠短，其长仅为体长一半。体色棕黄，腹部白色或略带黄色，各鳍黄白色，沿体侧中线有6～15个棕黑色大斑，体背中线有7～14个棕黑色矩形或马鞍形大斑。体侧上方、头背部及颊部具蠕虫样斑纹或不规则斑点。吻端和眼前缘具一黑色条纹。背鳍和尾鳍具3～5列由细斑点组成的斜行条纹。尾鳍基上侧具一明显黑斑，体上斑点大小和数目与栖息环境有关，一般生活于急流中的个体斑点大而少，而生活于静水中者则斑小而多。

生存环境及食性：小型底栖鱼类，生活于江河水流缓慢处。主要滤食泥沙中的植物碎屑，食小型底栖无脊椎动物及藻类。

分布情况：主要分布于黄河以南至红河以北地区各水系。我国海南和台湾均有分布。

经济价值：小型鱼，数量也不多，可作为同水域其他食肉鱼的饵料和禽类的食饵，无经济价值。

89.新疆高原鳅（*Triplophysa strauchii*）

种属关系：鲤形目，鳅科，高原鳅属。

地方名：狗鱼。

生物学特性：体延长，前躯圆，背部稍隆起，腹部平坦，背鳍后的体部侧扁。头稍平扁，头宽稍大于头高。吻圆钝，口下位，较宽。上唇唇缘多乳头状突起，排列成流苏状，前缘为1列，口角为2列或3列；下唇面较厚，多深皱褶和短的乳头状突起。下颌呈匙状，不露出唇外。口须3对，第1对吻须短，第2对达眼前缘，口角须达眼后缘。背鳍位于体中央略后，鳍缘微凹，第2根分枝鳍条最长，不分枝鳍条基部硬。胸鳍侧位，略扁下，呈扇形，第4根分枝鳍条最长。背鳍和尾鳍有由黑色小斑组成的点列。体背在背鳍前有不规则的黑褐色斑，背鳍后的背部黑色斑形长而细、稀疏，腹部淡黄色。无鳞，皮肤光滑，侧线完全。鳔2室，前室被骨质囊，后方有明显的膜脂；后室末端超过骨质鳔囊后缘的水平线，游离于腹腔中。肠与胃连接处无盲肠突。

生存环境及食性：生活于河流沿岸浅水凹处、砾石或其他腐殖质堆积物下，杂食性，但食物大多为水生昆虫，也有高等食物碎屑。

分布情况：分布于中亚沿天山山脉北侧的河流、湖泊中，在我国分布于新疆天山北部的伊犁河、玛纳斯河、额敏河、乌鲁木齐河、额尔齐斯河等水系。甘肃省内分布在河西走廊。

濒危程度：濒危。

经济价值：小型鱼类，数量不多，和其他高原鳅一起作为水禽的食饵。

90.北方花鳅（*Cobitis granoei*）

种属关系：鲤形目，鳅科，花鳅属。

地方名：花泥鳅，水长虫。

生物学特性：体细长而稍侧扁，腹部圆，尾柄较长。头小且甚侧扁，吻突出而尖。眼中等大小，侧上位，眼下刺分叉。口下位，颏叶发达，须长，末端后伸达眼中央。背鳍无硬刺，起点和腹鳍相对。腹鳍起点或位于背鳍第1根分枝鳍条下方，或与之相对。尾鳍截切，侧线不全，仅达胸鳍末端上方。全身除颏部无鳞外，其余概被细鳞。体背褐色，体侧中线上方背部中间散有不规则褐色花纹，大致呈3纵列，背中线有13～18个黑色矩形大斑，头及体上侧有蠕虫样花纹或不规则排列的斑点，尾鳍上侧有一明显黑斑。腹部白色。

生存环境及食性：小型鱼类，生活于沙砾底质的沟渠缓流或水质较肥、多水草的静水环境中，以藻类和高等植物碎屑为食。

分布情况：甘肃省内见于岷县、漳县、渭源、武山、陇西、甘谷、清水。

濒危程度：易危。

经济价值：体小，除可作为同水域肉食鱼类、蛇类和部分禽类的饵料外，无其他较大经济价值。

91. 大鳞副泥鳅（*Paramisgurnus dabryanus*）

种属关系：鲤形目，鳅科，副泥鳅属。

地方名：大泥鳅。

生物学特性：体近圆筒形，后部侧扁。腹部圆形，背缘线平直，尾柄处皮褶棱发达、隆起，与尾鳍相连。头较小，近似圆锥形，吻突出而稍圆钝，其长小于体高。口下位，马蹄形。下唇中央有一小缺口。鼻孔靠近眼。眼下无刺。鳃孔小。头部无鳞，体被细小圆鳞，体鳞较泥鳅为大。侧线完全。须5对，其中吻须2对，口角须1对，颌须2对，最长1对颌须末端达到或超过鳃盖骨中部。眼被皮膜覆盖。尾柄处皮褶棱发达，与尾鳍相连，尾柄长与高约相等。尾鳍圆形。肛门近臀鳍起点。体背部及体侧上半部灰褐色，腹面白色。体侧具许多不规则的黑褐色斑点。背鳍、尾鳍具黑色小点，其他各鳍灰白色。

生存环境及食性：常栖息于湖泊、沟渠、池塘等地质中富有淤泥且多腐殖质的近岸浅水区。属偏动物性食性的杂食性鱼类，小型水生动物、植物及有机碎屑等都是其喜食的食物。天然饵料有水蚤、轮虫、枝角类、桡足类、丝蚯蚓等浮游动物和底栖动物，以及藻类、底泥中的腐殖质等。

分布情况：甘肃省内分布于河西张掖、陇东天水。

濒危程度：濒危。

经济价值：可进行人工养殖，味道鲜美，在河西、兰州、天水等地有一定的产量，具有一定的经济价值。

92.长薄鳅（*Leptobotia elongata*）

种属关系：鲤形目，鳅科，薄鳅属。

地方名：花泥鳅。

生物学特性：体长，侧扁，尾柄高而粗壮。头侧扁而尖，头长大于体高。吻圆钝而短，口较大，亚下位，口裂呈马蹄形。上下唇肥厚；唇褶与颌分离，颌下无钮扣状突起。须3对，吻须2对，口角须1对。眼很小，眼下缘有一根光滑的硬刺，末端超过眼后缘。鼻孔靠近眼前缘，前鼻孔呈管状，后鼻孔较大，前后鼻孔之间有一分离的皮褶。鳃孔较小，鳃膜在胸鳍基部前缘与峡部侧上方连接。背鳍和臀鳍均短小，没有硬刺；背鳍位于体的后半部；胸鳍、腹鳍短，胸鳍基部具1个长形的皮褶；尾鳍深叉状。鳞极细小。侧线完全。头部背面具不规则的深褐色花纹，头部侧面及鳃盖部位黄褐色，身体浅灰褐色。较小个体有6～7条很宽的深褐色横纹，大个体则有不规则的斑纹。腹部淡黄褐色。背鳍基部及靠近边缘的地方有2列深褐色的斑纹，背鳍有黄褐色泽。胸鳍及腹鳍橙黄色，并有褐色斑点。臀鳍有2列褐色的斑纹。尾鳍浅黄褐色，有3～4条褐色条纹。

生存环境及食性：一般栖息于江河底层。生活于江河中上游，水流较急的河滩、溪涧。常集群在水底沙砾间或岩石缝隙中活动，为底层鱼类。江河涨水时有溯水上游的习性。肉食性鱼类，以底层小鱼为主食。生殖期在3—5月，卵黏附在石上孵化。

分布情况：分布于长江中上游，嘉陵江中下游，甘肃文县、武都。该物种的模式产地在长江。

濒危程度：易危。

经济价值：长薄鳅是薄鳅类中个体最大的种，一般个体重1.0～1.5 kg，最大个体重达3 kg左右。在长江中上游干支流的渔获物中占有一定比例，是产地的重要经济鱼类之一。

93. 红唇薄鳅（*Leptobotia rubrilabris*）

种属关系：鲤形目，鳅科，薄鳅属。

地方名：红针。

生物学特性：体长而侧扁。吻长远短于眼后头长。眼小，占头前半部位置，眼下刺分叉，末端超过眼后缘。颊部有鳞，颏部有一对纽扣状突起。须3对，腹鳍起点位于背鳍第2分枝鳍条的下方，末端超过肛门。尾鳍上下叶等长，末端形尖，深分叉，侧线完全，体棕黄色，背部具6~8个马鞍形仅延伸至侧上部的棕黑横斑，体侧具不规则的棕黑色斑点；头背面具不规则的棕黄色条纹或斑；背鳍、臀鳍基间有一条棕黑色带纹；尾鳍具3~6行不规则斜形点列，胸鳍、腹鳍各具一条棕黑色带纹。

生存环境及食性：栖息在江河底层。

分布情况：分布于长江上游、嘉陵江中下游及甘肃文县。

濒危程度：濒危。

经济价值：个体不大，数量少，经济价值不大。

94.重唇高原鳅（*Triplophysa papilloso-labiatus*）

种属关系：鲤形目，鳅科，高原鳅属。

地方名：狗鱼。

生物学特性：体延长，略呈圆柱形，尾柄细缩，头钝圆，额平扁。眼圆而小，略转向上方，眼间宽平。吻稍突出，吻长近等于眼后头长。唇肥厚，乳突极发达，上下唇均有双行，下唇较不清晰，围口似双重流苏，下唇纵棱状，中褶亦有小乳突延伸至颏部。须3对，内吻须达口角，外吻须达眼前缘，颏须达或超过眼后缘。体裸露无鳞，侧线完全。背尾鳍多褐色斑点，胸鳍外缘、腹鳍黄褐色。

生存环境及食性：静水、流水、多水草或无水草的水体中均可生活，较常见于多水草的水体中。平时隐于草中或砾石间，食水生昆虫、藻类、水绵、鳞翅目昆虫。

分布情况：分布于河西走廊疏勒河流域。

濒危程度：濒危。

经济价值：小型底栖鱼类，数量不多，经济价值不大。

95.祁连山裸鲤（*Gymnocypris chilianensis*）

种属关系：鲤形目，鲤科，裸鲤属。

地方名：面鱼。

生物学特性：鱼体长，稍侧扁，头锥形，吻钝圆，口裂大，亚下位，呈马蹄形。上颌略微突出，下颌前缘无锐利角质。下唇细狭不发达，分为左右两叶；唇后沟中断，相隔甚远；无须。体裸露，胸鳍基部上方、侧线之下有3～4行不规则的鳞片。肛门和臀鳍两侧各有1列发达的大鳞，向前达到腹鳍基部，自腹鳍至胸鳍中线偶有退化鳞的痕迹。侧线平直，侧线鳞前端退化成皮褶状，后段更不明显。背鳍具发达且后缘带锯齿的硬刺。体背部黄褐色或灰褐色，腹部浅黄色或灰白色，体侧有大型不规则的块状暗斑；各鳍均带浅红色。生殖期，雄性个体的吻部、臀鳍、尾鳍及体后部均有白色颗粒状的珠星。

生存环境及食性：喜欢生活在浅水中，也常见于滩边洄水区或大石堆间流水较缓的地方，入冬则潜居于深潭、岩石缝中。适应性强，对生活条件并没有严格的要求，较小的水塘和较浅的湖边都能生活。

分布情况：分布于张掖黑河一带。

濒危程度：易危。

经济价值：经济鱼类，最大体重可达2 kg左右。

96. 大鲵 （*Andrias davidianus*）

种属关系：有尾目，隐鳃鲵科，大鲵属。

地方名：娃娃鱼。

生物学特性：两栖动物中体形最大的一种，全长可达 1 m 及以上，体重最重者可超百斤，外形有点类似蜥蜴，只是相比之下更肥壮、扁平。幼鱼用鳃呼吸，成鱼用肺呼吸。头部扁平、钝圆，口大，眼不发达，无眼睑。身体前部扁平，至尾部逐渐转为侧扁。体两侧有明显的肤褶，四肢短扁，指、趾前四后五，有微蹼。尾圆形，尾上下有鳍状物。体色可随不同的环境而变化，但一般呈灰褐色。体表光滑无鳞，但有各种斑纹，布满黏液。身体腹面颜色浅淡。

生存环境及食性：栖息于山区的溪流之中，在水质清澈、含沙量不大、水流湍急且有回流水的洞穴中生活。生性凶猛，肉食性，以水生昆虫、鱼、蟹、虾、蛙、蛇、鳖、鼠、鸟等为食。捕食方式为"守株待兔"。

分布情况：甘肃省内分布于西秦岭以南的武都、康县、文县、徽县、秦岭北坡，偶见于天水。我国除新疆、西藏、内蒙古、台湾未见报道外，其余省区都有分布，主要产于长江、黄河及珠江中上游支流的山涧溪流中。

濒危程度：濒危。

经济价值：经济价值大，具有滋阴补肾、补血行气的功效，对贫血、霍乱、疟疾等有显著疗效，其皮肤分泌物有止血的效果。此外，大鲵也是一种食用价值极高的经济动物，其肉质细嫩、风味独特，肉蛋白中含有17种氨基酸，其中有8种是人体必需的氨基酸，营养价值极高。在美食、保健、医药、观赏等方面均有可广泛开发利用的前景。

97. 中华鳑鲏 (*Rhodeus sinensis*)

种属关系：鲤形目，鲤科，鳑鲏属。

地方名：彩石鳑鲏，彩石鲋。

生物学特性：体侧扁，头小。口角无须。下咽齿1行，齿面平滑。侧线不完全，仅前面的3～7片鳞上具侧线孔。生殖季节雄鱼色彩异常鲜艳，吻部及眼眶周缘具珠星，雌鱼具长的产卵管。个体小，最大体长80 mm。中华鳑鲏属于1龄性成熟，其绝对生殖力一般为200～300粒。繁殖期为5月，在繁殖期时具有领地意识。卵产于蚌的鳃瓣中。

生存环境及食性：食性很广，可以刮食藻类、水草，也食人工饲喂的米饭、面条、蛋黄、面包屑，最有营养的吃食是鲜活的红虫、小蚯蚓、面包虫。各地均有分布，尤其喜欢栖息在淡水湖泊和浅水有水草的地方。

分布情况：分布于黄河、长江等水系，甘肃省内各个水系和池塘中均可见到。

濒危程度：数量较多。

经济价值：根据分布地的不同，有南、北两种表现类型。南中华鳑鲏身体较高且颜色艳丽，北中华鳑鲏较为细瘦，颜色也没有南方类型的那样鲜艳。具有观赏价值，已被列入观赏鱼行列。

98. 粗唇鮠 (*Leiocassis crassilabris*)

种属关系：鲇形目，鲿科，鮠属。

地方名：黄卡，黄姑鲢，鸟嘴肥，黄腊丁等。

生物学特性：体延长，前部略粗壮，后部扁。头钝，侧扁，头顶被厚皮膜；上枕骨棘不裸露，略长，接近项背骨。吻圆钝，突出，略呈锥形。眼中等大，侧上位，被以皮膜；眼线不游离；眼间隔宽，略隆起。口下位，略呈弧形。唇略厚。上颌突出于下颌。上下颌及腭骨均具绒毛状齿，形成齿带。须均细弱，鼻须位于后鼻孔前线，后伸达眼后缘，颌须可达鳃盖骨。鳔1室，心形。鳃孔大。鳃盖膜不与鳃峡相连。鳃耙细短。背鳍短小，具骨质硬刺，前缘光滑，后缘具细弱锯齿或齿痕，起点距吻端距离大于距脂鳍起点。脂鳍发达，长于臀鳍，基部位于背鳍基后端至尾鳍基中央偏前。臀鳍起点位于脂鳍起点之垂直下方略后，至尾鳍基的距离与至胸鳍基后端的距离相等。胸鳍侧下位，硬刺较宽扁，前线光滑，后线具10～14个锯齿，后伸远不及腹鳍。腹鳍起点位于背鳍基后端之垂直下方略后，距胸鳍基后端的距离大于距臀鳍起点的距离，后端达臀鳍。肛门约位于臀鳍起点至腔鳍基后端的中点。尾鳍深分叉，上下叶等长，末端圆钝。活体全身灰褐色，体侧色浅，腹部浅黄色。各鳍灰黑色。

生存环境及食性：小型鱼类，常生活在江河湾的草丛和岩洞内，多夜间活动。主要以寡毛类、小型软体动物、虾、蟹及小鱼为食。

分布情况：多在江河、湖泊的底层生活。分布于长江、珠江、闽江等水系，甘肃省内见于嘉陵江流域。

濒危程度：人工繁育成功。

经济价值：个体不大，属杂食性小型经济鱼类。它与大型经济鱼类长吻鮠同属，两者除具有相似的生物学特性之外，还具有肉质细嫩、无鳞少刺、味道鲜美和营养全面等相似的特点。

99. 大鳍鱊（*Acheilognathus macropterus*）

种属关系：鲤形目，鲤科，鱊亚科。

地方名：大鳍刺鳑鲏，猪耳鳑鲏。

生物学特性：体扁而薄，呈卵圆形。口亚下位，略呈马蹄形。口角须极短。侧线完全，侧线鳞33～35枚。背鳍和臀鳍均具粗壮硬刺，背鳍具分枝鳍条11～14根。嘉陵江的个体1龄体重约30 g，3龄体重约119 g，5龄体重约280 g。雄性体重约30 g、雌性约100 g以上即达性成熟。4—6月繁殖，繁殖期间雄鱼吻端及眼眶上缘有珠星；雌鱼有一长的灰色产卵管，产卵于蚌类的鳃瓣中，卵椭圆。最大体长可达170 mm，是鱊亚科鱼类中个体最大的一种。

生存环境及食性：生活于缓流或水草丛生的静水中。多在江河流水、底质多砾石的环境中生活，也出现于沟渠、溪流上游。杂食性，以高等水生植物的叶片和藻类为食。主要以底栖无脊椎动物如水生昆虫成虫及其幼虫、螺、蚌、虾、蟹为食，也食小鱼。多在夜间觅食，无明显季节变化。

分布情况：分布广泛，在浅水湖泊内数量较多。黄河、长江、珠江水系及其附属湖泊、黑龙江水系中均可见到，甘肃省内常见于嘉陵江。

濒危程度：数量较多。

经济价值：比较常见的鱊类原生观赏鱼。

100. 大眼鳜（*Siniperca kneri*）

种属关系：鲈形目，鮨科，鳜属。

地方名：桂花鱼，嘴爪。

生物学特性：体较长，侧扁。头、背部轮廓线隆起，胸、腹部轮廓线呈弧形。口大，端位，略倾斜。下颌突出于上颌之前，口闭合时下颌前端的齿不外露；上颌骨后端宽阔，末端伸至眼中部或稍后下方，其中大个体的下颌末端常伸至眼后缘的下方。两颌、犁骨和腭骨具细齿，呈绒毛状齿带。上颌前端两侧犬齿发达、丛生，两侧细齿排列成行；下颌前端两侧犬齿较细弱，两侧中后部犬齿发达。犁骨齿团近圆形，齿较发达。腭骨齿带呈长条形，齿较细弱，排列略呈"八"字形。鳃盖发达。前鳃骨后缘锯齿发达，隅部和下缘具强大刺棘。间鳃盖骨和下鳃盖骨下缘无锯齿。鳃盖后上角有2扁刺棘。眼大，侧上位。每侧鼻孔2个，前鼻孔呈短管状，后鼻孔椭圆形，距前鼻孔近。鳃孔大，鳃盖膜发达，鳃耙硬，较粗，末端钝，其上有细刺(大个体)；第2、3枚鳃耙最长，其长度约与鳃丝等长。背鳍2个，相连，前部约2/3为鳍棘，后部约1/3由鳍条组成，外缘圆形。背鳍基部后端约与臀鳍基部后端相对。胸鳍较宽，呈扇形，向后上方斜伸。腹鳍较窄，末端后伸不达肛门。臀鳍外缘圆形，末端接近或达尾鳍基。尾鳍后缘近截形。身体被圆鳞。鳃盖上有小鳞。体上部鳞大，下部鳞小。体侧棕黄色、灰黄色或灰白色，腹部灰白色。头部两侧各有一条贯穿眼的褐色斜带。头背部至背鳍前有一褐色带纹。背鳍基部有4个黑褐色鞍状斑纹。体侧布满不规则的棕褐色斑点和条纹。背鳍、尾鳍上有数列棕褐色斑点。

生存环境及食性：性凶猛，以鱼、虾为食，以鱼为主，以虾类为次，生长较鳜鱼慢，喜栖息于流水环境中。

分布情况：分布于长江流域或淮河中下游各地。甘肃省内少见于嘉陵江。

濒危程度：未危。

经济价值：体较大，肉质美，为重要的经济鱼类。

101. 切尾拟鲿（*Pseudobagrus truncatus*）

种属关系：鲇形目，鲿科，拟鲿属。

地方名：针黄鮁。

生物学特性：体延长，前部略纵扁，后部侧扁。头较窄。体长为头宽的5倍以上。上枕骨棘被皮。眼小，被皮膜。前后鼻孔相隔较远。须略长，鼻须末端超过眼后缘；颌须可达鳃盖膜。口次下位，弧形。唇厚。上颌突出于下颌。上下颌及腭骨具绒毛状齿。鳃孔宽大。鳃盖膜不与鳃峡相连。鳃耙细小。背鳍骨质硬刺短，前后缘均光滑。脂鳍低而长，基部长约等于臀鳍基长。胸鳍短小，侧下位，稍长于背鳍硬刺。臀鳍鳍条不少于18。尾鳍近平截。体背侧呈灰褐色，腹部灰黄色。体侧正中有数块不规则、不明显的暗斑。各鳍灰黑色。

生存环境及食性：栖息在湖泊、江河支流的中下层，白天很少活动，夜间外出寻食，水生昆虫幼虫和甲壳类为其主要食物。

分布情况：分布于黄河、长江及闽江水系。

濒危程度：未危。

经济价值：经济价值较高。

102. 黑鳍鳈 （*Sarcocheilichthys nigripinnis*）

种属关系：鲤形目，鲤科，鳈鲏属。

地方名：花腰，花玉穗，花花媳妇，花花鱼。

生物学特性：体背及体侧灰暗，间杂有黑色和棕黄色的斑纹，腹部白色。体侧中轴沿侧线自鳃盖后上角至尾鳍基具黑色纵纹，鳃盖后缘、峡部、胸部均呈橘黄色，鳃孔后缘的体前部具有一条深黑色的垂直条纹，背鳍、尾鳍呈较深的灰黑色，其他各鳍呈黑色。生殖期间雄鱼体侧斑纹的黑色更明显，一般呈浓黑色，颊部、颌部及胸鳍基部为橙红色，尾鳍呈黄色，吻部具有多数白色珠星；雌鱼产卵管稍延长，体色不及雄鱼鲜艳。

生存环境及食性：栖息于水质澄清的流水或静水中。喜食底栖无脊椎动物和水生昆虫，亦食少量甲壳类、贝壳类、藻类及植物碎屑。体质健壮，性情温和，喜群游，易饲养，可单养，也可混养。

分布情况：分布甚广，珠江、闽江、钱塘江、长江、黄河，以及海南、台湾诸水系均有分布。甘肃省内见陇南、天水等地。

濒危程度：易危。

经济价值：江河、湖泊中常见的小型鱼类。

103. 子陵吻鰕虎鱼（*Rhinogobius giurinus*）

种属关系：鲤形目，鲤科，鰕鲅属。

地方名：栉虾虎，子陵栉鰕虎鱼，朝天眼，吻鰕虎鱼，极乐吻鰕虎，狗甘仔，苦甘仔。

生物学特性：体小，全长约30～100 mm，长筒形。头宽大，吻圆钝，口前位。体被栉鳞，无侧线，背鳍2个，腹鳍愈合成吸盘状。体延长，略呈圆柱状；眼大。该属鱼极难以肉眼分辨种类。体侧中央具一列不规则的圆形斑块，腹部色淡；头部具蠕虫状黑褐斑纹。尾鳍圆形。生活在溪流湖泊中，会根据环境变化慢慢转变体色。抗病虫能力超强，喜食水生昆虫或底栖小鱼及鱼卵。有溯水习性，将卵产在沙穴中。1龄达性成熟，4—5月产卵。

生存环境及食性：生活于温带和热带地区，属底栖鱼类。性凶猛，攻击性强。肉食性，主要以小型底栖无脊椎动物为食。洄游性鱼类，但也可在完全封闭的水系中繁衍。

分布情况：原产于除西北、青藏、云贵高原以外的各大水系的江河湖泊，后被无意引入。甘肃省内见于渭河、嘉陵江。

濒危程度：数量较多。

经济价值：其因适应能力、繁殖力强，生命周期短，短时间在这些湖泊内形成优势种群。它们不仅与土著鱼类竞争食物和空间，而且吞食土著鱼卵，对土著鱼类的生存造成相当大的压力，致使土著鱼类的数量减少甚至绝迹。

104. 贝氏鲹 (*Hemiculter bleekeri*)

种属关系：鲤形目，鲤科，鲹属。

地方名：油鲹，贝氏鲹条。

生物学特性：体长，侧扁，腹棱完全。头侧扁，头背平直，头长小于体高。吻短，稍尖。口端位，口裂斜，上颌骨的末端伸达鼻孔的下方。眼侧位。鳞薄，易脱落。侧线完全，自胸鳍基部平缓下弯，呈深弧形。背鳍位于腹鳍之后，不分枝鳍条具光滑硬刺。臀鳍位于背鳍的后下方，外缘微凹。胸鳍尖形，短于头长，末端不伸达腹鳍起点。腹鳍短，其长短于胸鳍，末端距臀鳍起点颇远。尾鳍分叉深，下叶长于上叶，末端尖形。背侧灰绿带黄色，腹部银白色，各鳍灰白色。

生存环境及食性：常见的小型鱼类，生活在水的中上层，冬季潜藏于深水层，喜集群于沿岸水面游泳觅食，行动迅速。

分布情况：国内分布于大兴凯湖、小兴凯胡、贝尔湖、达赖湖、黑龙江、松花江、松花湖、辽河、黄河、鄱阳湖，以及山东、四川、湖北、江西、江苏、浙江、福建等地。该物种的模式产地在长江。甘肃省内分布于天水、陇南。

濒危程度：未危。

经济价值：作为野杂鱼饵料使用。

105. 半䱗（*Hemiculterella sauvagei*）

种属关系：鲤形目，鲤科，半䱗属。

地方名：四川半䱗。

生物学特性：体长形，侧扁，背部较平直，腹部在腹鳍后具腹棱。头中大，侧扁，头背平直，头长一般大于体高。吻略尖，吻长稍大于眼径。口端位，口裂斜，上下颌等长，上颌骨末端伸达鼻孔后缘的下方；下颌中央具一小突起，与上颌中央缺刻相吻合。眼中大，侧位，眼后缘至吻端的距离约等于眼后头长。眼间宽，稍凸；眼间距稍大于眼径。鳃孔中大，鳃盖膜在前鳃盖骨后缘的下方与峡部相连；峡部窄。鳞中大。侧线自头后向下倾斜，至胸鳍后端弯折而与腹部平行，至臀鳍基后上方又折而向上，伸入尾柄正中。背鳍位于腹鳍基后上方，无硬刺，外缘截形，起点距吻端较至尾鳍基为近。臀鳍位于背鳍的后下方，外缘凹入，最长鳍条长短于其基部长，起点至腹鳍基的距离小于至尾鳍基的距离。胸鳍尖形，向后伸达或不达腹鳍起点。腹鳍短于胸鳍，起点在背鳍之前，鳍条末端不达臀鳍起点。尾鳍深叉，下叶长于上叶，末端尖形。鳃耙短而数少，排列稀。咽骨中长，略呈钩形，前角突显著。咽齿稍侧扁，末端尖而弯。鳔2室，后室长于前室，末端一般具一小突起。肠短，呈前后弯曲，肠长短于体长。腹膜灰黑色。体呈银色。固定标本体侧自头后至尾鳍基常具一黑色纵带，背鳍、尾鳍、胸鳍呈浅灰色，腹鳍、臀鳍浅色。

生存环境及食性：小型鱼类，喜集群，行动迅速，常在浅水区觅食。杂食，主食水生昆虫和浮游动物。

分布情况：分布于长江上游，甘肃省内见于文县。

濒危程度：易危。

经济价值：中国的特有物种。

106. 嘉陵裸裂尻鱼（*Schizopygopsis kialingensis*）

种属关系：鲤形目，鲤科，裸裂尻属。

地方名：无。

生物学特性：体延长，略呈圆筒形，体背稍隆起，腹部圆。头锥形。吻钝圆。口下位，口裂呈弧形，下颌的长度约为眼径的1.5倍，其前缘的角质不发达，下唇细狭，仅限于两侧口角处，唇后沟中断。无须。眼中等大，侧上位，眼间稍宽，圆凸或略圆凸。体裸露无鳞，仅肩带部分有3～5行不规则的鳞片，臀鳞较发达，行列的前端伸达或接近腹鳍。侧线完全，但常有间断，近直形，后伸入尾柄正中。前面几枚侧线鳞较明显，其后侧线鳞不明显，仅为皮褶。背鳍末根不分枝鳍条软弱，肛门紧位于臀鳍起点之前。胸鳍末端后伸，达胸鳍起点至腹鳍起点间的1/2至3/5处。臀鳍末端后伸，达或接近尾鳍基部。尾鳍叉形，下叶较上叶稍长或约等长，末端均钝。下咽骨狭窄，其长度为宽度的3.6～5.0倍，细圆，顶端尖而稍弯曲，咀嚼面凹入呈匙状。第一鳃弓鳃耙短小，末端稍向内弯曲。肠管较短，其长度为体长的1.4～2.3倍。鳔2室，后室长为前室长的1.9～3.0倍。腹膜黑色。

生存环境及食性：多生活在水质澄清的高原河流的宽谷中，冬季在洞穴、石缝中越冬。纯粹以植物为食，常以下颌发达的角质边缘在岩石上刮食藻类和水底植物碎屑等，同时也食部分水生维管束植物的叶片。

分布情况：分布于长江上游，甘肃省内见于嘉陵江流域。

濒危程度：易危。

经济价值：具有极高的药用价值、营养价值、经济价值。

107. 叉尾鲇（*Wallago attu*）

种属关系：鲇形目，鲇科，叉尾鲇属。

地方名：奥图鲇，鲅豪。

生物学特性：身体狭长，侧扁，长有两对须，拥有极其发达的嗅觉、味觉和测线系统，是一种典型的夜行性伏击型底层肉食性鱼类。和其他的鲇科鱼类不同的是，叉尾鲇的口裂很深，牙齿也比较大，捕食可能会更靠咬食而不是吸食。

生存环境及食性：常栖息于水体的中下层，尤喜在缓流中生活，以小鱼、小虾及其他水生动物为食。

分布情况：分布于长江流域上游，甘肃省内见于文县。

濒危程度：养殖数量多。

经济价值：养殖产量颇高，肉味也非常好，经济价值高。

108. 贝氏高原鳅（*Trilophysa bleekeri*）

种属关系：鲤形目，鳅科，高原鳅属。

地方名：鳅儿。

生物学特性：体略呈圆筒形，后段侧扁。头锥形，头宽稍大于头高。吻略钝，吻长与眼后头长约等。口下位，弧形，唇狭，光滑或有浅皱褶，下唇中部具缺刻，须3对。背鳍起点距吻端的距离略大于至尾鳍基的距离。体裸露，侧线完全、清晰。精巢分为左右两叶，卵巢为单一囊状。繁殖季节雄鱼出现明显的珠星等副性征。

生存环境及食性：小型鱼类，生活于开阔河流和山溪石滩浅水处。食着生藻类。

分布情况：分布于长江上游干支流，甘肃省内见于文县。

濒危程度：易危。

经济价值：作为野杂鱼饵料使用。

第三章

甘肃土著鱼类资源
调查及开发利用

渔业是以生产水生动植物产品为目的的行业，是农业的重要组成部分。发展渔业生产对开拓农业新局面、充分合理利用自然资源、增加国民收入和提高人民生活水平等方面有着重要的意义。近年来，甘肃省大力发展引进新品种，渔业发展突飞猛进，取得了不可磨灭的成绩。但是，甘肃省地理位置独特，气候条件和水域条件等不适合或不适宜部分引进鱼类的生存和生长，造成一定的人力、物力、财力消耗。

甘肃省地处我国西北，水域资源比较丰富，有长江、黄河、内陆河3大流域9个水系，蕴育着高达百余种的土著鱼类，其中有50多种为中国特有种类。甘肃省内气候有北亚热带、暖温带、温带、寒温带等多种类型，内陆水域资源也比较丰富，有河流、水库、湖泊、池塘、稻田等各类水面，土壤盐碱化度、水质矿化度高，使在甘肃省内长期自然形成的土著经济鱼类均有抗寒、耐盐碱等特点，比外来种更适应甘肃省的自然条件。综合甘肃省自然条件（适合土著鱼类的生长、发育与繁殖，具有广阔的养殖发展空间），立足当地资源，开发保护土著经济鱼类，将是甘肃省渔业发展最好的出路，这样不仅可以增加经济效益，也可以有效地保种。

这几年，甘肃省水产部门加强了对土著鱼类的驯化、养殖和繁育等，并研究开发了部分土著经济鱼类，在诸如秦岭细鳞鲑、黄河鲤鱼、兰州鲇、黄河裸裂尻鱼、极边扁咽齿鱼、齐口裂腹鱼、重口裂腹鱼、厚唇裸重唇鱼等鱼的繁育和驯化上取得了一定的成绩，但是成果转化效率低。同时，随着人类活动对环境的影响和干扰，许多适合鱼类生存的环境已经或正在受到破坏，有不少物种濒临灭绝，土著鱼类的生物多样性逐渐降低，开发和保护土著鱼类的工作迫在眉睫。

虽然甘肃省开发保护土著鱼类具有渔业水资源丰富、生态环境适宜、种类资源丰富、地域广、科技强等优势，但是甘肃省土著鱼类的开发保护中仍存在一些问题，要解决这些问题，就必须实施渔业生产的可持续发展，深入理解环境、生态、资源、经济间的关系，树立循环经济、环境经济、生态经济及资源经济等理念，并构建绿色技术支撑体系，提高渔业资源综合利用率，实施可持续发展策略，从而使得渔业资源保护、利用、再生和经济发展良性循环的可持续发展战略目标得以实现。本章通过对甘肃省土著鱼类的种类调查及对部分土著鱼类繁育试验等的分析，论述甘肃省土著鱼类开发保护的现状和存在的问题，并就如何合理开发、保护甘肃省土著鱼类资源提出了可持续发展策略。

第一节　文献综述

一、甘肃省自然环境条件

（一）地理概况

甘肃省位于祖国的西北内陆地区，位于东经92°13′～108°46′、北纬32°31′～42°57之间，属于中国大陆地理中心，地处青藏高原、内蒙古高原、黄土高原三大高原交会处及西秦岭山地边缘。东邻陕西，南连四川，西接青海、新疆，北与宁夏、内蒙古和蒙古国接壤，位居西北五省（区）中心，是五省（区）交通运输的中枢、古丝绸之路的"咽喉"，欧亚大陆桥贯穿全境。境内有黄河、长江、内陆河三大流域。

甘肃省地形狭长，全省东西横跨 1655 km，南北最宽处 530 km，最窄处 25 km。地貌复杂多样，平原、山地、沙漠、高原、河谷、戈壁交错分布，以高原和山地为主。综观全省，甘肃省属山地型高原，大致可分为陇南山地、陇中黄土高原、甘南高原、河西走廊、祁连山地、河西走廊以北地带这 6 个各具特色的地理区域。甘肃省的主要山体都是西北至东南走向，地势南低北高，海拔一般在 1000～3000 m 之间。

（二）气候条件

甘肃省居西北内陆，离海洋远，属强大陆性温带季风气候，由南至北分布有北亚热带、暖温带、温带、寒温带等多种气候类型。除部分高山阴湿地区外，甘肃省内大部分地区都有气候干燥、太阳辐射强、光照充足、温差较大、雨热同季、水热条件自西北往东南递增等主要气候特征。因为甘肃省地形条件复杂，气候多样，所以气候的地域差别也较大，甘肃省同时兼有多种气候类型区，包括高寒气候区、干旱气候区、半干旱气候区、温带半湿润气候区、暖温带湿润气候区和亚热带湿润气候区等。甘肃省多山地和高原，地势起伏大，因而山地垂直气候差异显著，形成了不同的垂直气候带。冬季寒冷漫长，春夏界线不分明，夏季短促、气温高，秋季降温快，春季长于秋季。

甘肃省内年平均气温在 0～14 ℃ 之间，从祁连山地和甘南草原的 4 ℃ 以下，递增到陇南南部的 14 ℃ 左右。各地海拔不同，气温差别较大，日温差大。概括来说，海拔在 1500 m 以下的地方，年平均气温在 8 ℃ 以上；海拔在 2500 m 以上的地方，年平均气温小于 4 ℃。极端最低气温在 −30～−15 ℃ 之间，出现在冬季 12 月、1 月、2 月；极端最高气温在 30～45 ℃ 之间，出现在夏季 6 月、7 月、8 月。

甘肃省因深居内陆，大部分地区干旱少雨，东部、南部温湿多雨，中部、北部、西部干旱少雨，全省各地年降水量在 36.6～734.9 mm 之间，有 72% 的地方年降水量在 500 mm 以下，58% 的地方年降水量在 300 mm 以下。降水量大致从东南向西北递减，不同地区差异大。其中，河西走廊降水量最少，年降水量在 200 mm 以下；陇东南部、甘南南部和陇南东部降水量最多，在 600 mm 以上；其余地区年降水量在 200～600 mm 之间。降水多集中在 6—8 月，该时期的降水量占全年降水量的 50%～70%，其他月份少雨干旱。

甘肃省大部分地区光辐射强，光照时间长，年日照时数在 1700～3300 h 之间，年平均日照时数在 2000 h 以上，年太阳辐射量在 5400～6400 MJ/m² 之间。日照时数自西北向东南逐渐减少，年日照时数最多的地区在河西西北部（在 3300 h 以上），年辐射量在 2000～2200 MJ/m² 之间；年日照时数最少的地区在陇南南部（在 1800 h 以下），年辐射量在 1600～1700 MJ/m² 之间；其余各地年日照时数在 1800～2800 h 之间。两地之间的变化范围在 1700～3000 h 之间，分布趋势为由东南向西北逐渐增加，河西走廊在 2800～3300 h 之间。优越的光照条件决定了水体的初级生产力和鱼的产量，对养鱼极为有利，尤其适合土著鱼类的发展。

（三）水温条件

气温影响水温，适宜的水温是一切水生动植物生长、发育和体内进行生化过程所必需的条件，只有在水温满足的条件下，鱼类才能正常生长。甘肃省兼有多种气候类型区，气温的分布也相差很大，所以甘肃省兼有热水性、温水性、冷水性、亚冷水性等四种水温形式，这造就了甘肃省可以生存热水性鱼类、温水性鱼类、冷水性鱼类和亚冷水性鱼类。

热水性鱼类的适宜水温为15～35 ℃，在18～32 ℃生长最快，而甘肃省热水泉水的水温在23.5～53 ℃之间，大部分在30 ℃左右，这就为热水性鱼类的生存和生长提供了优异的条件。

温水性鱼类的适宜水温为14～35 ℃，在20～30 ℃生长最快，陇南地区温水性鱼类的生长周期可以达到210～240天，中部和东部地区温水性鱼类的生长周期为150～160天，河西地区温水性鱼类的生长周期为140～150天。

冷水性鱼类的适宜水温为4～20 ℃，在10～18 ℃生长最快，而甘肃省的冷水资源非常丰富，水温在4～19 ℃之间，非常适合冷水性土著鱼类及其他冷水性鱼类生存和生长。

亚冷水性鱼类的适宜水温在冷水性水温和温水性水温之间，甘肃省西北部、河西地区北部等地的库区、河流均为亚冷水性水域，非常适合祁连山裸鲤等土著鱼类生存和生长。

（四）水资源和水面资源条件

1. 水资源条件

甘肃省水域资源较为丰富，分属黄河流域、长江流域、内陆河流域3大流域9个水系。黄河流域包括5个水系，分别是黄河干流（包括大夏河、庄浪河、祖厉河及其他直接流入黄河干流的小支流）、渭河、泾河、洮河、湟水；长江流域包括嘉陵江水系；内陆河流域包括3个水系，分别是疏勒河（含苏干湖水系）、黑河、石羊河。年径流量大于1亿 m³的河流有78条，按流域分，黄河流域36条，长江流域27条，内陆河流域15条。黄河在甘肃省境内全长913 km。

甘肃省水资源的存在形式有降水资源、冰川水资源、地表水（合川径流）资源及地下水资源这4种。这些水资源为形成水域资源创造了良好的条件，为土著鱼类的生存和生长提供了有利的场所，也为形成土著鱼类的多样性创造了很好的条件。

自然涌泉也是甘肃省水资源的一大特点。其中，冷水泉在兰州市、金昌市、临夏州、张掖市等地分布很多，仅张掖市临泽县就有42口自喷井，多年喷涌不息。此外，武山、通渭、清水、镇原、泾川、庆城、环县、麦积等县、区共有温泉70多处，水温23.5～53.0 ℃，流量较大。这些水资源为甘肃省土著鱼类的生长提供了优越的环境，是甘肃省发展渔业的优势条件。

2. 水面资源条件

甘肃省的水面资源有河流、湖泊、水库和池塘（包括塘坝）。全省共有河流170.5万亩（1亩≈666平方米），湖泊18.1万亩，水库40.6万亩，池塘、河坝3.5万亩。

全省湖泊可养殖面积约1万亩，较大的湖泊有5个，均属高原湖泊类型。大型湖泊有大苏干湖、小苏干湖，大苏干湖水面15.5万亩，含盐量33.1‰，属咸水湖；小苏干湖水面1.5万亩，含盐量1.2‰，属半咸水湖。中型湖泊有尕海、天池和卓尔若湖，尕海3000亩，海拔3485 m，水虽浅，但其中也有土著鱼类生存；天池海拔1750 m，水深可达80 m，其中有丰富的土著鱼类生存；卓尔若湖在肃北县境内，其中亦有土著鱼类生存。较小的湖泊主要在合水县和镇原县（如白马池、太阳池）等地。

全省水库面积也很大，水库在各市（州）、县（区）均有分布，只是大小有差异。水库大部分都已用于养鱼，同时这些水库中还生存着土著鱼类。例如，刘家峡水库不仅是大水面养鱼、网箱养鱼的场所，也是很多土著鱼类（如黄河鲤鱼、黄河鲶、似鲇高原鳅等）的天然产卵池和栖身地。

除了湖泊面积和水库面积，甘肃省的池塘面积也是相当可观的，且利用率很高，是很多土著鱼类（如麦穗鱼、棒花鱼等）的生存地。

此外，甘肃省还有大面积的芦苇地、盐碱地和沼泽地，其中均有土著鱼类生存，后续若加以开发，其发展潜力将很大。

（五）渔业水质条件

甘肃省地势复杂，省境东南部山高谷深、重峦叠嶂，流水侵蚀较严重；中东部大多被黄土覆盖，植被少，水土流失较严重；河西走廊地势平坦，绿洲和沙漠、戈壁断续分布，特殊的地貌造就了甘肃省土壤的复杂性和区域性。全省土壤主要有正黄土、大黄土、大黑土、垆土、粗黄绵土、黑黄土、麻土、大白土等15种类型，不同土壤的盐类成分和含量差别很大，从而造就了水质的多样性。

就黄河流域、长江流域、内陆河流域而言，其水质各有特色，从含盐量上看，既有淡水和盐化水之分，也有半咸水和咸水之分；根据阴离子当量分数，可以分为碳酸盐水型、氯化物水型和硫酸盐水型。甘肃省大部分水域为淡水类型，很适合淡水鱼类生存；有些水域的碱度、硬度、pH、盐度含量较高，如小苏干湖、祁家店水库、双塔水库等，适合鲫鱼、棒子鱼及其他耐盐性鱼类生存，而对于引进的鲢鱼、草鱼等，这种生存环境就不太理想；还有一些水域，如大苏干湖、祖厉河等，碱度、硬度、pH、盐度含量非常高，远远超出了淡水鱼类的适宜范围，淡水鱼类难以在其中生存，但一些土著鱼类可以生存。

不同品种的鱼类对营养盐、碱度、盐度、pH等化学指标的要求也有所不同。一般而言，淡水鱼类对盐度的要求为1.5‰以下，对pH的要求为6.5～9.5，对碱度的要求为1～3 mg/L，对总氮的要求为0.1～0.3 mg/L，对总磷的要求为0.03～1.00 mg/L。

三大流域的水质情况如下：

1.黄河流域

黄河流域营养盐含量较高，总氮一般为0.6～2.0 mg/L，总磷为0.01～0.11 mg/L，pH为8.0～8.5，盐度为0.2‰～0.4‰。多数水系为碳酸盐钙组Ⅱ型水，少数为Ⅰ型水。祖厉河水质特殊，属氯化物钠组Ⅲ型水，盐度为9.5‰，属于盐化水，硬度达到65 mg/L，远远超出一般鱼类的适宜范围，不宜养鱼。但据调查，祖厉河中仍生存着天然土著鱼类。

2.内陆河流域

内陆河流域的pH除大小苏干湖高达9.5～10.0外，其余一般在8.0～8.4之间，含盐量在0.51‰～1.10‰之间。营养盐的含量较高，总氮一般为1.1～1.2 mg/L，总磷为0.01～0.02 mg/L。绝大部分水型属硫酸盐钠组Ⅱ型水。

3.长江流域

长江流域营养盐的含量较黄河流域、内陆河流域少。总氮一般为0.5～0.8 mg/L，总磷为0.01～0.03 mg/L，其他成分适中。

二、甘肃省土著鱼类现状

（一）甘肃省土著鱼类

甘肃省土著鱼类名录及其在三大流域的分布情况见表1-0-1。

（二）甘肃省土著经济鱼类

目前，甘肃省土著鱼类中经济价值较高的有：兰州鲇、黄颡鱼、似鲇高原鳅、秦岭细鳞鲑、重口裂腹鱼、嘉陵裸裂尻鱼、瓦氏雅罗鱼、圆吻鲴、大鼻吻鮈、北方铜鱼、中华倒刺鲃、极边扁咽齿鱼、花斑裸鲤、黄河裸裂尻鱼、瓣结鱼、白甲鱼、渭河裸重唇鱼、厚唇裸重唇鱼、齐口裂腹鱼、黄河鲤鱼、鲫鱼、黄河高原鳅、唇鲏、圆筒吻鮈、黄河鮈、骨唇黄河鱼、瓦氏雅罗鱼、多鳞铲颌鱼、赤眼鳟、黄河雅罗鱼、祁连山裸鲤、泥鳅、前臀鮡等。

（三）甘肃省土著濒危鱼类

目前，秦岭细鳞鲑、北方铜鱼、厚唇裸重唇鱼是甘肃省稀有的名贵品种；大鼻吻鮈、北方铜鱼、圆筒吻鮈数量极少，濒临绝迹；之前天然捕捞的主要对象黄河裸裂尻鱼、似鲇高原鳅、黄河雅罗鱼、极边扁咽齿鱼、祁连山裸鲤、瓦氏雅罗鱼、赤眼鳟、黄河高原鳅、厚唇裸重唇鱼等，因被过度捕捞，数量急剧下降。20种土著鱼类被甘肃省人民政府列入《甘肃省省级重点保护鱼类名录》，它们是北方铜鱼、极边扁咽齿鱼、齐口裂腹鱼、厚唇裸重唇鱼、黄河裸裂尻鱼、嘉陵裸裂尻鱼、花斑裸鲤、赤眼鳟、多鳞铲颌鱼、大鼻吻鮈、渭河裸重唇鱼、圆筒吻鮈、重口裂腹鱼、平鳍鳅鲶、似鲇高原鳅、黄河高原鳅、祁连山裸鲤、黄河雅罗鱼、兰州鲇、前臀鮡。

第二节　甘肃土著鱼类种类调查

甘肃省土著鱼类的地理分布具有显著的区域性，各市（州）、区（县）径流水域大部分都是黄河流域、长江流域和内陆河流域这三大流域的九大水系及其支流，由于不同水域径流量、水质存在很大的差异，甘肃省土著鱼类在各市（州）、区（县）的分布上也存在很大的差异。

2010年8—9月，甘肃省渔业技术推广总站采取实地察看、问询、查阅资料等方式，对全省14个市州土著鱼类的情况进行了考察调研，涉及黄河流域及其支流、长江流域及其支流、内陆河流域和水库等。具体情况如下：

一、兰州市土著鱼类地理分布和主要径流

兰州市包括城关区、七里河区、西固区、安宁区、红古区、永登县、皋兰县、榆中县等3县5区。永登县主要河流为第一级支流庄浪河和第二级支流大通河，两河均发源于祁连山，庄浪河流经该县中部，大通河流经该县西部，注湟水汇入黄河；榆中县主要河流有黄河及其支流苑川河，黄河干流流经该县西北部，大部分是界河，多为峡谷区；皋兰县主要河流为黄河干流，还有水阜河和蔡家河，均属季节性河流；红古区过境水主要是流经该区的湟水及其支流大通河；城关区、七里河区、西固区、安宁区过境水主要是黄河。各县（区）均有水库、池塘等，全市分布有20种土著鱼类，适宜的气候条件和水温条件为土著鱼类的生长繁育提供了自然场所。具体地理分布情况见表3-2-1。

表3-2-1 兰州市各区、县土著鱼类地理分布情况

序号	中文名	学名	是否中国特有	城关区	七里河区	西固区	安宁区	红古区	榆中县	皋兰县	永登县
001	泥鳅	*Misgurnus anguillicaudatus*		1	1	1	1	1	1	1	1
002	大鳞副泥鳅	*Paramisgurnus dabryanus*	是	1	1	1	1	1	1	1	1
003	黄河高原鳅	*Triplophysa pappenheimi*	是	1	1	1	1		1	1	
004	似鲇高原鳅	*Triplophysa siluroides*	是	1	1	1	1		1		
005	瓦氏雅罗鱼	*Leuciscus waleckii*		1	1	1	1	1			
006	草鱼	*Ctenopharyngodon idellus*		1	1	1	1	1	1	1	1
007	赤眼鳟	*Squaliobarbus curriculus*		1	1	1	1	1	1		
008	鳊	*Parabramis pekinensis*		1	1	1	1	1	1	1	1
009	刺鮈鱼	*Acanthogobio guentheri*		1	1	1	1	1			
010	黄河鮈	*Gobio huanghensis*	是	1	1	1	1	1	1	1	1
011	北方铜鱼	*Coreius septentrionalis*	是	1	1	1	1	1	1		
012	圆筒吻鮈	*Rhinogobio cylindricus*	是	1	1	1	1	1			
013	大鼻吻鮈	*Rhinogobio nasutus*	是	1	1	1	1	1			
014	棒花鱼	*Abbottina rivularis*		1	1	1	1	1	1	1	1
015	平鳍鳅鮀	*Gobiobotia homalopteroidea*	是	1	1	1	1	1	1	1	1
016	花斑裸鲤	*Gymnocypris eckloni*	是	1	1	1	1		1	1	
017	鲇鱼	*Silurus asotus*		1	1	1	1	1	1	1	
018	青鳉	*Oryzias latipes*		1	1	1	1	1	1	1	
019	黄黝鱼	*Hypseleotris swinhonis*		1	1	1	1		1	1	
020	波氏栉鰕虎鱼	*Ctenogobius cliffordpopei*	是	1	1	1	1		1	1	

注：1表示有分布。本节同。

二、酒泉市土著鱼类地理分布和主要径流

酒泉市地处河西走廊，包括肃州区、敦煌市等7个县、区。肃州区境内主要河流有北大河（陶勒河）、洪水坝河、丰乐河与马营河等；玉门市境内主要河流有疏勒河（昌马河）、石油河、白杨河和小昌马河，均发源于祁连山；敦煌市疏勒河在该市部分已断流，党河是市内唯一大河，党河发源于祁连山地，靠冰雪融水和雨水补给；金塔县主要河流有北大河和黑河；瓜州县主要河流有疏勒河和榆林河；肃北蒙古族自治县主要河流有党河及其支流野马河、疏勒河及其支流榆林河；阿克塞哈萨克族自治县主要河流有大哈勒腾河和小哈勒腾河两条，大哈勒腾河流量较大，小哈勒腾河流量较小，两河中下游水全部深入戈壁成潜流，最后再出陆注入大小苏干湖中。各区、县还建有水库、池塘等，全市分布有14种土著鱼类，具体地理分布情况见表3-2-2。

表3-2-2　酒泉市各区、县土著鱼类地理分布情况

序号	中文名	学名	是否中国特有	肃州区	玉门市	敦煌市	金塔县	瓜州县	肃北蒙古族自治县	阿克塞哈萨克族自治县
001	泥鳅	*Misgurnus anguillicaudatus*		1						
002	短尾高原鳅	*Triplophysa brevicauda*	是					1		
003	重唇高原鳅	*Triplophysa papilloso-labiatus*		1		1		1	1	
004	梭形高原鳅	*Triplophysa leptosoma*	是					1		
005	酒泉高原鳅	*Triplophysa hsutschouensis*	是	1				1		
006	新疆高原鳅	*Triplophysa strauchii*	是	1				1		
007	大鳍鼓鳔鳅	*Hedinichthys yarkandensis*		1	1		1			
008	中华细鲫	*Aphyocypris chininsis*		1	1	1	1	1	1	
009	麦穗鱼	*Pseudorasbora parva*		1		1	1	1		
010	棒花鱼	*Abbottina rivularis*		1		1	1	1	1	
011	花斑裸鲤	*Gymnocypris eckloni*	是	1				1		
012	鲤鱼	*Cyprinus carpio*		1		1	1	1	1	1
013	鲫鱼	*Carassius auratus*		1		1	1	1	1	1
014	波氏栉鰕虎鱼	*Ctenogobius cliffordpopei*	是	1	1	1	1	1	1	1

三、张掖市土著鱼类地理分布和主要径流

张掖市位于河西走廊中部，包括甘州区、临泽县等6个县、区。甘州区河流都发源于祁连山地，主要河流有黑河、大野口河、酥油口河等；山丹县主要河流有黑河上游的山丹河及其上游支流马营河、霍城河、寺沟河；民乐县主要河流有童子坝河、玉带口河、红水河、海潮坝河、小堵麻河、大堵麻河等，各河流都发源于中部分水岭处，水源是高山冰雪融水和雨水等，春、夏、秋三季流水，冬季河水断流；临泽县主要河流有黑河及其支流梨园河，均发源于祁连山地；高台县主要河流为黑河，南部山麓还有不少小河，如白浪河、大河、水关河、西河、红沙河、马营河，均为季节性河流；肃南裕固族自治县主要河流自西向东有北大河、洪水坝河、丰洛河、马营河、梨园河、黑河、大都麻河、小都麻河、酥油口河、西大河、东大河、西营河等。此外，部分区、县还有大面积的水库、池塘及多年喷涌不息的自喷泉等，大部分为冷水性和亚冷水性水域，为亚冷水性鱼类和冷水性鱼类的生存提供了天然场所。张掖市分布有17种土著鱼类，具体地理分布情况见表3-2-3。

表3-2-3　张掖市各区、县土著鱼类地理分布情况

序号	中文名	学名	是否中国特有	甘州区	山丹县	民乐县	临泽县	高台县	肃南裕固族自治县
001	泥鳅	*Misgurnus anguillicaudatus*		1			1	1	
002	大鳞副泥鳅	*Paramisgurnus dabryanus*	是	1					
003	重唇高原鳅	*Triplophysa papilloso-labiatus*		1					

续表3-2-3

序号	中文名	学名	是否中国特有	甘州区	山丹县	民乐县	临泽县	高台县	肃南裕固族自治县
004	梭形高原鳅	*Triplophysa leptosoma*	是	1					1
005	酒泉高原鳅	*Triplophysa hsutschouensis*	是	1					
006	新疆高原鳅	*Triplophysa strauchii*	是	1					
007	大鳍鼓鳔鳅	*Hedinichthys yarkandensis*		1	1			1	
008	中华细鲫	*Aphyocypris chininsis*		1	1		1	1	1
009	赤眼鳟	*Squaliobarbus curriculus*							
010	圆吻鲴	*Distoechodon tumirostris*							
011	麦穗鱼	*Pseudorasbora parva*		1			1	1	
012	棒花鱼	*Abbottina rivularis*		1	1		1		1
013	花斑裸鲤	*Gymnocypris eckloni*	是	1					
014	鲤鱼	*Cyprinus carpio*		1	1		1	1	1
015	鲫鱼	*Carassius auratus*			1		1	1	1
016	青鳉	*Oryzias latipes*		1					
017	波氏栉鰕虎鱼	*Ctenogobius cliffordpopei*	是	1	1	1	1	1	1

四、金昌市土著鱼类地理分布和主要径流

金昌市包括金川区和永昌县，永昌县地理位置险要，为古今河西走廊之"咽喉"；金川区具有良好的区位优势和可供经济发展的良好环境，主要河流有东大河、马营河、西大河、金川河和清河。现除金川河和清河的水源为地下泉水外，其他河流的水源均为祁连山冰雪融水和雨水补给的山河水。金昌市已建西大河水库、老人头水库、金川峡水库、清河坝水库等，还有大片的池塘、塘坝等。全市分布有11种土著鱼类，具体地理分布情况见表3-2-4。

表3-2-4　金昌市各区、县土著鱼类地理分布情况

序号	中文名	学名	是否中国特有	金川区	永昌县
001	石羊河高原鳅	*Triplophysa shiyangensis*	是		1
002	武威高原鳅	*Triplophysa wuweiensis*	是	1	1
003	酒泉高原鳅	*Triplophysa hsutschouensis*	是		1
004	新疆高原鳅	*Triplophysa strauchii*	是		1
005	中华细鲫	*Aphyocypris chininsis*		1	1
006	麦穗鱼	*Pseudorasbora parva*			1
007	棒花鱼	*Abbottina rivularis*		1	1

序号	中文名	学名	是否中国特有	金川区	永昌县
008	花斑裸鲤	*Gymnocypris eckloni*	是		1
009	鲤鱼	*Cyprinus carpio*		1	1
010	鲫鱼	*Carassius auratus*		1	1
011	波氏栉鰕虎鱼	*Ctenogobius cliffordpopei*	是	1	1

五、武威市土著鱼类地理分布和主要径流

武威市位于河西走廊东部，包括凉州区、古浪县、民勤县、天祝藏族自治县等地。凉州区境内河流属石羊河水系，主要支流有西营、金塔、杂木、黄羊等河，均发源于祁连山地，流水靠祁连山雪水和部分雨水补给；古浪县境内主要河流有古浪河、大景河，全县人均年占有水量410 m³，低于全国平均水平；民勤县境内大河为石羊河，发源于祁连山地，自南而北流至黑山头附近分内外两条支流，现已改修为三干灌渠，其与红崖山水库中均存在土著鱼类；天祝藏族自治县境内主要河流有大通河、金强河和石门河（均属庄浪河上游），哈溪河（黄羊河上游），毛藏河（杂木河上游），西大滩河（古浪河上游），相比武威市其他区、县，天祝藏族自治县水域资源较为丰富，但气候复杂，水域为冷水性和亚冷性，适合一些耐低温和耐低氧的土著鱼类生存。全市分布有10种土著鱼类，具体地理分布情况见表3-2-5。

表3-2-5　武威市各区、县土著鱼类地理分布情况

序号	中文名	学名	是否中国特有	凉州区	古浪县	民勤县	天祝藏族自治县
001	石羊河高原鳅	*Triplophysa shiyangensis*	是	1		1	
002	武威高原鳅	*Triplophysa wuweiensis*	是	1		1	
003	酒泉高原鳅	*Triplophysa hsutschouensis*	是	1		1	
004	新疆高原鳅	*Triplophysa strauchii*	是	1		1	
005	中华细鲫	*Aphyocypris chininsis*		1	1	1	1
006	麦穗鱼	*Pseudorasbora parva*		1		1	
007	棒花鱼	*Abbottina rivularis*		1		1	
008	鲤鱼	*Cyprinus carpio*		1		1	
009	鲫鱼	*Carassius auratus*		1		1	
010	波氏栉鰕虎鱼	*Ctenogobius cliffordpopei*	是	1	1	1	1

六、白银市土著鱼类地理分布和主要径流

白银市包括靖远县、会宁县、景泰县、白银区、平川区。祖厉河是靖远县唯一径流，在靖远县城西3 km处汇入黄河；会宁县河流都属于黄河水系，主要河流有黄河支流祖厉河及其支流

祖河、厉河、西贡河、土木岘河、关川河等，以及渭河支流响河；其余区、县过境水主要是黄河水。全市分布有17种土著鱼类，具体地理分布情况见表3-2-6。

表3-2-6　白银市各区、县土著鱼类地理分布情况

序号	中文名	学名	是否中国特有	白银区	平川区	会宁县	靖远县	景泰县
001	黄河高原鳅	*Triplophysa pappenheimi*	是	1	1	1	1	1
002	似鲇高原鳅	*Triplophysa siluroides*	是	1	1	1	1	1
003	瓦氏雅罗鱼	*Leuciscus waleckii*					1	
004	赤眼鳟	*Squaliobarbus curriculus*					1	
005	刺鮈鱼	*Acanthogobio guentheri*					1	
006	麦穗鱼	*Pseudorasbora parva*					1	
007	似铜鮈	*Gobio coriparoides*	是					
008	黄河鮈	*Gobio huanghensis*	是				1	
009	北方铜鱼	*Coreius septentrionalis*	是				1	
010	圆筒吻鮈	*Rhinogobio cylindricus*	是					
011	大鼻吻鮈	*Rhinogobio nasutus*	是					
012	棒花鱼	*Abbottina rivularis*		1	1	1	1	1
013	平鳍鳅鮀	*Gobiobotia homalopteroidea*	是	1	1	1	1	1
014	花斑裸鲤	*Gymnocypris eckloni*	是	1	1	1	1	1
015	鲤鱼	*Cyprinus carpio*		1	1	1	1	1
016	鲫鱼	*Carassius auratus*		1	1	1	1	1
017	鲇鱼	*Silurus asotus*					1	

七、临夏州土著鱼类地理分布和主要径流

临夏州包括临夏市、临夏县、康乐县、广河县、永靖县、和政县、东乡族自治县、积石山保安族东乡族撒拉族自治县。临夏市主要河流为大夏河。临夏县主要河流也为大夏河，大夏河自临夏县西南部的土门关入境，流入刘家峡水库，其支流有老鸦关河、槐树关河。康乐县境内河流主要为洮河西岸支流的三岔河及其支流流川河、苏集河、胭脂河等，大致从西南流向东北，汇入洮河；其东南部的杨家河（倒流河）也发源于白石山山地，但流向大致自北而南，在河口汇入洮河；还有冶木河从临潭流入该县，汇入洮河。广河县较大的河流为洮河及其支流广通河。永靖县境内有刘家峡水库和盐锅峡水库，境内主要河流有黄河、洮河和湟水，是临夏州生存土著鱼类最多的县之一。和政县河流均属黄河水系，主要河流有大通河及其支流牙当河、新营河、达浪河，

西部有大夏河支流牛津河。东乡族自治县三面环河，是黄河支流洮河和大夏河的分水岭区，洮河、大夏河分布在东、西两侧，均属于东乡族自治县与邻县的界河。积石山保安族东乡族撒拉族自治县主要河流有银川河、吹麻滩河等，均直接汇入黄河。全市分布有20种土著鱼类，具体地理分布情况见表3-2-7。

表3-2-7　临夏州各市、县土著鱼类分布情况

序号	中文名	学名	是否中国特有	临夏市	临夏县	康乐县	广河县	永靖县	和政县	东乡族自治县	积石山保安族东乡族撒拉族自治县
001	黄河高原鳅	*Triplophysa pappenheimi*	是	1	1			1			
002	似鲇高原鳅	*Triplophysa siluroides*	是	1	1			1			
003	赤眼鳟	*Squaliobarbus curriculus*						1			
004	鳌鲦	*Hemiculter iaucisculus*						1			
005	鳊	*Parabramis pekinensis*						1			
006	刺鮈鱼	*Acanthogobio guentheri*						1			
007	麦穗鱼	*Pseudorasbora parva*						1			
008	黄河鮈	*Gobio huanghensis*	是					1			
009	圆筒吻鮈	*Rhinogobio cylindricus*	是					1			
010	大鼻吻鮈	*Rhinogobio nasutus*	是					1			
011	棒花鱼	*Abbottina rivularis*		1	1	1	1	1	1	1	1
012	平鳍鳅鮀	*Gobiobotia homalopteroidea*	是				1	1			
013	厚唇裸重唇鱼	*Gymnodiptychus pachycheilus*	是					1			
014	极边扁咽齿鱼	*Platypharodon extremus*	是					1			
015	花斑裸鲤	*Gymnocypris eckloni*	是					1			
016	鲤鱼	*Cyprinus carpio*		1	1	1	1	1	1	1	
017	鲫鱼	*Carassius auratus*		1	1	1	1	1	1	1	
018	鲇鱼	*Silurus asotus*						1	1		
019	黄黝鱼	*Hypseleotris swinhonis*						1			
020	池沼公鱼	*Hypomesus olidus*						1			

八、甘南州土著鱼类地理分布和主要径流

甘南州包括合作市、舟曲县、卓尼县、临潭县、迭部县、夏河县、碌曲县、玛曲县。大夏河诸多支流和洮河流经合作市，合作市境内水资源丰富，河流水质好，落差较大，水能蕴藏量较为丰富；舟曲县主要河流有白龙江及其支流拱坝河等；卓尼县主要河流有洮河干流，主要支流有车巴沟、卡车沟、大峪沟、冶木河等；临潭县主要河流有洮河及其支流羊沙河、冶木河等；迭部县主要河流有白龙江，白龙江为嘉陵江上游最大支流，其主要支流在南岸有达拉沟、多儿沟等，在北岸哇坝沟、安子沟、腊子沟等；夏河县河流属于黄河流域，北部属于大夏河水系，南部和东部属于洮河水系，主要河流有大夏河及其支流甘加河、咯河（德乌鲁河）及洮河支流博拉河等；碌曲县主要河流为黄河水系的洮河上游，仅郎木寺一隅属长江水系的白龙江上游，洮河支流遍及全县，主要有代桑曲、周科河、热乌克赫、科才苦河等；玛曲县无主要河流。此外，甘南州各市、县还分布着一些库区、湖泊、池塘等。全市分布有20种土著鱼类，具体地理分布情况见表3-2-8。

表3-2-8 甘南州各市、县土著鱼类地理分布情况

序号	中文名	学名	是否中国特有	合作市	舟曲县	卓尼县	临潭县	迭部县	夏河县	碌曲县	玛曲县
001	粗体高原鳅	*Triplophysa robusta*									1
002	黄河高原鳅	*Triplophysa pappenheimi*	是	1		1	1		1	1	1
003	硬刺高原鳅	*Triplophysa scleroptera*	是								1
004	小眼高原鳅	*Triplophysa microps*									1
005	黑体高原鳅	*Triplophysa obscura*	是						1		1
006	赤眼鳟	*Squaliobarbus curriculus*									1
007	黄河鮈	*Gobio huanghensis*	是				1				
008	裸腹片唇鮈	*Platysmacheilus nudiventris*	是		1						
009	棒花鱼	*Abbottina rivularis*		1	1	1	1	1	1	1	1
010	平鳍鳅鮀	*Gobiobotia homalopteroidea*	是								1
011	厚唇裸重唇鱼	*Gymnodiptychus pachycheilus*	是			1			1		1
012	花斑裸鲤	*Gymnocypris eckloni*	是								1
013	黄河裸裂尻鱼	*Schizopygopsis pylzovi*	是			1	1		1		1
014	嘉陵裸裂尻鱼	*Schizopygopsis kialingensis*	是		1					1	1
015	重口裂腹鱼	*Schizothorax davidi*	是		1						
016	齐口裂腹鱼	*Schizothorax prenanti*	是		1						
017	中华裂腹鱼	*Schizothorax sinensis*	是		1						
018	鲇鱼	*Silurus asotus*									1
019	白缘𩷅	*Liobagrus marginatus*	是	1	1				1	1	
020	前臀鮡	*Pareuchiloglanis anteanalis*	是		1						

九、定西市土著鱼类地理分布和主要径流

定西市包括安定区、通渭县、陇西县、漳县、渭源县、岷县、临洮县。安定区主要河流有祖厉河支流关川河、西贡河，以及关川河支流东河、西河、周家河等，河流属黄河水系。通渭县内河流均属黄河支流的渭河水系，较大的河流有金牛河（北部）、牛谷河（中部）、常家河（南部）。陇西县河流均属黄河的支流渭河水系，渭河各支流如科羊河、西河、妙娥沟等水质都较好，但秦祁河、大咸河等在洪水期含泥沙量很大，常水期水咸，水质较差。漳县主要河流有漳河及龙川河，漳河是渭河上游的主要支流。渭源县河流属黄河水系，主要有渭河及其支流秦祁河、洮河支流漫坝河等。岷县水力资源丰富，第一大河洮河（黄河的主要支流）源出西倾山，河流多为黄河水系；东部局部地区河流属长江水系；西部有洮河干流自西而东向北流过，较大的支流有迭藏河、纳纳河；中部有渭水的支流闾井河和申都河，流量随季节变化，水产有洮河鱼、闾鱼。临洮县主要河流为黄河支流洮河，洮河贯穿该县西部。此外，定西市各区、县还分布着水库、湖泊、池塘等。全市分布有22种土著鱼类，具体地理分布情况见表3-2-9。

表3-2-9　定西市各区、县土著鱼类地理分布情况

序号	中文名	学名	是否中国特有	安定区	通渭县	陇西县	漳县	渭源县	岷县	临洮县
001	细鳞鲑	*Brachymystax lenok*					1	1	1	
002	北方花鳅	*Cobitis granoei*				1	1	1	1	
003	斑纹副鳅	*Paracobitis variegatus*					1	1	1	
004	短体副鳅	*Paracobitis potanini*	是						1	
005	岷县高原鳅	*Triplophysa minxianensis*	是						1	
006	达里湖高原鳅	*Triplophysa dalaica*				1		1	1	
007	黄河高原鳅	*Triplophysa pappenheimi*	是						1	1
008	东方高原鳅	*Triplophysa oientalis*							1	
009	硬刺高原鳅	*Triplophysa scleroptera*	是						1	
010	拉氏鲅	*Phoxinus lagowskii lagowskii*			1	1	1	1		
011	刺鮈鱼	*Acanthogobio guentheri*							1	1
012	麦穗鱼	*Pseudorasbora parva*				1				
013	似铜鮈	*Gobio coriparoides*	是		1	1	1	1		
014	黄河鮈	*Gobio huanghensis*	是							1
015	平鳍鳅鮀	*Gobiobotia homalopteroidea*	是							1
016	多鳞铲颌鱼	*Varicorhinus macrolepis*							1	
017	渭河裸重唇鱼	*Gymnodiptychus pachycheilus weiheensis*						1	1	
018	厚唇裸重唇鱼	*Gymnodiptychus pachycheilus*	是						1	
019	黄河裸裂尻鱼	*Schizopygopsis pylzovi*	是					1	1	
020	嘉陵裸裂尻鱼	*Schizopygopsis kialingensis*	是					1	1	
021	鲇鱼	*Silurus asotus*			1	1		1		1
022	波氏栉鰕虎鱼	*Ctenogobius cliffordpopei*	是							1

十、平凉市土著鱼类地理分布和主要径流

平凉市包括崆峒区、泾川县、灵台县、崇信县、华亭县、庄浪县、静宁县。泾河属黄河第二级支流，流经崆峒区，泾河在平凉市境内主要支流有颉河、小路（芦）河、大路（芦）河及潘杨涧河，均由西北向东南汇入泾河；泾川县主要河流为泾河及其支流汭河、黑河等；灵台县主要河流有达溪河和黑河；崇信县主要河流有泾河支流汭河、黑河，河流横贯全县，形成"两川二塬"；华亭县主要河流有汭河上游支流的策底河、马峡河和南川河，属泾河水系；庄浪县主要河流为葫芦河及其支流水洛河与庄浪河；静宁县主要河流为葫芦河，其西岸支流有高界河、红寺河、甘沟河和治平河等，东岸支流有南河（渝河）、甘渭子河等。此外，平凉市各区、县还分布着水库、塘坝、池塘等。全市分布有3种土著鱼类，具体地理分布情况见表3-2-10。

表3-2-10　平凉市各区、县土著鱼类地理分布情况

序号	中文名	学名	是否中国特有	崆峒区	泾川县	灵台县	崇信县	华亭县	庄浪县	静宁县
001	拉氏鱥	*Phoxinus lagowskii lagowskii*							1	1
002	棒花鱼	*Abbottina rivularis*		1	1	1	1	1	1	1
003	波氏栉鰕虎鱼	*Ctenogobius cliffordpopei*	是						1	1

十一、天水市土著鱼类地理分布和主要径流

天水市包括秦州区、麦积区、清水县、秦安县、甘谷县、武山县、张家川回族自治县。秦州区主要河流为籍河；麦积区秦岭以南属长江流域嘉陵江水系，岭北属黄河流域渭河水系；清水县主要河流有牛头河及其支流汤浴河（河畔有温泉）、樊河、后川河、白蛇河，牛头河发源于陇山南端的芦子滩，到麦积区社棠镇汇入渭河；秦安县境内河流有葫芦河及其支流西小河、南小河、郭嘉河、五营河等，葫芦河为渭河最大的支流；甘谷县是渭河南岸各支流的发源地，主要河流有渭河及其支流散渡河、籍河；武山县河流属渭河水系，渭河贯穿全县，其主要支流有大南河、山丹河、榜沙河；张家川回族自治县河流有牛头河上游支流的后川河、樊河、汤浴河，葫芦河上游支流的五营河，以及渭河干流通关河，这些均属渭河北岸支流。此外，天水市各区、县均分布着水库、塘坝、池塘等。全市分布有19种土著鱼类，具体地理分布情况见表3-2-11。

表3-2-11　天水市各区、县土著鱼类地理分布情况

序号	中文名	学名	是否中国特有	秦州区	麦积区	清水县	秦安县	甘谷县	武山县	张家川回族自治县
001	细鳞鲑	*Brachymystax lenok*						1	1	
002	北方花鳅	*Cobitis granoei*		1	1	1		1	1	
003	泥鳅	*Misgurnus anguillicaudatus*		1	1					

序号	中文名	学名	是否中国特有	秦州区	麦积区	清水县	秦安县	甘谷县	武山县	张家川回族自治县
004	大鳞副泥鳅	*Paramisgurnus dabryanus*	是	1	1					
005	达里湖高原鳅	*Triplophysa dalaica*		1	1	1		1	1	
006	马口鱼	*Opsariichthys bidens*		1						
007	拉氏鱥	*Phoxinus lagowskii lagowskii*		1	1	1	1	1	1	1
008	瓦氏雅罗鱼	*Leuciscus waleckii*					1			
009	麦穗鱼	*Pseudorasbora parva*		1	1					
010	似铜鮈	*Gobio coriparoides*	是				1	1	1	
011	清徐胡鮈	*Huigobio chinssuensis*	是						1	
012	棒花鱼	*Abbottina rivularis*							1	
013	渭河裸重唇鱼	*Gymnodiptychus pachycheilus weiheensis*				1				
014	黄河裸裂尻鱼	*Schizopygopsis pylzovi*	是						1	
015	嘉陵裸裂尻鱼	*Schizopygopsis kialingensis*	是						1	
016	青鳉	*Oryzias latipes*		1	1					
017	黄鳝	*Monopterus albus*		1	1					
018	黄黝鱼	*Hypseleotris swinhonis*							1	
019	波氏栉鰕虎鱼	*Ctenogobius cliffordpopei*	是	1	1					

十二、陇南市土著鱼类地理分布和主要径流

陇南市包括武都区、成县、两当县、徽县、西河县、礼县、康县、文县、宕昌县。武都区内最大的河流是白龙江，白龙江在其境内长约100 km，白龙江支流有拱坝河、北峪河、五库河、五马河、洛塘河等，多呈南北流向。成县河流属长江支流嘉陵江水系，主要为嘉陵江西岸支流的青泥河（长丰河），青泥河及其支流呈枝状分布在成县境内，县东北部有秦家河、甘泉河，均向东流经康县入西汉水，县内有作为成、康二县的界河西汉水（犀牛江）。两当县主要河流有嘉陵江支流庙河、红崖河等。徽县东南部有嘉陵江干流经过，西部、中部、东部有嘉陵江支流的洛河、伏镇河、永宁河等。西河县主要河流是西汉水及其支流。礼县河流属嘉陵江支流的西汉水水系，其主要支流有九条，故礼县河流统称为"一水九河"。康县河流均属嘉陵江水系，南部主要有燕子河及其支流秧田（铜钱）河、梅子园，以及县境北部作为成、康二县界河西汉水的支流平洛河等。文县主要河流是白龙江、白水江，白龙江流经文县部分已属下游河段，流量较大。宕昌县主要河流是白龙江的支流岷江水系，东北部的清水江（岷峨江）属西汉水支流，白龙江干流从该县

南端穿过。此外，陇南市各区、县均分布着水库、塘坝、池塘等。全市分布有50种土著鱼类，是甘肃省分布土著鱼类种类最多的市（区），具体地理分布情况见表3-2-12。

表3-2-12　陇南市各区、县土著鱼类地理分布情况

序号	中文名	学名	是否中国特有	武都区	成县	两当县	徽县	西河县	礼县	康县	文县	宕昌县
001	泥鳅	*Misgurnus anguillicaudatus*		1						1		
002	中华沙鳅	*Botia superciliaris*	是								1	
003	长薄鳅	*Leptobotia elongata*	是	1							1	
004	红唇薄鳅	*Leptobotia rubrilabris*	是								1	
005	斑纹副鳅	*Paracobitis variegatus*									1	
006	短体副鳅	*Paracobitis potanini*	是								1	
007	中华马口鱼	*Opsariichthys uncirostris bidens*									1	
008	宽鳞鱲	*Zacco platypus*				1						
009	鳡鱼	*Elopichthys bambusa*									1	
010	赤眼鳟	*Squaliobarbus curriculus*		1							1	
011	圆吻鲴	*Distoechodon tumirostris*									1	
012	唇鲴	*Hemibarbus labeo*		1							1	
013	花鲴	*Hemibarbus maculatus*		1							1	
014	似鲴	*Belligobio nummifer*	是	1							1	
015	麦穗鱼	*Pseudorasbora parva*			1	1	1				1	
016	点纹颌须鮈	*Gnathopogon wolterstorffi*				1	1					
017	短须颌须鮈	*Gnathopogon imberbis*				1	1	1		1		
018	蛇鮈	*Saurogobio dabryi*					1					
019	棒花鱼	*Abbottina rivularis*		1	1	1	1	1	1	1		1
020	异鳔鳅鮀	*Xenophysogobio boulengeri*									1	
021	宜昌鳅鮀	*Gobiobotia ichangensin*	是								1	
022	刺杷	*Barbodes coldwelli*									1	
023	中华倒刺杷	*Barbodes sinensis*	是								1	
024	宽口光唇鱼	*Acrossocheilus monticopa*	是								1	

序号	中文名	学名	是否中国特有	武都区	成县	两当县	徽县	西河县	礼县	康县	文县	宕昌县
025	多鳞铲颌鱼	*Varicorhinus macrolepis*		1		1				1	1	
026	白甲鱼	*Varicorhinus simus*	是				1				1	
027	四川白甲鱼	*Varicorhinus angustistomatus*	是								1	
028	瓣结鱼	*Torbrevifilis brevifilis*									1	
029	华鲮	*Sinilabeo rendahli*	是								1	
030	嘉陵裸裂尻鱼	*Schizopygopsis kialingensis*	是	1							1	
031	重口裂腹鱼	*Schizothorax davidi*	是	1							1	
032	齐口裂腹鱼	*Schizothorax prenanti*	是	1							1	
033	中华裂腹鱼	*Schizothorax sinensis*	是	1							1	
034	犁头鳅	*Lepturichthys fimbriata*	是								1	
035	短身间吸鳅	*Hemimyzon abbreviata*	是	1							1	
036	四川华吸鳅	*Sinogastromyzon szechuanensis*	是								1	
037	娥眉后平鳅	*Metahomaloptera omeiensis*	是	1			1				1	
038	黄颡鱼	*Pelteobagrus fulvidraco*									1	
039	瓦氏黄颡	*Pelteobagrus vachelli*									1	
040	粗唇鮠	*Leiocassis crassilabris*									1	
041	叉尾鮠	*Leiocassis tenuifurcatus*									1	
042	短尾拟鲿	*Pseudobagrus brevicaudatus*	是								1	
043	中臂拟鲿	*Pseudobagrus medianalis*	是	1			1				1	
044	乌苏里鮠	*Leiocassis ussuriensis*									1	
045	大鳍鳠	*Mystus macropterus*									1	
046	白缘䱀	*Liobagrus marginatus*	是								1	
047	中华纹胸鮡	*Glyptothorax sinense*	是	1	1		1			1	1	
048	中华鮡	*Pareuchiloglanis sinensis*	是	1								
049	前臀鮡	*Pareuchiloglanis anteanalis*	是	1						1	1	
050	波氏栉鰕虎鱼	*Ctenogobius cliffordpopei*	是									

第三章 甘肃土著鱼类资源调查及开发利用

十三、庆阳市土著鱼类地理分布和主要径流

庆阳市包括正宁县、华池县、合水县、宁县、庆城县、镇原县、环县和西峰区。西峰区主要河流属黄河第三支流的蒲河及第四级支流盖家川等。正宁县主要河流属泾河水系，四郎河是全县最大的一条河流。华池县主要河流以子午岭为分水岭，西部有马莲河上游的支流柔远川（东河）和元城川，东部有葫芦河上游的二将川和荔园堡川等。合水县主要河流在西南部有黄河第三级支流马莲河及其支流固城川、合水川，在东北部有黄河第三级支流葫芦河及其支流平定川、烟景川等。宁县主要河流有泾河、蒲河，流经该县约10 km；马莲河纵贯该县西部，水位和流速变化较大，其支流城北河与九龙河呈东北至西南流向，水量小。庆城县主要河流属黄河第三级支流，如环江（下流称马莲河），第四级支流主要有柔远川、蔡家庙沟、米粮川、野狐沟、黑河等。镇原县河流均属黄河水系，主要有蒲河及其西岸支流交口河、茹河与泾河北岸支流洪河等，均由西北流向东南。环县最大的支流为环江，系马莲河的上游，全县绝大部分地区属环江流域；环江在环县内长258 km，有大小支流500多条，其中较大的有罗山川、马坊川、城西川、合道川，东部有安山川、东川等；各河水质大致以县城为界，城北的马坊川、罗山川、东川等大小河流多系咸水，不宜直接灌溉和人畜饮用，城南的城西川、合道川、安山川等河流含盐量低，该县西北部分地区属黄河第一支流苦水河流域，西部部分地区属黄河第一支流清水河流域。但是，经过有关部门调查，庆阳市尚无土著鱼类地理分布。

十四、嘉峪关市土著鱼类地理分布和主要径流

嘉峪关市只有一条发源于祁连山地的北大河为常年河，其他多为干河床，北大河水量随季节变化。为了供水稳定，嘉峪关市已建成黑山湖（大草滩）水库，部分地区在发展金鳟养殖业。经过有关部门调查，嘉峪关市由于所处的地理位置和环境条件特殊，目前尚无其他土著鱼类地理分布。

第三节　几种甘肃土著鱼类人工繁育的研究

甘肃省渔业部门在甘肃省黄河鲤鱼原种场、甘肃省河西水产良种试验场、甘肃省鱼类良种试验站、刘家峡水库渔场、甘南藏族自治州玛曲渔场等对秦岭细鳞鲑、厚唇裸重唇鱼、极边扁咽齿鱼、黄河裸裂尻鱼、黄河鲤鱼、兰州鲇、祁连山裸鲤等进行繁育，采用人工繁殖技术（人工授精、人工孵化）、生殖调控技术（性别鉴定、人工催产、同期排卵排精）等技术手段进行试验研究，取得了一定的成绩。本节主要介绍兰州鲇、秦岭细鳞鲑在繁育方面的试验成果。

一、不同孵化方式对兰州鲇孵化效果影响试验

（一）材料与方法

1.时间和地点

时间为2011年4—7月，试验地点在甘肃省鱼类良种试验站。

2.亲鱼的来源与培育

亲鱼主要是购买的人工捕捞的野生亲本。亲鱼要求发育良好、体格健壮、无病无伤，雄性个体重400~800 g，雌性个体重1000~1500 g。将亲鱼收集后进行集中培育，投喂野杂鱼及拉网受伤鱼种，破碎后投喂。每3天冲水一次，以促进亲鱼性腺发育。

3.产卵池及孵化设施

产卵池为普通圆形水泥产卵池，催产前一周用生石灰对其消毒。消毒后加入用60目纱绢过滤的黄河水，水深保持在50~60 cm；鱼巢为经开水煮过消毒后的鱼巢（由棕榈制作而成）。两个孵化池与产卵池规格相同，在其中一个的上部搭遮阴棚避光；孵化网箱用40目纱绢制成，网箱长4 m、宽2 m。

4.亲鱼的选择鉴别与配组

选择的雌雄亲鱼均在3龄以上。生殖季节，雌鱼腹部膨大，隐约可见卵巢轮廓，胸鳍第一硬棘后缘比较光滑，生殖孔微红，周围有放射状斑纹；雄鱼胸鳍第一硬棘后缘有粗壮的锯齿，腹部较窄，外生殖突较细长，雌雄亲鱼配组的比例为1:1。

5.人工催产

采用绒毛膜促性腺激素（HCG）和促黄体释放激素类似物（LHRH－A2）合剂催产，进行一次性腹腔注射，注射剂量为雌鱼15 μg/kg LHRH-A2 + 3000 IU/kg HCG，雄鱼剂量减半。催产后将亲鱼轻轻放入产卵池，2~3小时后放入鱼巢，并给以微流水刺激。

6.受精卵的孵化

（1）池塘网箱静水孵化

孵化网箱设置在池塘中，用木桩固定，网箱入水深1 m。然后将粘有受精卵的鱼巢均匀放入箱内孵化，并记录鱼卵数。

（2）孵化池微流水孵化

孵化水池深控制在80 cm左右，保持水流、水位稳定，2小时换1次水。将粘有受精卵的鱼巢放入孵化池中，鱼巢与水面间的距离保持在5 cm左右。孵化池中放入两个曝气头，使溶氧量保持在6 mg/kg以上。

（3）孵化池微流水遮光孵化

其他条件同孵化池微流水孵化，在此孵化池上部搭遮阴棚遮光。

孵化阶段，发现仔鱼开始平游后，及时将鱼巢取出。在多数仔鱼平游后，收集仔鱼，统计仔鱼数量。

7.鱼苗培育

在仔鱼能平游后，拆掉池塘网箱中鱼苗的网衣，取出鱼巢。将孵化池中的鱼苗在仔鱼卵黄囊消失前转入天然饵料丰富的池塘中培育，每天泼撒蛋黄和豆浆以补充天然饵料的不足。随机挑出几尾鱼苗在室内鱼缸内培养，观察其摄食情况，通过控制水温观察其适合生长的温度。

（二）结果与分析

三种孵化方式的孵化结果统计见表3-3-1。

表3-3-1　三种孵化方式孵化结果统计表

孵化方式	出膜时间（h）	孵化水温（℃）	孵化率（%）	出苗率（%）
池塘网箱静水孵化	48～50	20～25	70	43
孵化池微流水孵化	48～54	18～25	60	32
孵化池微流水遮光孵化	48～54	18～25	82	60

从表3-3-1可以看出，池塘网箱水温变化范围小，鱼苗出膜时间短。原因是池塘水体面积大，水温在夜间下降速度慢，同样时间段内有效积温稍大一些，这也证明在一定温度范围内，水温越高，兰州鲇出膜时间越短。

从孵化率看，孵化池微流水遮光孵化的孵化率最高，达到82%，孵化效果最好；其次是池塘网箱静水孵化；最低的是孵化池微流水孵化。孵化池微流水孵化效果差的原因可能是兰州鲇本身具有惧光性，孵化池没有采取遮光措施，阳光直射影响了孵化率。池塘网箱静水孵化效果一般的原因可能有两方面，一是与孵化池内水质相比，池塘网箱内水质较差，影响了孵化效果；二是网箱上面没有遮光设施，影响了孵化效果。综合比较，孵化池微流水遮光孵化是兰州鲇受精卵适宜的孵化方法。

从出苗率看，孵化池微流水遮光孵化最高（为60%），其次是池塘网箱静水孵化，孵化池微流水孵化的出苗率最低，其主要原因是没有遮光措施。池塘网箱静水孵化出苗率低的主要原因有两点，一是没有避光，二是刚出膜的鲇鱼苗喜在鱼巢内集群，池塘网箱内为静水水体，大量鱼苗堆积后造成局部缺氧而死亡，因此，成活率较低。

二、秦岭细鳞鲑人工繁育试验

（一）材料和设备

1.时间和地点

时间为2012年3—7月，试验地点在张家川马鹿秦岭细鳞鲑驯养繁殖场。

2.养殖设施及水源

试验场建有15 m×15 m成鱼养殖池4个，45 m²孵化室1个，13 m²孵化池1个，2 m×4 m亲鱼池2个，20 m²苗种培育池1个，有50 W充气式增氧机1台，水质分析仪1台（测水温、pH、溶解氧、氨氮、硫化氢）。水源来自马鹿河支流三股水河，水质清澈、溶氧量高，水中浮游生物丰富，周年水温在0～20 ℃，是秦岭细鳞鲑生活的理想水源。为防止发生意外，打井1眼。

3.亲鱼的选择

初春，当水温达到4 ℃时，在成鱼池中，按照雌雄比例3∶1从驯养好的秦岭细鳞鲑亲鱼中挑选出4龄以上的颜色鲜艳、体形正常、外观较好、生长快、活动能力强、抢食好以及对外界刺激反应较敏锐的个体作为亲鱼。本次试验采用4～7龄的20尾鱼作为亲鱼。

（二）试验方法

1.亲鱼培育

将挑选好的20尾亲鱼用3%～5%的食盐水消毒，之后投放到事先准备好的亲鱼培育池中，适当增加水流速度，使池水30分钟交换一次，水深保持在60～80 cm，溶解氧6～9.3 mg/L，水温5～12 ℃。强化投饵，加强营养供给，亲鱼饲料中粗蛋白含量应高于40%，粗脂肪含量应低于6%，碳水化合物含量应低于12%，投喂量为鱼体重的3%～5%。根据鱼摄食情况，每日增加投喂一次面包虫。在繁殖期前1个月左右，将雌、雄分池饲养，将雄鱼饲养在雌鱼池下游的池子里，以刺激雄鱼精子的产生。

2.人工催产

4月10日，当水温达到7～12 ℃时准备催产。催产步骤如下：

（1）第一步：配制催产药物

催产前1小时配制催产药物，按每千克雌鱼注射1000 IU（国际单位）的绒毛膜促性腺激素、10 μg的鲑鱼释放激素类似物和2 mg的马来酸地欧酮的剂量配制，雄鱼注射剂量减半计。需要考虑单个鱼体的最大药容量为每千克体重注射0.5 mL，根据亲鱼体重和药物催产剂量计算出药物总量之后，将药物经过适当处理，均匀溶入一定量的蒸馏水或生理盐水中，即成注射药液。

（2）第二步：注射

捕捞亲鱼，一人将鱼体侧仰，使注射部位露出水面，另一人持针注射。注射前，应擦干注射部位的水，并用70%的酒精或碘酒消毒，之后在胸鳍的内侧基部凹陷无鳞处，将注射针头朝向背鳍前端方向，与鱼体表面呈45°角刺入鱼体腔内，并迅速注入药液。注射时应避免针头朝吻端刺入鳃腔内，也应避免朝下误刺心脏。

（3）第三步：亲鱼成熟度的检查

注射完催产药物48小时后对亲鱼成熟度进行检查，经检查，有10尾雌鱼已经完全成熟，5尾雄鱼全部成熟。对剩余5尾雌鱼按减半剂量补针一次，在24～48小时内随时观察成熟度。一般雄鱼比雌鱼成熟早，在整个繁殖期均有精液，品质好的精液为淡黄色较浓液体，品质差的精液因含水分多、精子数量少，为半透明青色液体。雌鱼完全成熟时，肉眼可见其腹部膨大，生殖孔红肿、外突，两侧卵巢下垂轮廓明显。用手轻轻挤压其腹部，可见有卵粒从生殖孔流出。优质的卵粒圆而饱满，大小均匀，呈红色、橘红色或橙黄色。

（4）第四步：采卵授精

将雌鱼的卵挤到已清洗消毒好的搪瓷盆或塑料盆内，之后立即把雄鱼的精液直接挤在卵上（一般每3000粒卵上挤入约2～4 mL的精液），立即用干净的羽毛搅拌，使精液与卵粒充分接触，然后加入少量清水，继续搅拌1分钟后，卵粒受精。静置数分钟后，换水搅拌3～5次，每次约1分钟。将冲洗好的卵轻轻倒入盛好清水的盆中，静置约40分钟，待卵充分吸水膨胀后计数，再移入孵化筐中进行孵化。

3.人工孵化

孵化筐四周固定漂浮物，使鱼卵在水面下10 cm，孵化的水质要澄清，溶解氧在7 mg/L以上，水温为7～10 ℃，pH为6.5～7.4。当水温超过10 ℃时，要抽取地下水，在曝气池中充氧，并将其与河水勾兑，使水温稳定在8 ℃左右。孵化过程中严格避光。这样的条件下孵化15天左右时，受精卵出现眼点，血液循环加强，肉眼可见血液流动，胚体扭动次数增加，卵粒变红。受精卵在这一阶段对外界的反应不敏感，此阶段即为发眼期，发眼后15天左右可孵化出仔鱼。

4.仔鱼的培育

刚孵化出来的仔鱼体质嫩弱，体色很淡，腹下有一个较大的卵黄囊，此时不摄食，伏卧于孵化筐底。体长15 mm以下时，靠吸收卵黄囊的营养维持发育，一般经过16~20天后，卵黄囊逐渐被吸收，仔鱼游动能力增强，体表黑色素增多。在培育期间，水流不畅等原因最容易造成仔鱼聚集成堆缺氧而死，这也是造成人工繁育失败的一个重要因素。通常把这个阶段的仔鱼转到室内水流通畅的小水泥浅池中培育，按照每平方米4500~5000尾左右放苗，水温超过10 ℃，一般保持20分钟一次以上的水交换频率。大约20天后，仔鱼卵黄囊变小，开始上浮开口摄食。

5.稚鱼

仔鱼上浮开口摄食时，发育较快，此时卵黄囊很快被完全吸收。当体长达1.5~2.5 cm时，便进入稚鱼阶段。

（三）试验结果

对人工催产繁殖出的稚鱼数量进行清点，结果显示共孵化出秦岭细鳞鲑苗种5500尾，具体数据统计见表3-3-2。

表3-3-2　秦岭细鳞鲑人工繁殖试验情况数据统计表

统计数据	亲鱼总数(尾)	雌鱼(尾)	雄鱼(尾)	产卵总数(粒)	受精卵数(粒)	受精率(%)	发眼卵数(粒)	仔鱼(尾)	孵化率(%)	稚鱼(尾)	成活率(%)
数量	20	15	5	29800	18500	62	16400	11300	61	5500	49

（四）分析与讨论

①秦岭细鳞鲑人工催产繁殖试验结果表明，所选用的催产素效果明显，没有造成不良反应；催产方法得当，对亲鱼损伤较小，没有造成注射致死现象；用催产素注射解决了雌雄鱼成熟不同步的问题，大大提高了受精率。

②在受精卵发育前后近10天，因水温达到10 ℃以上，鱼卵发霉现象严重，经抽取地下水降温，使水温稳定在8~10 ℃时，霉变现象减少，鱼卵发育正常。

③孵化期注意事项：一要定期消毒。从孵化开始，对受精卵就要定期消毒，一般采用0.5%福尔马林液或2%食盐水溶液每周消毒一次，每次约20分钟。二要及时除去死卵。将变成白色的死卵逐个拣出，可以利用无金属成分的瓷汤勺或用光滑的铁丝制成卵粒大小的卵圆形夹子，操作时动作要轻、要快，避免使临近的正常卵粒受到刺激震动。

④上浮鱼苗开食的最初一个月是秦岭细鳞鲑人工繁殖工作中难度较大、技术性较强的阶段，这一阶段对水温、溶解氧和开口饵料的要求十分严格，因此，首先要注重成活率，其次才是成长。

⑤秦岭细鳞鲑人工繁殖虽然取得了一定成果，但受精率、孵化率和成活率不高，一些数据资

料搜集得不全面，且缺少对比试验。在苗种培育阶段，饵料投喂、营养成分、水温、水体溶解氧等对苗种生长发育的影响均需要在今后的工作中加以认真研究和总结。

第四节　甘肃土著鱼类的开发保护

一、甘肃省土著经济鱼类的开发保护情况

（一）甘肃省土著经济鱼类的开发现状

近年来，甘肃省渔业部门对土著经济鱼类的开发力度逐步加大，无论是在保种方面，还是在科研、繁育等方面，都做了巨大的努力，也取得了明显的成绩。目前，被开发的土著经济鱼类有兰州鲇、黄颡鱼、黄河鲤鱼、厚唇裸重唇鱼、黄河裸裂尻鱼、极边扁咽齿鱼、似鲇高原鳅等。

1.甘肃省土著经济鱼类的研究和繁育现状

近年来，甘肃省农业农村厅、甘肃省渔业技术推广总站和甘肃省水产科学研究所等单位经过不断努力，已经开展了多种土著经济鱼类（比如兰州鲇、黄河鲤鱼、厚唇裸重唇鱼、极边扁咽齿鱼、黄河裸裂尻鱼、似鲇高原鳅、秦岭细鳞鲑等）的人工驯化、养殖、繁育工作，同时也对它们的基本生物学特性和染色体组型做了深入研究。兰州鲇、黄河鲤鱼等多种土著鱼类人工驯化成功，极边扁咽齿鱼、黄河裸裂尻鱼等部分土著鱼类人工繁育成功，黄河鲤鱼、秦岭细鳞鲑等个别土著鱼类已建立起了稳定的种群。此项工作已取得很好的效果。目前，相关单位正在积极努力扩大驯养品种的范围，将使更多的土著经济鱼类种群得到较快恢复。

2.甘肃省土著经济鱼类的渔业技术推广现状

多年来，甘肃省渔业技术推广总站在现有的条件下，充分利用现有技术力量，用短短几年时间开展了兰州鲇、黄河鲤鱼等多种土著经济鱼类的池塘、网箱养殖示范工作，在黄河鲤鱼原种场、兰州鲇原种场等多家原种场和甘肃省渔业相关部门技术人员多年的共同努力下，总结出了成熟的养殖技术，并作为省级良种或新品种推广项目，每年都向部分市、州渔业技术推广部门推广，并免费提供培训和指导，取得了一定的经济效益和社会效益，真正做到了科技成果转化，造福了一方百姓。

3.甘肃省土著经济鱼类的保种现状

近几年，在农业农村部、甘肃省农业农村厅的支持下，甘肃省成立了多个国家级及省（市）级自然保护区、种质资源保护区，比如刘家峡水库水产种质资源保护区（国家级）、秦岭细鳞鲑水产种质资源保护区（省级）等。保护区的建立，使得甘肃省稀有及特有土著鱼类的主要产卵场、索饵场和栖息地的原生态环境得以保护，很多土著鱼类群体数量迅速增加，生物多样性也得到了相应的保护，为我国濒危、珍稀物种的研究奠定了基础。相关研究主要体现在生物学特性和繁殖生理学、生态学、行为学等诸多领域。

同时，甘肃省人民政府已连续几年在黄河甘肃段、嘉陵江、黑河、渭河、疏勒河等多条流域举办了多次人工增殖放流活动，共投放人工驯养繁殖成功的黄河鲤鱼、兰州鲇、鲫鱼、秦岭细鳞

鲤、极边扁咽齿鱼、黄河裸裂尻鱼等土著经济鱼类鱼苗数几千万尾。这种人工增殖放流活动促进了黄河甘肃段及其支流渔业资源的可持续利用，保护、拯救了部分甘肃省土著鱼类资源，促进了人与自然的和谐发展，可将其作为水产业持续发展的新路径。

（二）甘肃省土著经济鱼类开发保护中存在的问题及其原因

甘肃省渔业的发展，为甘肃省经济的发展和渔民收入的增加做出了重要贡献，也为甘肃省渔业今后的发展奠定了基础。但是，甘肃省渔业资源中土著经济鱼类的开发利用却较落后。近年来，甘肃省水产部门虽然已经开发了一些土著经济鱼类，但是开发保护的过程中还存在很多问题，使其优势和潜力未体现出来。

1.生态环境变化加剧

江湖围垦造田、水环境受到污染、自然灾害、畜牧业超载等一系列原因造成土著鱼类的物种量和资源量下降、生殖环境（产卵场）被破坏、饵料来源受到限制等，使得土著鱼类的保护开发难度较大。

（1）自然灾害

自然灾害是导致环境发生变化的原因之一。山体植被、河堤植被、森林植被的破坏会引起上游地区的山洪、泥石流爆发，洪水冲刷大量的泥沙进入河流、库区，影响了土著鱼类的呼吸，造成其大量死亡。

（2）江湖围垦造田，畜牧业超载

江湖围垦造田、畜牧业超载等使得湖泊、库区、江河等断流甚至干涸，而江河、湖泊水面的减少是土著鱼类物种量和资源量受到破坏的主要原因之一。

（3）水环境污染

随着工业、农业发展及城市建设速度的加快，倾入江河及湖泊中的生活、工业、农业废水越来越多，鱼类的生存受到直接影响。对水体危害最大的是化工、造纸业等产生的废水和农业产生的农药，过多的含磷等有机、无机废水会导致湖泊富营养化，从而使大多数的鱼类不能正常生存。

（4）大坝的建设

能够造成江河中鱼类生殖环境（产卵场）被破坏甚至消失的原因还有大坝的建设。许多江河鱼类有较为固定的产卵场，这些产卵场一旦遭到破坏，鱼类的种群数量将会急剧下降。目前，江河湖泊中水草丛生的很多区域也遭到严重破坏，而这些区域却常常是很多鱼类的索饵场所。

2.鱼类资源过度开发利用

在社会经济快速增长的时代背景下，部分渔商为了追求经济效益最大化，经常过度捕捞，盲目剔除湖泊、库区中的肉食性鱼类并进行大规模捕捞等，这些原因造成土著鱼类濒危，种群数量急剧减少，无法可持续繁衍，使得保种工作难以进行。

（1）过度捕捞

人口数量不断增加和人类对食物高品质的追求，导致低脂肪高优质蛋白的需求量上升，而鱼肉是可食优质蛋白质的主要来源之一。人类为满足对鱼类的需求，最终过度开发和利用了很多鱼类资源。而目前造成土著鱼类资源量急剧下降的原因之一就是这种过度的捕捞，过度捕捞使得许多以前种群数量较大的土著经济鱼类成了目前的濒危鱼类。

（2）盲目剔除库区、湖泊中的肉食性鱼类

在市场经济下，为了盲目地、单一地增加水产品的产量，人们在有些库区、湖泊、池塘养殖中往往除去湖中所有的非主养品种肉食性凶猛土著鱼类和部分滤食性、残食性土著鱼类，这种方法可能会短期内增加一些鱼类的产量，但会使得库区、湖泊中的生物多样性遭到严重的破坏，鱼类种群出现小型化、低龄化的不良状态，食物链趋于简单，最终还是会影响正常的生产和经济效益。

（3）大规模捕捞

大规模捕捞是指同时捕捞成鱼、低龄鱼、幼鱼和越冬鱼。长期在各个水域中使用网眼细小的网具、密封阵、电捕等许多有害或错误捕鱼方法，使土著鱼类的持续利用资源遭到了严重破坏。在进行大规模捕捞时，捕捞人员往往毫无选择地捕捞水体中所有年龄组的土著鱼类，最终使得土著鱼类种群的结构受到严重的影响，甚至引起不可恢复的破坏。

3.外来物种的侵袭威胁

无论是人为有意引种、无意引种，还是外来物种自然入侵，均会影响或破坏其所在鱼类生态环境中的食物链结构。在甘肃省虽然未发生生物入侵对水生生物的灾难，但是外来物种还是会在一定程度上对甘肃省土著鱼类造成很大影响，使得甘肃省土著鱼类的生存和繁育遭到严重威胁，导致开发保护难度增大。

（1）外来物种的自然入侵

甘肃土著鱼类具有种类丰富、资源波动大、特有性高、经济物种多和分布区域差异大等物种多样性特点。当今世界在物种保护方面遇到的一个严峻而具有挑战性的问题就是外来物种入侵，关于外来鱼种入侵的一份调查报告指出，包括甘肃在内的具有中国生物多样性、物种较丰富的西北地区的土著鱼类正在濒危。因此，各地政府、科技人员和公众要高度关注和重视外来物种的侵袭，因为一个珍稀物种灭绝后，将永远不能再生。

（2）人为地盲目引进鱼类

引起库区、湖泊、江河土著鱼类种群数量下降甚至灭绝的一个重要原因是人为盲目地引进鱼类。任何库区、湖泊、江河等水域中，一个平衡的生态系统早已在其长时间的进化中形成，任何一种鱼类都有其特定生存空间和食物来源，维持着一个和谐的"生活圈"。引进的鱼类为了生存、繁育而和土著鱼类争夺生存空间和食物，引进鱼类往往具有适应性强、生存能力强、种群基础大等特点，会很快地拥有自己的生存空间和食源，尤其是引进的肉食性凶猛鱼类，对于土著鱼类来说却是被占据或被侵略，从而导致土著鱼类的种群数量急剧减少。新疆博斯腾湖中引进河鲈使得土著的新疆大头鱼灭绝便是一个典型的例子。

4.保护区的建设难度大，土著鱼类保护工作进展迟缓

这几年，国家和甘肃省政府为了建设保护土著鱼类的自然保护区投入了大量的资金和人力，但是由于各种原因，保护区的建设工作一直相对滞后，土著鱼类保护工作进展迟缓。

（1）水电开发与保护区建设冲突

在黄河、长江、内陆河流域，水电开发速度的加快，使得河流自然生态系统、水文循环改变，导致一些物种的生存模式和大量栖息地环境改变，致使对生物多样性的保护产生了不利影响。一旦发生水域环境污染或破坏，就会出现难以消除或恢复的几种后果，甚至具有不可逆性。我们应该尽可能地采取损害预防的措施，高度关注河流生态系统的特殊保护问题等，而预防水生

生物资源衰退、水域环境恶化、生物多样性下降的有效途径之一就是建设河流类型的自然保护区。那么，如何处理好水电开发与保护区建设这二者间的关系，就存在很大的难度。

（2）保护区的确定和认证难度大

由于甘肃省地势复杂，甘肃土著鱼类所生存的环境也很复杂，对一些水域中土著鱼类的调查难度很大，所需时间很长，导致保护区的确定和认证难度大。同时，在这段时间内因为种种原因，部分土著经济鱼类的种群数量会显著下降，甚至有的物种会濒临灭绝，这破坏了鱼类的生物多样性，导致土著鱼类的调查难度更大。

（3）资金缺乏，技术人才不足

由于甘肃省水域资源丰富，各地区差异性很大，所以保护区的建设所需资金很多，国家和政府投入的资金还不足；另外，缺乏专业技术人才对保护区的建设也有一定的影响。

5.土著经济鱼类的开发保护利用难度大

目前，对土著经济鱼类开展的驯化、养殖、繁育等工作进展得比较顺利，但要如何开发利用土著经济鱼类并在生产中进行推广养殖，还要进一步深入研究，例如，要对鱼类繁殖生物学加强研究、解决重要类群的人工繁殖问题等。在土著鱼类的开发保护利用中，所面临的一项重要的战略性任务就是在保持鱼类生物多样性的同时，使得土著鱼类资源得以科学合理地开发利用，使之为渔业生产发展服务，为科学研究、科普教育服务。

6.渔政执法所面临的困难大

我国为了保护鱼类，特别是一些濒危鱼类，制定了关于渔业、野生动物、濒危物种保护的许多法令、法规。但是，因为资金、设备、人才的缺乏及人员素质水平差距大等一系列的原因，全面执法工作也面临着较大的困难，特别是在一些大水面的库区、深山、湖泊等地区，甚至存在禁渔期非法捕鱼、电鱼、毒杀鱼、用炸药炸鱼等现象。此外，甘肃省内多样的地理环境和广阔的水域等自然因素也是甘肃省渔政执法困难的原因之一。

7.加工技术落后，渔业资源利用率低下

由于资金不足、技术缺乏、设备不配套等原因，许多渔业生产企业生产设备陈旧，工艺技术落后，水产品未得到深加工利用，渔业资源利用率低下或仅简单加工便进入销售，加工率低，产品类型单一，缺乏高附加值产品，未充分发挥水产品的经济价值，更谈不上土著鱼类的开发加工。

二、甘肃省土著经济鱼类开发保护的紧迫性和意义

（一）甘肃省土著经济鱼类开发保护的紧迫性

1.引进品种养殖成本高，渔业生产效益低

甘肃省渔业的发展史是一部"引进史"，引进品种有鲀、鳊、虹鳟、尼罗罗非鱼、东方真鲷、红鲤、镜鲤、革胡子鲇、细鳞斜颌鲴、杂交鲟鱼、白鲫、鲢鱼、鳙鱼、草鱼等多个品种。甘肃省特殊的气候和水温条件，导致这些引进鱼类生长缓慢，延长了养殖周期，增加了养殖的成本。另外，引进鱼种、鱼苗的成本高，导致渔业生产效益低，不利于甘肃省渔业的发展。

2.环境条件特殊，土著鱼类发展更适宜

甘肃省位于黄土高原、青藏高原和蒙新高原的交会处，地跨北亚热带、暖温带、温带、寒温

带等多种气候类型的气候区，复杂的地形、多样的气候和特殊的水域条件等，使得很多引进品种无法生存或者生长缓慢，严重制约着甘肃渔业的发展。而正是这样的条件，却给土著鱼类造就了赖以生存繁衍的自然条件，甘肃土著鱼类在长期适应了甘肃特殊的环境条件后，形成的品种繁多，资源非常丰富。因此，开发保护土著鱼类更适合甘肃渔业的发展。

3. 土著鱼类濒危，保种工作迫在眉睫

近年来，工农业产生的污染、滥捕行为、人口的快速增长及江河筑坝兴修水利等行为，在一定程度上影响了土著鱼类的洄游通道，土著鱼类赖以生存、繁衍的索饵场及繁殖场遭受了一定程度的破坏，部分土著经济鱼类资源正在衰竭，种群数量正在减少，在社会、经济、生态等方面造成了不可估量的损失。因此，在这种较严重的形势下，加快对土著经济鱼类人工繁育技术的研究步伐，加大渔业法律、法规等相关知识的宣传，提高全民保护鱼类资源的自觉性，积极开展对土著鱼类的开发等工作迫在眉睫，进一步加强渔业资源保护已势在必行。

（二）甘肃省土著经济鱼类开发保护的意义

1. 开发土著鱼类，保护物种的多样性

保护与合理开发利用生物物种多样性的一个重要组成部分是保护和合理开发利用土著鱼类的生物多样性。就地保护是长期保护鱼类生物多样性的最好策略，即保护在野外的自然种群和群落、栖息地等。只有在适应不断变化的环境中，自然群落中的种群才能确实大到足以防止遗传漂变，在自然群落中的物种能连续其进化过程。但对于许多稀有种，就地保护却不是一个可行、有效的选择。在人类活动日益增强，特别是对其生存环境造成破坏的情况下，迁地开发保护（即在人类控制的条件下维持种群）作为一种互补的方法，就显得十分重要。近年来，甘肃省已经开展多种土著经济鱼类的人工驯化、养殖、繁育工作，例如，通过对黄河鲤鱼、黄河鲇、极边扁咽齿鱼、黄河裸裂尻鱼等鱼类开展人工驯养试验，基本掌握了它们的生物学特性、食性等，人工驯养成绩显著提高；通过对黄河鲇、极边扁咽齿鱼等部分鱼类进行人工繁育，最终建立了稳定的种群，使更多的土著经济鱼类种群得到较快恢复，生物多样性也得以保护。

2. 调节养殖品种结构，利国利民

针对甘肃省一直引进外来品种发展渔业经济，导致水产品种单一、渔业效益增长平缓等现象，开发利用土著经济鱼类，可以调节水产品种结构，满足市场需求。一方面，开发利用土著经济鱼类可以使渔业在大农业中的比重尽快提高；另一方面，还可以使渔业内部结构得以优化，使甘肃渔业资源优势充分发挥。就现有状态来看，甘肃省渔业引进品种的结构不够合理、池塘和网箱渔业应有的作用和地位未能得到充分的发挥、养殖技术水平相对较低、苗种生产能力不足等原因严重制约了甘肃省水产市场向深层次发展，导致水产品完全依赖于鲜活水产品的直接交易，无法做到水产品真正商业化、商品化。要坚持"以市场为导向，以效益为中心，以农、渔民增收为目的"的渔业结构调整思路，深入开展土著鱼类水产品养殖，加快品种更新的速度，提高良种覆盖率，不断推出适合市场需求的特色产品，最终推出一批符合国内、国际市场需求和质量标准的高原特色产品，打开国内、国际市场，拓宽农产品流通市场，满足市场需求，使农业生产趋于稳定，国民收入逐步增加。

3. 渔业生产多元发展，增加农民收入

据报道，2002年以黄河裸裂尻鱼与花斑裸鲤为主的"黄河鱼"每千克仅售1元左右，2009年后每千克价格飞涨到25元左右。这是旅游业的发展带动土著鱼价格上涨，为渔业生产带来了较高效益的例子。我们应该把开发土著鱼类与旅游、休闲渔业等相结合，使其互相带动，实现多元化发展，最终增加农民群众的收入。

三、甘肃省土著经济鱼类开发的优势和潜力

（一）渔业水资源优势

甘肃省具有丰富的渔业水域资源，同时也拥有巨大的可开发潜力。甘肃省内河流水系分为黄河、长江、内陆河三大流域九个水系，水面资源有河流、湖泊、水库和池塘（包括塘坝），全省河流170.5万亩，湖泊18.1万亩，水库40.6万亩，池塘河坝3.5万亩。还有很多芦苇地、大面积的盐碱地和沼泽地，其中均有天然土著鱼类生存，若能加以开发，其发展潜力也很大。

自然涌泉也是甘肃省水资源的一大特点。其中，冷水泉在兰州市、金昌市、临夏州、张掖市等地分布很多，仅张掖市临泽县就有42口自喷井，多年来喷涌不息。此外，武山、通渭、清水、镇原、泾川、庆城、环县、麦积等县、区有温泉70多处，流量较大，水温在23.5～53.0 ℃之间。这些资源为甘肃省发展渔业提供了很好的优势条件，也为甘肃省土著鱼类的存在提供了优越的场所。

（二）生态环境优势

甘肃省有多个国家级自然保护区，保护区水质清新、无污染，天然饵料丰富，渔业生产自然条件优越。例如，刘家峡水库出产的鱼肉质细腻，口感好，达到了绿色食品标准，深受群众喜爱，虽然市场价格较高，仍供不应求。因此，甘肃省生态环境比较有优势，土著鱼类可开发的潜力和价值很大。

（三）种类资源优势

甘肃省有土著鱼类百余种，可目前已开发利用的不足十种，部分正在开发中，所以土著鱼类的开发还有很大的潜力。生态类型的多样性造就了鱼类及水生动植物类群的多样性，所以，开发地方特色养殖品种具有广阔的前景。

（四）地域优势

甘肃省所处的地域条件、优越的光照条件（光照时间和光照强度）决定了水体的初级生产力和鱼的产量，对养鱼极为有利，尤其适合土著鱼类的发展。甘肃省的水体在水温上兼有热水性、温水性、冷水性、亚冷水性等四种水温形式，这也就决定了甘肃省可以生存热水性鱼类、温水性鱼类、冷水性鱼类和亚冷水性鱼类。

（五）科技优势

甘肃省的土著鱼类在发展上有很强的科技优势和力量，无论是在科学技术、养殖设施方面，还是在科技人才方面，都具有较大的优势。

目前，甘肃省的部分土著经济鱼类的繁育技术在全国处于领先水平，采用了国内最先进的孵

化设施，也在大水面开发方面取得了突破性成就，这为发展土著经济鱼类提供了很好的条件。

　　甘肃省渔业部门在多年的努力下，建立起了科学的、先进的养殖设施，发展起了先进的养殖技术，比如网箱养殖、温棚养殖等养殖设施，在淡水鱼的养殖中取得了出色的成绩，之后在土著鱼类的开发中将会发挥出更大的作用，取得更显著的成绩。

　　在科技人才方面，甘肃省渔业技术推广总站、甘肃省水产研究所等渔业部门有很多水产界的老前辈、老专家，在渔业生产和开发领域有很高的威望，同时还有一大批水产工程师、研究生人才等。各市（州）、区（县）也拥有很多水产科技人才，同时也在引进年轻的水产"新秀"和"新兵"，为水产发展注入了新鲜的血液。综上所述，甘肃省开发土著鱼类具有很强的优势和力量。

四、甘肃省土著鱼类开发保护的可持续发展策略

　　土著经济鱼类生产可持续发展的重要保障措施是提高科学管理水平，运用法律手段，加强生态保护，高效、合理地开发。

（一）强化管理，提高群众对土著鱼类资源的保护意识

　　影响人类生存质量的一个间接因素是土著鱼类资源的枯竭，土著鱼类资源的枯竭会导致水域生态系统失去平衡。因此，各级政府要提高重视度，特别是渔业行政主管部门和环保部门要对甘肃省内的河流电站进行环评监督，检查各项环评指标的落实情况，制定出切实可行的生态补偿措施，真正做到强化管理。同时，还要采取不同的措施，在各个层面加大对保护鱼类资源的重要意义和重要性的宣传，普及环保知识，加强对《甘肃省实施渔业办法》、甘肃省实施《中华人民共和国野生动物保护法》办法、《甘肃省水产资源繁殖保护条例》、《甘肃省水产资源增殖保护费征收使用办法》、《甘肃省渔政监督管理工作规定》等法律、规章的宣传，提高群众保护鱼类资源的意识。同时，增强渔政执法力度，严格按照法律规章管理鱼类资源。

（二）加强重点水域渔业资源的调查和科研工作

　　针对重点水域，要加强渔业资源的调查工作，随时掌握鱼类资源的变化情况，及时提出具有针对性的保护措施和方案。一般，每年要对重点水域进行一次资源调查，对渔类资源可捕捞量做出科学的评估，并定期对重点水域内主要种类给出合理的捕捞限额建议。

（三）做好基础工作，运用或引进科学技术力量

　　甘肃省省级渔业部门和水产技术部门要做好全省土著鱼类名录，研究其开发保护的价值和意义，确定出具有开发保护经济价值和意义的土著品种，向各市（州）、区（县）渔业主管部门和水产技术部门公布。还要结合自己的科技力量和有力的知识、经验，协同或邀请国家或省外渔业科研机构，省内外农业类、水产科学类高校的教授或专家，运用生态学原理和生物技术等对土著经济鱼类和濒危土著鱼类进行驯化繁殖，争取在最短的时间内开发出多个土著经济鱼类品种，起到带头开发土著鱼类的作用。

　　各市（州）、区（县）渔业主管部门和水产技术部门要做好本地鱼类主要保护开发利用名录，规划设立保护水域。协同或邀请甘肃省内渔业研究机构运用仿生态学原理对本地主要土著经济鱼

类进行驯化繁殖，争取用几年的时间开发出几个品种，以达到开发保护的效果。

（四）加快科技成果转化

各级水产技术推广单位要充分利用现有技术力量，结合渔业部门和水产技术部门的研究成果，用2～3年时间完成新开发土著经济鱼类的池塘养殖、网箱养殖等技术，并总结出可行的技术规程，指导各基层水产技术推广部门和渔场、农户对这些土著经济鱼类的养殖进行示范推广，保证经济效益，增加农民群众收入，满足市场需求，真正做到科技成果转化。

（五）建立自然保护区，加大增殖放流力度

建立珍稀濒危鱼类和重要经济鱼类的自然保护区时，最好能建立在其分布区域、产卵场和洄游通道，这样既能起到保护水域生态环境的效果，又能使得衰退种类资源得以恢复。将水域鱼类组成定向改造，既能增加水域的自然资源量，又可保护生物多样性，达到鱼类资源持续利用的目的。各级渔业主管部门要科学合理地做好土著鱼类资源的增殖放流工作，尤其是对新开发繁殖的土著经济鱼类，每年定期在其能适宜生存的主要江段进行鱼苗的增殖放流，这样既可增加土著经济鱼类在江河水域中的种群数量，又可告知广大人民群众渔业资源保护的重要性和紧迫性，使全社会自觉树立渔业资源的保护意识。

因此，在已经建立的保护区内，要尽快开展有组织、有计划、有步骤的保护工作，使鱼类生存地的原生态环境、主要产卵场和栖息地不受任何影响；同时，还要积极采取措施将洄游鱼类的自然保护区开辟在洄游鱼类较集中的流域，为了不导致鱼类濒危事件的发生，还要避免过度开发梯级水电站，过多水电站的建设不仅会使这些流域的水量及泥沙流量发生改变，同时也会成为阻隔鱼类洄游的屏障，必将严重地影响洄游鱼类的生存和繁育。因此，修建电站时，必须考虑建设鱼类增殖放流站，进行珍稀鱼类的人工增殖放流；设立鱼类自然保护区；采取网捕过坝措施，加强鱼类基因交流等一系列综合保护措施，减少对鱼类造成的影响。

（六）建立种质资源库，保护土著鱼类资源

通过调查资源和研究生态环境，建立土著鱼类重要种质资源生态地的自然保护区或天然生态库，在选择好的土著鱼类分布水系中进行原地保存。利用现有原种场和良种场，建立人工生态库，对土著经济鱼类养殖品种及土著经济鱼类资源进行异地保存，将所保存的原良种进行科学合理的繁殖，这样就可以将大量的原种苗种投向生产。同时，从异地引进良种，培育出杂交新品种。

（七）强化渔政监督管理工作，实现土著经济鱼类产业的健康持续发展

各级渔业行政主管部门及其所属的渔政监督管理机构要切实承担起责任，加强渔业法律、法规的宣传力度，加大对破坏土著渔业资源等违法行为的打击、惩处力度，完全取缔没有渔政执法资格人员的护渔行为，对盗鱼案件进行有力的打击，对保护区周边群众做好《渔业法》《甘肃省水产资源繁殖保护条例》《甘肃省水产资源增殖保护费征收使用办法》《甘肃省渔政监督管理工作规定》等法规的宣传工作。在保护区实行"三证"制度，即捕捞许可证、船舶检验证、运销证三证齐全，实行准入制度，要求保护区渔业作业人员全部持证上岗。加强对禁渔期和禁捕水域的管

理，严格规定捕捞网具。彻底做好保护区的水域环境和渔业资源监测工作，<u>重点保护土著鱼类</u>，将捕捞到的濒危土著鱼类立即放生，逐步减少对保护区渔业生态环境的破坏，实现渔业资源的可持续发展。同时，还要处理好土著鱼类生产与航运及旅游开发之间的关系，渔政监督管理部门要做好协调工作，针对各保护区的水体资源要做好综合开发利用方案，将甘肃省渔业发展的环境营造好，使甘肃土著鱼类的这颗"高原明珠"更加璀璨明亮。

（八）提高水产品加工技术，增加产品附加值，打造绿色品牌

甘肃省内的水产品加工生产企业在短短几年间发展壮大，结合其加工产品的方法，可以将甘肃土著鱼类做成速冻制品、油炸制品、干片鱼、烤制品等产品，向全国各地销售。另外，甘肃渔业主管单位可针对这几年甘肃省鱼类产业化的发展势头和良性循环发展的态势，逐步加大对承包商的扶持力度，承包费用按照国家农业政策适度减少；和工商部门、媒体配合，加大对甘肃渔业和水产品加工企业的宣传力度，向这些企业提供信息、技术支持，给予优惠政策，不断将甘肃土著经济鱼类加工企业做大做强；同时，结合原有的休闲、旅游等行业，科学地提高企业加工技术，在确保优质产品的前提下创新产品种类，同时仍将市场需求作为导向，将开发加工精深产品和名牌产品作为突破口，依托西部大开发的大背景，利用甘肃省的优良水质、丰富的渔业资源及旅游景点在国内的知名度等有利条件，将高原土著鱼类作为自创品牌，使初级未加工产品向初加工产品转变、初加工产品向精加工产品和高级产品转变，提高加工档次；利用甘肃省内外的科学力量，逐步增加科技含量，全方位树立高原土著鱼类产品的品牌形象，使甘肃省土著经济鱼类加工产品尽早在甘肃省内外等地市场中占有一席之地，进一步提高产品的附加值和市场占有率，发挥其品牌效应。真正将发展绿色食品做到实处，打造和培育出"高原土著鱼类"的绿色品牌。

第四章

甘肃渔业种质
资源调查报告

第一节　刘家峡水库渔业资源调查报告

刘家峡水库是黄河上游的一颗璀璨明珠，面积16万亩，占到甘肃省渔业水域面积的一半以上，也是甘肃省重要的土著鱼类种质资源库。而目前刘家峡水库渔业资源调查资料仍使用的是20世纪80年代刘阳光等所研究的结果，近40多年来几乎没有更新。为了贯彻落实《水产种质资源保护区管理暂行办法》，调查了解刘家峡水库渔业资源及利用情况，为刘家峡水库的进一步开发提供参考依据，甘肃省渔业技术推广总站组织相关技术人员在2022年3—11月，通过实地调查、现场抽样、实验室检测、标本采集等方式，对刘家峡水库的水质、浮游生物、底栖生物、鱼类资源和捕获量等进行了综合、详细的分析，从渔业角度对刘家峡水库渔业资源条件进行了阐述，以期阐明刘家峡水库渔业资源现状和利用情况，并针对刘家峡水库渔业资源生产和利用给出了初步建议。

一、刘家峡水库自然环境概况和水域理化特性

（一）刘家峡水库自然环境概况

1.刘家峡水库的地理位置

刘家峡水库位于临夏永靖县城西南1 km处，距兰州市75 km，位于北纬35°45′、东经103°3′。它由刘家峡峡谷建坝蓄黄河、洮河、大夏河河水，淹没原永靖县城旧址及其周围川地而成。水库自西南走向东北，最大长度为60 km，最宽处为6 km。库区东连临洮县，东南邻东乡族自治县，南接临夏县，西北靠永靖县。

2.刘家峡水库的地貌特征

刘家峡水库四周环山，海拔1900～2300 m，沟壑纵横，植被稀少，呈荒山秃岭状。水库库岸线发育差，多平直，库湾、库叉较少。除大夏河沿岸及莲花台一带库床比较小、浅滩宽阔外，其余库岸均陡峭。寺沟岭、茅笼峡及刘家峡一带，库床呈"凹"字形，底质以黄泥为主，水库下游、洮河口处多为细砂。

3.刘家峡水库的水文气候

刘家峡水库控制流域面积17.3万 km²，养鱼面积107 km²，水库湖面辽阔，水质好，无污染，是甘肃省最大的水产养殖基地。其所在地区属温带半干旱气候，气温较高，少雨雪，年平均水温为11.5 ℃，5—9月平均气温大于15 ℃。冬季除个别库湾浅水区及沿岸发现有少许结冰外，库区一般不封冰。无霜期191天，年平均日照2602小时，日照率58％。经多年监测，刘家峡水库库水年水温变化曲线见图4-1-1。

刘家峡水库坝高147 m，坝顶高程1739 m，溢洪道底部高程1715 m，总库容61亿 m³，有效库容42亿 m³，死库容15.5亿 m³，多年平均库容32亿 m³。本次在Z2监测点实测最大深度为76 m，平均深度28 m。没有监测流速，相关资料显示年平均径流量为263亿 m³，年平均交换8次。每年12月到次年6月为枯水期，水位逐月降低，6月下旬水位降到最低，7月水位开始回升；9—10月为

洪水期，最高水位在11月上旬出现。

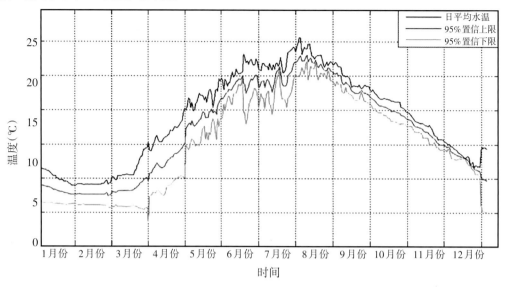

图4-1-1 刘家峡水库库水年水温变化曲线图

（二）刘家峡水库库水理化特性检测结果与分析

1.采样地点和方法

此次在刘家峡水库选择了上游（S）、中游（Z）、下游（X）、刘家峡水库渔场网箱场（W）、大夏河口（J）、洮河口（C）几个监测点，采样时在上游、中游、下游3个断面每个断面设3个采样点，其余3个监测点均设1个采样点，共计12个采样点。按照《渔业水质标准》（GB 11607—89）、《无公害食品　淡水养殖用水水质》（NY 5051—2001）等要求进行检测，检测结果见表4-1-1。

表4-1-1 刘家峡水库库水理化特性各指标检测结果统计表

指标	采样点															平均
	S1	S2	S3	上游平均	Z1	Z2	Z3	中游平均	X1	X2	X3	下游平均	W	J	C	
温度（℃）	12.5	12.0	12.5	12.3	14.0	13.0	15.0	14.0	14.0	13.5	13.5	13.67	14.0	14.0	14.0	13.5
透明度（cm）	112	70	154	112	220	218	280	239	210	312	212	245	190	170	40	182
深度（m）	7.8	8.6	4.9	7.1	60.0	76.0	56.0	64.0	25.0	27.0	13.0	22.0	18.0	20.0	20.0	28.0
底质	黄泥	黄泥	黄泥	/	黄泥	黄泥	黄泥	/	黄泥	黄泥	黄泥	/	黄泥	泥沙	泥沙	/
溶解氧（mg/L）	16.00	14.08	13.68	14.59	12.40	4.40	2.92	6.57	11.16	7.20	12.96	10.44	13.60	8.56	12.72	10.82
耗氧量（mg/L）	2.30	1.86	1.86	2.01	1.64	1.93	1.98	1.85	2.09	1.97	2.41	2.16	1.85	2.03	2.35	2.02
总磷（mg/L）	0.068	0.120	0.096	0.090	0.126	0.170	0.217	0.170	0.207	0.222	0.198	0.209	未测定	0.026	0.059	0.137
总硬度（mg/L）	6.19	6.25	7.23	6.56	6.25	6.25	6.31	6.27	6.42	6.25	6.42	6.36	6.45	6.25	6.79	6.42
钙（mg/L）	31.57	29.26	36.47	32.43	33.13	31.06	31.06	31.75	35.27	31.52	33.67	33.49	37.01	29.24	40.20	33.29

指标	采样点															平均
	S1	S2	S3	上游平均	Z1	Z2	Z3	中游平均	X1	X2	X3	下游平均	W	J	C	
镁（mg/L）	7.90	9.36	9.24	8.83	7.06	8.32	8.46	7.95	6.44	8.35	7.42	7.40	5.54	9.42	4.99	7.71
氯化物（mg/L）	0.45	0.47	0.48	0.47	0.52	0.54	0.54	0.53	0.55	0.57	0.57	0.56	0.63	0.53	0.50	0.53
总铁（mg/L）	0.043	0.077	0.058	0.059	0.025	0.023	0.027	0.025	0.032	0.033	0.030	0.032	0.003	0.101	0.067	0.043
总碱度（度）	7.76	7.86	7.90	7.84	9.36	9.27	9.44	9.36	9.33	9.32	9.12	9.26	8.52	8.45	9.33	8.81
重碳酸盐（mEq/L）	1.89	1.94	1.94	1.92	2.49	2.20	2.52	2.40	2.24	2.22	2.10	2.20	2.49	2.63	2.29	2.25
硫酸盐（mEq/L）	8.44	8.67	8.70	8.60	8.89	8.90	8.93	8.92	8.99	8.98	8.86	8.95	9.09	8.77	8.76	8.83
总氮（mg/L）	0.288	0.309	0.301	0.299	0.287	0.281	0.294	0.290	0.164	0.188	0.113	0.155	0.372	0.174	0.559	0.278
氨氮（mg/L）	0.238	0.176	0.184	0.199	0.130	0.138	0.145	0.138	0.138	0.099	0.145	0.127	0.330	0.276	0.284	0.190
硝酸盐氮（mg/L）	0.722	0.564	0.801	0.696	0.669	0.648	0.626	0.649	0.713	0.652	0.717	0.690	0.710	0.713	0.754	0.691
亚硝酸盐氮（mg/L）	0.017	0.011	0.016	0.015	0.016	0.017	0.017	0.017	0.016	0.017	0.016	0.016	0.019	0.016	0.015	0.016

2.物化特性分析

（1）物理特性分析

用Secchi盘测定透明度，全库12个监测点的平均值为182 cm，变幅为40～312 cm。变化总的情况是：淌水区自上游至下游随着泥沙的沉淀，透明度逐渐增大，最大值出现在下游X2点。

（2）化学特性分析

①溶解氧（mg/L）

水中的溶解氧含量与水温、水循环或流动、有机物的分解及生物呼吸有密切的关系。刘家峡水库水生植物贫乏，其溶解氧含量主要由水温、水流动来决定，含量平均值在10.82 mg/L左右。一般饲养鱼类需要溶解氧大于3 mg/L，由此看来，刘家峡水库溶解氧条件对鱼类养殖来说比较理想。

②总硬度（mg/L）

刘家峡水库的总硬度在6.25～7.23 mg/L之间，平均值为6.42 mg/L，在水产养殖用水正常范围内。

③主要离子（mg/L）

a.重碳酸盐：含量在1.89～2.63 mEq/L之间，水库中游略高于上游和下游，顺序为中游（2.40 mEq/L）＞下游（2.20 mEq/L）＞上游（1.92 mEq/L）。碳酸盐在库区各监测点均未检出。

b.硫酸盐：含量在8.44～9.09 mEq/L之间，平均值为8.83 mEq/L。硫酸盐在库区各监测点含量差别不大，分布均匀。

c.氯化物：含量在0.45~0.63 mg/L之间，平均值为0.53 mg/L。自上游至下游，氯化物含量逐渐略微增大，刘家峡水库渔场网箱场处含量最高，为0.63 mg/L。

d.钙和镁：钙和镁是初级生产力不可缺少的因子。调查发现，刘家峡水库中这两种阳离子均不缺乏，且钙离子含量高于镁离子。钙离子平均含量为33.29 mg/L，镁离子平均含量为7.71 mg/L。

④生物营养盐类

水中所含营养物质的多少直接影响到水生植物的生长繁殖。

a.三态氮：从测定结果来看，刘家峡水库硝酸盐氮含量最丰富，在0.564~0.754 mg/L之间，平均值为0.691 mg/L；氨氮在0.130~0.330 mg/L之间，平均值为0.190 mg/L；亚硝酸盐氮含量在0.011~0.019 mg/L之间，平均值为0.016 mg/L。

b.总氮：含量平均值为0.278 mg/L。

c.总磷：磷是一切藻类所必需的营养元素。刘家峡水库总磷含量在0.026~0.222 mg/L之间，平均值为0.137 mg/L。

d.总铁：含量在0.003~0.101 mg/L之间，平均值为0.043 mg/L，含量很高。

（3）与《渔业水质标准》（GB 11607—89）、《无公害食品 淡水养殖用水标准》（NY 5051—2001）比较

分析可知，刘家峡水库水质完全符合相关要求，水质没有异色、异味、异臭，水面没有明显的油膜或浮沫；溶解氧含量平均值为10.82 mg/L，水产养殖中溶解氧需要大于3 mg/L，符合要求；主要的离子和营养盐含量均符合标准要求。由此看来，刘家峡水库溶解氧水质条件比较理想。

（4）与《生活饮用水卫生标准》（GB 5749—2006）比较

《生活饮用水卫生标准》（GB 5749—2006）要求，饮用水应该无异味、异臭，肉眼可见物无。库区总铁含量在0.003~0.101 mg/L之间，平均值为0.043 mg/L，远远小于生活饮用水标准铁含量（0.3 mg/L）；库区氯化物含量在0.45~0.63 mg/L之间，平均值为0.53 mg/L之间，比生活饮用水标准氯化物含量（250 mg/L）小；库区硫酸盐含量在8.44~9.09 mEq/L之间，平均值为8.83 mEq/L，低于生活饮用水标准硫酸盐含量；库区总硬度在6.25~7.23 mg/L之间，平均值为6.42 mg/L，远远小于生活饮用水标准总硬度（450 mg/L）。可见，就此次调查指标来说，刘家峡水库水质完全符合《生活饮用水卫生标准》（GB 5749—2006）。

综上所述，刘家峡水库水质良好，溶解氧含量高，营养元素丰富，年平均径流量和交换量大，符合《生活饮用水卫生标准》，适合水产养殖，具有巨大的渔业发展潜力。

二、刘家峡水库浮游生物现状及渔业利用分析

几乎所有鱼类的鱼苗都是以浮游生物为食的，鲢鱼、鳙鱼终生都摄食浮游生物，而且现代渔业生产中还使用人工培育浮游生物来喂养一些名特优水产鱼苗，取得了很好的效果。这样来说，浮游生物对渔业生产有很重要的意义。

（一）浮游植物调查结果

测定时将刘家峡水库上游、中游、下游3个断面的3个监测点分别混合后测定，共发现浮游植物8门52种。刘家峡水库各采样点浮游植物种类、分布情况见表4-1-2，其密度和生物量见表4-1-3；刘家峡水库浮游植物种类、分布情况汇总见表4-1-4，其密度和生物量见表4-1-5。

表 4-1-2　刘家峡水库各采样点浮游植物种类、分布情况

序号	种类	学名	采样点分布					
			W	J	C	S	Z	X
一、硅藻门								
1	扭曲小环藻	*C. comta*	++	++	+	++	++	++
2	尖针杆藻	*S. acus*	++	++	+	++	++	+
3	绒毛平板藻	*T. flocculosa*	+	+		+	+	+
4	绿舟形藻	*N. viridula*	+		+			
5	羽纹藻属	*Pinnularia*	+	+	+	+		
6	钝脆杆藻	*F. capucini*	+			+		
7	巴豆叶脆杆藻	*F. crotonensis*		+		+		+
8	肿胀桥弯藻	*C. tumida*			+			
9	肘状针杆藻	*S. ulna*		+				
10	弧形短缝藻	*E. aarcus*				+		
11	普通等片藻	*D. vulguare*		+	+			+
12	环状扇形藻	*M. circulare*	+					
13	月形藻属	*Amphora*	+					
14	曲舟藻属	*Pleurosigma*			+			
15	缘花舟形藻	*N. radiosa*			+	+		+
16	美丽星杆藻	*A. formosa*				+		
17	腹脆杆藻	*F. construens*					+	
18	椭圆波纹藻	*C. elliptica*		+	+	+		
总量（种属）			8	8	9	10	4	6
二、绿藻门								
1	普通绿球藻	*C. vulgaris*	+++	+++	+	+++	+++	+++
2	椭圆小球藻	*C. ellipsoidea*	+	+	+	+	+	+
3	纤维藻属	*Ankistrodesmus*	+			+		
4	水绵属	*Spirogyra*	+	+				
5	小孢空星藻	*C. microporum*	+	+		+	+	+
6	二角盘星藻	*P. duplex*	+	+				+
7	水网藻	*H. reticulatum*	+					
8	双星藻属	*Zygnema*	+					
9	角星鼓藻属	*Staurastrum*	+					+

序号	种类	学名	采样点分布					
			W	J	C	S	Z	X
10	空星藻	C. sphaericum	+	+		+	+	+
11	衣藻属	Chlamydomonas		+				
12	集星藻	A. hantzschii		+				+
13	盘藻	G. pectorale		+				
14	眼状微绿球藻	N. oculata					+	
15	双列栅藻	S. bijugatus						+
总量（种属）			10	9	2	5	5	8
三、甲藻门								
1	飞燕角藻	C. hirundinella	++	++	+	++	++	++
2	梭角藻	C. fusus	+	+	+	+	+	+
3	裸甲藻	G. aeruginosum	+					
4	尖尾膝沟藻	G. apiculata						+
5	薄甲藻	G. pulvisculus		+				
总量（种属）			3	3	2	2	2	3
四、金藻门								
1	锥囊藻属	Dinobryon	+	++		++	+	+
2	棕鞭藻属	Ochromonas	+					
总量（种属）			2	1		1	1	1
五、蓝藻门								
1	小形色球藻	Ch. minor	+	+			+	+
2	席藻属	Phormidium	+					
3	鱼腥藻属	Anabaena					+	
4	念珠藻属	Nostoc					+	+
总量（种属）			2	1			3	2
六、裸藻门								
1	旋转囊裸藻	T. volvocina	+	+				+
2	绿裸藻	E. viridis	+				+	
3	矩圆囊裸藻	T. volvocina	+					
4	密集囊裸藻	T. crebea		+			+	+
总量（种属）			3	2			2	2

序号	种类	学名	采样点分布					
			W	J	C	S	Z	X
七、隐藻门								
1	卵形隐藻	*C. ovata*	++	+		+	+	+
2	蓝隐藻属	*Chroomonas*					+	+
3	啮蚀隐藻	*C. erosa*					+	
总量（种属）			1	1		1	3	1
八、黄藻门								
1	黄丝藻属	*Tribonema*	+					
总量（种属）			1					
浮游植物总量（种属）			30	25	13	19	20	24

注："+"表示有分布，"++"表示分布较多，"+++"表示分布很多。

从表4-1-2看，浮游植物种类的水平分布以W点刘家峡水库渔场网箱场处最多，种类达到30种；J点大夏河口浮游植物的种类也多，有25种。对于水库中分布情况，按照上游、中游、下游来看，浮游植物的种类逐渐增多，而C点洮河口数量较少，只有13种。

表4-1-3　刘家峡水库各采样点浮游植物密度和生物量

采样点	浮游植物总量		各门浮游植物密度和生物量						
	密度（万个/升）	生物量（mg/L）	硅藻	绿藻	甲藻	裸藻	隐藻	蓝藻	金藻
W	86.40	2.3560	26.70	44.70	2.10	2.70	7.20	1.80	1.20
			0.9516	0.0544	1.0500	0.1458	0.1440	0.0036	0.0066
J	92.25	2.8250	30.15	38.70	5.85	2.25	5.85	1.80	7.65
			1.3180	0.0166	1.2258	0.0675	0.1170	0.0036	0.0765
C	6.30	0.3434	4.55	1.75					
			0.343	0.0004					
S	48.60	1.7290	23.85	18.00	0.90				5.85
			1.2110	0.0095	0.4500				0.0585
Z	60.00	1.0265	19.20	36.00	0.60	0.90	1.80	1.50	
			0.6489	0.0080	0.3000	0.0420	0.0246	0.0030	
X	74.20	0.5364	16.10	52.15	1.05	0.35	1.05	3.50	
			0.1530	0.0113	0.364	0.0005	0.0011	0.0065	
平均	61.29	1.4694	20.09	31.88	1.75	1.03	2.65	1.43	2.45
			0.7709	0.0166	0.5650	0.0640	0.0478	0.0028	0.0236

注：每个采样点对应的两行数据中，上行为密度，单位为万个/升；下行为生物量，单位为mg/L。

从表4-1-3看，浮游植物生物量的水平分布以J点大夏河口处最高，达到2.8250 mg/L，密度也是最大的，达到92.25万个/升；W点刘家峡水库渔场网箱场生物量也很高，达到2.3560 mg/L，密度达到86.4万个/升。对于水库中分布情况，按照上游、中游、下游来看，浮游植物的生物量逐渐减少，而密度却在逐渐增大；C点洮河口浮游植物密度和生物量最少。

表4-1-4 刘家峡水库浮游植物种类、分布情况

门类	种类	学名	分布
硅藻门	扭曲小环藻	*C. comta*	++
	尖针杆藻	*S. acus*	++
	绒毛平板藻	*T. flocculosa*	+
	绿舟形藻	*N. viridula*	+
	羽纹藻属	*Pinnularia*	+
	钝脆杆藻	*F. capucini*	+
	巴豆叶脆杆藻	*F. crotonensis*	+
	肿胀桥弯藻	*C. tumida*	+
	肘状针杆藻	*S. ulna*	+
	弧形短缝藻	*E. arcus*	+
	普通等片藻	*D. vulguare*	+
	环状扇形藻	*M. circulare*	+
	月形藻属	*Amphora*	+
	曲舟藻属	*Pleurosigma*	+
	缘花舟形藻	*N. radiosa*	+
	美丽星杆藻	*A. formosa*	+
	腹脆杆藻	*F. construens*	+
	椭圆波纹藻	*C. elliptica*	+
绿藻门	普通绿球藻	*C. vulgaris*	+++
	椭圆小球藻	*C. ellipsoidea*	+
	纤维藻属	*Ankistrodesmus*	+
	水绵属	*Spirogyra*	+
	小孢空星藻	*C. microporum*	+
	二角盘星藻	*P. duplex*	+
	水网藻	*H. reticulatum*	+
	双星藻属	*Zygnema*	+
	角星鼓藻属	*Staurastrum*	+
	空星藻	*C. sphaericum*	+
	衣藻属	*Chlamydomonas*	+
	集星藻	*A. hantzschii*	+
	盘藻	*G. pectorale*	+

门类	种类	学名	分布
	眼状微绿球藻	*N. oculata*	+
	双列栅藻	*S. bijugatus*	+
甲藻门	飞燕角藻	*C. hirundinella*	++
	梭角藻	*C. fusus*	+
	尖尾膝沟藻	*G. apiculata*	+
	薄甲藻	*G. pulvisculus*	+
金藻门	锥囊藻属	*Dinobryon*	++
	棕鞭藻属	*Ochromonas*	+
	裸甲藻	*G. aeruginosum*	+
蓝藻门	小型色球藻	*Ch. minor*	+
	席藻属	*Phormidium*	+
	念珠藻属	*Nostoc*	+
	鱼腥藻属	*Anabaena*	+
裸藻门	旋转囊裸藻	*T. volvocina*	+
	绿裸藻	*E. viridis*	+
	密集囊裸藻	*T. crebea*	+
	矩圆囊裸藻	*T. volvocina*	+
隐藻门	卵形隐藻	*C. ovata*	+
	蓝隐藻属	*Chroomonas*	+
	啮蚀隐藻	*C. erosa*	+
黄藻门	黄丝藻属	*Tribonema*	+

注："+"表示有分布，"++"表示分布较多，"+++"表示分布很多。

表4-1-5 刘家峡水库浮游植物密度和生物量

门类	密度(万个/升)	生物量(mg/L)	密度占总密度的比例(%)	生物量占总生物量的比例(%)
硅藻	20.09	0.7709	32.78	52.46
绿藻	31.88	0.0166	52.02	1.13
甲藻	1.75	0.5650	2.86	38.45
裸藻	1.03	0.0640	1.68	4.36
隐藻	2.65	0.0478	4.32	3.25
蓝藻	1.43	0.0028	2.33	0.19
金藻	2.45	0.0263	4.00	1.79
总数	61.29	1.4934	100	100

（二）浮游动物调查结果

测定时将刘家峡水库上游、中游、下游3个断面的3个监测点分别混合后测定，共发现浮游动物3门16种，其中以原生动物和轮虫门的种类数占优势。刘家峡水库各采样点浮游动物种类、分布情况见表4-1-6，其密度和生物量见表4-1-7；刘家峡水库浮游动物种类、分布情况汇总见表4-1-8，其密度和生物量见表4-1-9。

表4-1-6　刘家峡水库各采样点浮游动物种类、分布情况

序号	种类	学名	采样点分布					
			W	J	C	S	Z	X
一、原生动物								
1	恩茨筒壳虫	*T. entzii*	+	+			+	++
2	尖顶砂壳虫	*D. acuminata*	+	+			+	+
3	棘尾虫属	*Stylonychia*	+					
4	钟虫属	*Vorticella*	+					
5	草履虫属	*Paramecium*	+			+		
6	浮游累枝虫	*E. rotans*	+					
7	根状拟铃虫	*T. radis*	+	+		+		
8	网纹虫属	*Favella*	+					
9	太阳虫属	*Actinophrys*	+	+				
10	盖虫属	*Opercularia*		+				
11	旋回侠盗虫	*B. gyrans*				+		
12	表壳虫属	*Arcella*						+
13	弯钟虫	*V. hamata*				+		
14	水鲜尖毛虫	*O. phagni*					+	
15	中华拟铃虫	*T. sinensis*					+	
16	单环栉毛虫	*D. balbianii*					+	
17	长圆砂壳虫	*D. oblonga*					+	
总量（种属）			9	5		4	6	3
二、轮虫								
1	针簇多肢轮虫	*P. trigla*	++	+++	+	++	++	++
2	广布多肢轮虫	*P. vulgaris*	++	++		+	+	+
3	小多肢轮虫	*P. minor*	++	++	+	++	+	++
4	长肢多肢轮虫	*P. dolichoptera*	+	+		+	+	+
5	螺形龟甲轮虫	*K. cochlearis*	++	++			+	++
6	曲腿龟甲轮虫	*K. valga*	+		+			
7	缘板龟甲轮虫	*K. ticinensis*	+	+		+		+

序号	种类	学名	采样点分布					
			W	J	C	S	Z	X
8	卜氏晶囊轮虫	*A.brightwelli*		+			+	
9	暗小异尾轮虫	*T. pusilla*		+		+		
10	钩状猪吻轮虫	*D. uncinatus*						+
11	钩状狭甲轮虫	*C. uncinata*		+				+
12	多突囊足轮虫	*A. multiceps*				+		
	总量(种属)		7	9	3	8	6	8
	三、枝角类							
1	长额象鼻溞	*B. longirostris*	+	+		+	+	+
	晶莹仙达溞	*S. crystallina*				+		
	总量(种属)		1	1		2	1	1
	浮游动物总量(种属)		17	15	3	14	13	12

注:"+"表示有分布,"++"表示分布较多,"+++"表示分布很多。

从表4-1-6看,浮游动物种类的水平分布以W点刘家峡水库渔场网箱场处最多,种类达到17种;J点大夏河口浮游动物的种类也多,有15种。对于水库中分布情况,按照上游、中游、下游来看,浮游植物的种类逐渐减少,而洮河口数量较少,只有3种。

表4-1-7 刘家峡水库各采样点浮游动物密度和生物量

采样点	浮游动物总量		各类浮游动物密度和生物量			
	密度(个/升)	生物量(mg/L)	原生动物	轮虫	枝角类	桡足类
W	2005	1.7000	1800	166	39	
			0.4500	0.0800	1.1700	
J	3254	0.8300	2250	996	8	
			0.1000	0.4900	0.2400	
C	3	0.0017		3		
				0.0017		
S	840	0.4538	675	162	3	
			0.3038	0.0600	0.0900	
Z	1127	0.4798	900	215	12	
			0.0420	0.0778	0.3600	
X	2190	1.0356	1750	413	27	
			0.0665	0.1591	0.8100	
平均	1570	0.7502	1229	326	13	
			0.1604	0.14519	0.43	

注:每个采样点对应的两行数据中,上行为密度,单位为个/升;下行为生物量,单位为mg/L。

从表4-1-7看，浮游动物生物量的水平分布以W点刘家峡水库渔场网箱场处最高，达到1.7000 mg/L，数量达到2005个/升；J点大夏河口生物量达到0.8300 mg/L，密度是最大的，达到3254个/升。对于水库中分布情况，按照上游、中游、下游来看，浮游动物的生物量逐渐增大，数量也在逐渐增多；C点洮河口浮游动物的生物量是最少的，密度是最小的。

表4-1-8 刘家峡水库浮游动物种类、分布情况

门类	种类	学名	分布
原生动物	恩茨筒壳虫属	*T. entzii*	+
	尖顶砂壳虫	*D. acuminata*	+
	棘尾虫属	*Stylonychia*	+
	钟虫属	*Vorticella*	+
	草履虫属	*Paramecium*	+
	浮游累枝虫	*E. rotans*	+
	根状拟铃虫	*T. radis*	+
	网纹虫属	*Favella*	+
	太阳虫属	*Actinophrys*	+
	盖虫属	*Opercularia*	+
	旋回侠盗虫	*B. gyrans*	+
	表壳虫属	*Arcella*	+
	弯钟虫	*V. hamata*	+
	水鲜尖毛虫	*O. phagni*	+
	中华拟铃虫	*T. sinensis*	+
	单环栉毛虫	*D. balbianii*	+
	长圆砂壳虫	*D. oblonga*	+
轮虫	针簇多肢轮虫	*P. trigla*	+++
	广布多肢轮虫	*P. vulgaris*	+
	小多肢轮虫	*P. minor*	++
	长肢多肢轮虫	*P. dolichoptera*	++
	螺形龟甲轮虫	*K. cochlearis*	++
	曲腿龟甲轮虫	*K. valga*	+
	卜氏晶囊轮虫	*A. brightwelli*	+
	暗小异尾轮虫	*T. pusilla*	+
	钩状猪吻轮虫	*D. uncinatus*	+
	钩状狭甲轮虫	*C. uncinata*	+
	多突囊足轮虫	*A. multiceps*	+
	缘板龟甲轮虫	*K. ticinensis*	+
枝角类	长额象鼻溞	*B. longirostris*	+
	晶莹仙达溞科	*S. crystallina*	+

表4-1-9　刘家峡水库浮游动物密度和生物量

类群	密度（个/升）	生物量（mg/L）	密度占总密度的比例（%）	生物量占总生物量的比例（%）
原生动物	1229	0.1604	78.38	21.81
轮虫	326	0.1452	20.79	19.74
枝角类	13	0.4300	0.83	58.45
总数	1568	0.7356	100	100

（三）刘家峡水库渔业利用分析——滤食性鱼产潜力估算

根据调查结果，刘家峡水库浮游植物在密度上的优势种类为硅藻和绿藻，分别占到总密度的32.78%和52.02%；在生物量上的优势种类为硅藻和甲藻，分别占到总生物量的52.46%和38.45%。刘家峡水库浮游植物总量为1.4934 mg/L，根据相关资料，水体的营养类型主要取决于初级生产力浮游植物的生物量，因此，该水库为中营养类型。

以浮游动植物为食的鲢鱼、鳙鱼在其生长期内可以利用的浮游动植物量可粗略按下式计算：

每公顷水体浮游植物现存量 B1=1.4934×667×1/15（1亩=667 m²=1/15 hm²）×20（平均水深，m）×1000（1 m³=1000 L）÷1000（1 g=1000 mg）÷1000（1 kg=1000 g）=1.33 kg。

同样的，每公顷水体浮游动物现存量 B2=0.7356×667×1/15×20×1000÷1000÷1000=0.654 kg。

根据浮游生物重量法，鲢鱼年生产力=浮游植物生产量×可利用率÷饵料利用率=浮游植物现存量×P/B×可利用率÷饵料利用率=1.33 kg×50×25%÷30=0.554 kg/hm²。（其中P/B系数一般取50，假设鲢鱼对浮游动物的利用率为25%，饵料利用率一般为30）。

鳙鱼年生产力=浮游动物生产量×可利用率÷饵料利用率=浮游动物现存量×P'/B×可利用率÷饵料利用率=0.654 kg×20×30%÷20=0.196 kg/hm²。（其中P/B系数一般取20，假设鳙鱼对浮游动物的利用率为30%，饵料利用率一般取20），其中P为浮游植物生产量；P′为浮游动物生产量；B为浮游植物现存量。

刘家峡水库水体面积16万亩，根据上面得出的初步结论可以得出，刘家峡水库理论年鲢鱼生产力=0.554 kg/hm²×10666 hm²=5.9×10³ kg，刘家峡水库理论年鳙鱼生产力=0.196 kg/hm²×10666 hm²=2.09×10³ kg。

然而由于养殖规模、鱼苗投放、管理等各方面原因，刘家峡水库年产滤食性鱼类量远不及理论数据，还有着很大的开发空间。若能有效合理利用这一天然资源，那么其在带来可观收益的同时，还可增加附近居民的就业机会，为社会创造一定价值。

三、刘家峡水库底栖动物调查与分析

底栖动物是湖泊、水库生态系统的重要组成部分，也是鱼类重要的天然饵料，研究清楚水库本身的生物资源基本情况，建立比较完善的水库渔业资源数据库，有助于在保护其生态系统免遭破坏的同时，更加合理地开发利用水体资源，提高水体的生物生产力，为实际生产提供理论依据。

（一）刘家峡水库底栖动物种类组成与分布统计

本次采集的12个点的样中，共观察到底栖动物8种属，其中S3、Z1、Z2、X1、X3等5个点未观察到任何底栖动物。各采样点底栖动物种类及分布见表4-1-10，其密度和生物量见表4-1-11。

表4-1-10　刘家峡水库各采样点底栖动物种类及分布

种类		学名	分布
水生昆虫	羽摇蚊幼虫	*C. plumosus*	+
	库蚊幼虫	*Culex*	+
	石蚕	*Phryganea*	+
寡毛类	水丝蚓	*Limnodrilus*	+++
螺类	圆田螺属	*Cipangopaludina*	+
	萝卜螺属	*Rasix*	+
	无齿蚌属	*Anodonta*	++
其他	线虫	*Nematode*	+

注："+"表示有分布，"++"表示分布较多，"+++"表示分布很多。

表4-1-11　刘家峡水库各采样点底栖动物密度和生物量

采样点	浮游动物总量		各类底栖动物密度和生物量			
	密度（个/米²）	生物量（g/m²）	水生昆虫	寡毛类	螺类	其他类
S1	208.00	1.02	48.00	122.67	5.33	32.00
			0.47	0.10	0.15	0.30
Z3	362.67	0.27		362.67		
				0.27		
X2	10.67	0.01		10.67		
				0.01		
J	960.00	26.57	74.67		885.33	
			1.44		25.13	
C	50421.33	114.64	5.33	50416.00		
			0.04	114.60		
W	74.67	0.83	69.33		5.33	
			0.69		0.14	
平均	7433.86	20.48	28.19	7273.1	128	4.57
			0.38	16.43	3.63	0.04

注：每个采样点对应的两行数据中，上行为密度，单位为个/米²；下行为生物量，单位为g/m²。

从表4-1-11看，刘家峡水库底栖动物平面分布差别显著，生物量以C点洮河口最高，达到114.64 g/m²，并且密度也是最大的，达到50421.33个/米²；而下游的底栖动物很少，只有X2点能检测到，并且密度和生物量均很小；上游的生物量和密度相对也很小，只在S1点能检测到；大通河入库口底栖动物的生物量和密度相对较大。

（二）刘家峡水库底栖动物密度和生物量

刘家峡水库底栖动物密度和生物量统计见表4-1-12。

表4-1-12　刘家峡水库底栖动物密度和生物量统计

种类	密度		生物量	
	密度(个/米²)	密度所占比例(%)	生物量(g/m²)	生物量所占比例(%)
水生昆虫	28.19	0.38	0.38	1.86
寡毛类	7273.10	97.84	16.43	80.22
螺类	128.00	1.72	3.63	17.72
其他类	4.57	0.06	0.04	0.20
合计	7433.86	100	20.48	100

从表4-1-12看，刘家峡水库底栖动物中最多的是寡毛类，其密度达到7273.10个/米²，占到底栖动物总密度的97.84%；生物量达到16.43 g/m²，所占比例达到80.22%。

（三）刘家峡水库底栖动物湿重测定

刘家峡水库底栖动物湿重等指标按照各监测点检测到种类的测定结果统计，见表4-1-13。

表4-1-13　刘家峡水库底栖动物湿重等指标统计表

采样点	名称	实采个数	湿重(g)	密度(个/米²)	生物量(g/m²)
S1	羽摇蚊幼虫	8	0.079	42.67	0.4213
	库蚊幼虫	1	0.009	5.33	0.0480
	萝卜螺	1	0.029	5.33	0.1547
	水丝蚓	23	0.019	122.67	0.1013
	线虫	6	0.056	32.00	0.2987
Z3	水丝蚓	68	0.050	362.67	0.2667
J	河蚌	165	4.692	880.00	25.0240
	羽摇蚊幼虫	14	0.270	74.67	1.4400
	圆田螺	1	0.020	5.33	0.1067
C	石蚕	1	0.008	5.33	0.0427
	水丝蚓	9453	21.490	50416.00	114.6100
W	羽摇蚊幼虫	13	0.130	69.33	0.6933
	河蚌	1	0.026	5.33	0.1387
X2	水丝蚓	2	0.002	10.67	0.0107

（四）结果分析与讨论

1.刘家峡水库底栖动物分布特点

刘家峡水库的底栖动物中，水生寡毛类（水丝蚓）占绝对优势，水丝蚓的密度和生物量占所有底栖动物密度和生物量的80%以上，调查时所采的底泥样中没发现大型软体动物。

该水库底栖动物生物量分布不均匀，其中位于上游的采样点S3，中游的采样点Z1、Z2，以及下游的采样点X1、X3中均未检测到任何底栖动物。究其原因，大夏河、洮河入库处由于河流带入的营养物质较多，有利于底栖动物生长，网箱处由于营养比较丰富，同样底栖动物相对较多。

2.刘家峡水库底栖动物鱼产力估计

刘家峡水库常见底栖鱼类主要为鲤鱼和鲫鱼，根据调查结果，现对该水库底栖动物的鱼产力做一简单估算。

根据刘阳光主编的《甘肃渔业资源与区划》一书中的相关资料，1981—1982年对刘家峡水库底栖动物与鲤鱼、鲫鱼产量关系的调查结果显示，全库每年可产鲤鱼、鲫鱼等底层鱼类89.5 t，考虑到鲤鱼、鲫鱼不只单一地摄食底栖动物，还吞食细菌、浮游生物及大型浮游动物，故将腐屑提供的鱼产力的一半作为底栖鱼类的鱼产力。

由于水生寡毛类较多，该水库底栖动物生物量较大，故根据能量估算法估算刘家峡水库底栖动物的鱼产潜力：

$$F=0.032n_{BM} + 0.183n_{BI} + 0.235n_{BO}$$

式中，F 为底栖动物提供的鱼产力，n_{BM} 为软体动物的生物量，n_{BI} 为水生昆虫的生物量，n_{BO} 为寡毛类的生物量。

因此，根据测定的刘家峡水库各种底栖动物的生物量，可以计算出该水库底栖动物的鱼产力 $F=4.05 \text{ g/m}^2$，即 40.5 kg/hm²。

刘家峡水库水域面积16万亩，即约10666 hm²，据此可粗略计算出该水库底栖动物鱼产力为431973 kg，假设鱼类对底栖动物的利用率为25%，饵料系数为5，则刘家峡水库底栖动物年鱼产力约为21598 kg。

四、刘家峡水库水生动物资源调查

（一）技术路线

技术路线见图4-1-2。

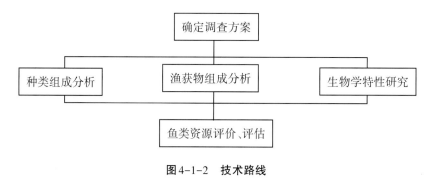

图4-1-2　技术路线

（二）渔获物组成与种类分析

1.引进水生动物

刘家峡水库引进水生动物名录见表4-1-14。

表4-1-14　刘家峡水库引进水生动物名录

序号	名称	学名
1	白鲢	*Hypophthalmichthys molitrix*
2	鳙鱼	*Aristichthys nobilis*
3	草鱼	*Ctenopharyngodon idellus*
4	团头鲂	*Megalobrama amblycephala*
5	鲤鱼（镜鲤、红鲤、荷包鲤）	*Cyprinus carpio*
6	池沼公鱼	*Hypomesus olidus*
7	虹鳟	*Oncorhynchus mykiss*
8	鲟鱼	*Sturgeon*

2.土著水生动物

刘家峡水库土著水生动物名录见表4-1-15。

表4-1-15　刘家峡水库土著水生动物名录

序号	名称	学名
1	黄河鲤	*Cyprinus carpio*
3	瓦氏雅罗鱼	*Leuciscus waleckii*
4	鲫鱼	*Carassius auratus*
5	花斑裸鲤	*Gymnocypris eckloni*
6	极边扁咽齿鱼	*Platypharodon extremus*
7	厚唇裸重唇鱼	*Gymnodiptychus pachycheilus*
8	兰州鲇	*Silurus lanzhouensis*
9	赤眼鳟	*Squaliobarbus curriculus*
10	刺鮈	*Acanthogobio guentheri*
11	黄河鮈	*Gobio huanghensis*
12	鳌鲦	*Hemiculter leucisculus*
13	黄河高原鳅	*Triplophysa pappenheimi*
14	似鲇高原鳅	*Triplophysa siluroides*
15	平鳍鳅蛇	*Gobiobotia homalopteroidea*
16	棒花鱼	*Abbottina rivularis*
17	麦穗鱼	*Pseudorasbora parva*
18	圆筒吻鮈	*Rhinogobio cylindricus*
19	大鼻吻鮈	*Rhinogobio nasutus*
20	黄黝鱼	*hypseleotris swinhonis*
21	虾	*Lysmata debelius*
22	河蚌	*Unionidae*

五、刘家峡水库渔业资源利用情况和可开发潜力分析

（一）鱼类资源利用情况

1.土著经济鱼类开发情况

近年来，相关部门加强了对刘家峡土著经济鱼类的开发，无论在科研、繁育方面，还是在保种方面都做了很大的努力，也取得了一定的成绩。目前，已被开发的土著经济鱼类有黄河鲤鱼、厚唇裸重唇鱼、极边扁咽齿鱼、兰州鲇、似鲇高原鳅、甘肃金鳟等。

（1）土著经济鱼类的研究和繁育

近年来，甘肃省渔业技术推广总站已经开展了对刘家峡水库的甘肃金鳟、兰州鲇、黄河鲤鱼、厚唇裸重唇鱼、极边扁咽齿鱼、似鲇高原鳅等多种土著经济鱼类的人工驯化、养殖、繁育工作，并深入地研究、了解了它们基本的生物学特性，使这些鱼在人工饲养条件下能够存活，部分种类能够人工繁殖，建立起了稳定的种群。这项工作已取得很好的效果，目前正在扩大驯养范围，使更多的土著经济鱼类种群得到较快恢复。

（2）土著经济鱼类的保种

在农业农村部、甘肃省农牧厅的支持下，黄河刘家峡土著鱼类国家级水产种质资源保护区建立，该保护区是甘肃省成立的首个国家级土著鱼类保护区。该保护区以兰州鲇、黄河鲤鱼、似鲇高原鳅等土著鱼类为重点保护对象。目前，在该保护区已设立了甘肃刘家峡（国家级）水产种质资源保护管理局，其主要职能是加强对刘家峡水库重要渔业资源的保护、增殖并负责捕捞管理，开展水生生物资源增殖放流和濒危野生动物救护工作，进行水生动物饲养、驯化，加强水库的生态保护与修复。

2.鱼类产品初加工情况

调查发现，在刘家峡水库周边出现了对水库鱼类进行初加工的场地，其基本以制作速冻制品、油炸制品、干鱼片等为主，例如，将池沼公鱼制成干鱼，将大规格虹鳟制成速冻三文鱼等，这些产品销往全国各地。这一举措大力发展了绿色食品，打造了绿色品牌。

（二）水域资源利用情况

1.水温利用情况

刘家峡水库年平均水温为 11.5 ℃，5—9 月平均水温大于 15 ℃，能保证冷水性鱼类生长，并且冬季不结冰，冬季水温也适合冷水性鱼类生长，这样可以保证冷水性鱼类一年四季均可进食，加快了冷水性鱼类的生长速度，增加了经济效益。

2.高溶解氧利用情况

调查显示，刘家峡水库年平均径流量为 263 亿 m^3，平均年交换量为 8 次，溶解氧含量平均值为 10.82 mg/L。一般饲养鱼类需要溶解氧大于 3 mg/L，由此看来，对养殖鱼类来说，刘家峡水库的溶解氧条件比较理想。近年来，水库内进行了渔业生产，发展了放牧式养殖、网箱养殖，取得了很好的经济效益，还带动了很多农户和个体户在水库开发网箱养殖技术。

3.水质利用情况

刘家峡水库水质良好，溶解氧含量高，营养元素丰富，年平均径流量和交换量大，水温也符

合鱼苗的孵化。近年来，甘肃省渔业技术推广总站在刘家峡水库渔场网箱场进行了虹鳟鱼的孵化，孵化效果较好，孵化率达到了70%以上。采取网箱孵化可以节约大量的人力、物力、财力，减少虹鳟鱼的生产成本，带来可观的经济效益。

4.旅游资源利用情况

刘家峡水库及炳灵寺优美的自然风光，带动了刘家峡水库休闲渔业的发展，促进了旅游业的发展，各种游览船、快艇、餐饮商铺在短短几年内数量大增，取得了一定的经济效益。

（三）渔业资源可开发潜力分析

①刘家峡水库水质良好，溶解氧含量高，营养元素丰富，年平均径流量和交换量大，符合《生活饮用水卫生标准》（GB 5749—2022），适合水产养殖，具有发展渔业的巨大潜力。

②刘家峡水库水体面积16万亩，计算得出刘家峡水库理论年鲢鱼生产力为 $5.9×10^3$ kg，理论年鳙鱼生产力为 $2.09×10^3$ kg。然而由于养殖规模、鱼苗投放、管理等各方面原因，刘家峡水库实际年产滤食性鱼类量远不及理论数据，还有着很大的开发潜力。

③刘家峡水库常见底栖鱼类为鲤鱼和鲫鱼，根据底栖动物生物量调查结果粗略计算可知，该水库底栖动物理论年鱼产力约为 $4.32×10^5$ kg，目前实际年鱼产力约为 $2.2×10^4$ kg。由此可见，刘家峡水库底栖动物鱼产力还是很大的，具有可开发的价值。

④调查发现，目前刘家峡水库有引进鱼类8种、土著水生动物23种，是一个蕴藏丰富鱼类的种质资源库。目前已开发的土著鱼类虽然只有两三种，但经济效益很显著。根据现有开发土著鱼类的技术力量估算，刘家峡水库土著鱼类还有很大的开发潜力。

⑤水中所含营养物质的多少直接影响到水生植物的生长繁殖，刘家峡水库生物营养盐类含量如下：硝态氮含量最丰富，均值为0.691 mg/L；氨氮均值为0.190 mg/L；亚硝酸盐氮均值为0.016 mg/L；总氮均值为0.278 mg/L；总磷均值为0.137 mg/L；总铁均值为0.043 mg/L。由此可见，刘家峡水库生物营养盐类并不是非常丰富，无法促进浮游植物等大量繁殖生长，也就无法为滤食性鱼类提供充足的饵料，这就导致水库发展放牧式养鱼存在一定的局限性，更适合发展设施养殖，设施养殖中首选网箱养鱼。而刘家峡水库水体面积有16万亩，水质条件又好，发展网箱养殖的潜力很大。

⑥刘家峡水库所在地区属温带半干旱气候，年平均水温为11.5 ℃，多年监测显示，刘家峡水库年水温变化在4～25 ℃之间。如此好的低水温条件，使其在发展冷水性鱼类养殖方面有很大潜力。

⑦冬季刘家峡水库除个别库湾浅水区及沿岸有少许结冰外，大部分库区一般不封冰。该地区全年无霜期191天，年平均日照2602小时，日照率58%。采用网箱养鱼延长了鱼类的进食期，缩短了其生长周期，增加了经济效益。因此，网箱养鱼具有巨大的开发潜力。

⑧刘家峡水库旅游业正在逐步发展，游客每年都在增加，随着旅游业的发展，休闲渔业的开发空间很大，特别是特色休闲渔业的开发潜力很大。

六、对刘家峡水库渔业资源利用和开发的建议

（一）强化管理，提高群众对土著鱼类资源的保护意识

土著鱼类资源减少，水域生态系统失去平衡，会间接影响到人类的生存质量。因此，各级政府

要高度重视，渔业行政主管部门和环保部门要强化对刘家峡水库的管理，例如，对发电站进行环评监督，检查各项环评指标的落实情况；制定切实可行的生态补偿措施等。同时，还要大力宣传保护鱼类资源的重要意义和重要性，普及环保知识，提高广大群众保护鱼类资源的意识，使保护鱼类资源成为群众的自觉行为。此外，还要加大渔政执法力度，严格按照法律规章管理鱼类资源。

（二）合理放养苗种，做好水库渔业的可持续发展

由于理论上自然产卵孵出的鱼苗数量达不到水库能够提供的鱼产力水平，因此，可以适当人工投放能够适应该水库自然条件的苗种，根据国内相关资料，在鱼种规格为13.2 cm时，放养鱼种回捕率约40%，商品鱼的起捕率达到70%左右。苗种投放比例一般为鲢鱼、鳙鱼等滤食性鱼类占65%～70%，其他经济鱼类占30%～35%。其中，鲢鱼与鳙鱼的比例一般维持在1∶2.5为宜。

（三）加强库区渔业资源调查，探索合理的管理模式

应加强对刘家峡渔业资源的调查工作，及时掌握鱼类资源的变化情况，以及时提出针对性的保护措施和方案；定期调查监测水库水质、浮游动植物和底栖动物量，为渔业生产提供参考数据；做好资源调查，及时评估鱼类资源可捕捞量，定期提出库区主要种类捕捞限额建议，以此来保护土著鱼类的繁衍和生息；合理捕捞达到规格的商品鱼，做到"捕大留小，适时投放"。

（四）建设自然保护区，加大增殖放流力度

在黄河刘家峡土著鱼类国家级水产种质资源保护区内，要有组织、有计划、有步骤地开展保护工作，使鱼类的主要产卵场和栖息地的原生态环境、生物多样性不受影响；库区中有多种土著经济鱼类，做好它们的增殖、养殖工作，就能够显著提高该水库的渔业资源利用率，同时可以达到保护特有土著经济鱼类的目的。

（五）科学规划，因地制宜，积极发展网箱养鱼

刘家峡水库水质良好，溶解氧含量高，营养元素丰富，年平均径流量和交换量大，符合《生活饮用水卫生标准》，适合水产养殖，但是由于水库浮游生物饵料量有限，不利于发展放牧式养殖，更适合发展设施渔业。另外，刘家峡水库库区有几个大的库湾，能够遮蔽风浪，适合网箱养殖。因此，在刘家峡水库要进行科学规划，因地制宜，积极发展网箱养鱼，特别是发展网箱养殖冷水性鱼类等。

（六）强化渔政监督管理工作，实现渔业资源的健康持续发展

各级渔业行政主管部门及其所属的渔政监督管理机构要切实承担起责任，加强渔业法律、法规的宣传，加大对电鱼、炸鱼、毒鱼等破坏土著渔业资源违法行为的打击、惩处力度，有力打击偷盗鱼案件，加强禁渔期和禁捕水域的管理。

刘家峡水库要实现自身的可持续发展，最重要的是管理人员要深入理解环境、生态、资源、经济间的关系，树立环境经济、生态经济、资源经济及循环经济观念，构建绿色技术支撑体系，提高渔业资源综合利用率，从而实现渔业资源的再生、利用、保护及经济发展良性循环的可持续发展战略目标。

第二节 黑河甘肃段渔业资源调查报告

黑河源于祁连山，由冰雪融水汇集而成，古称若水，是中国第二大内陆河。干流全长821 km，流域面积13万km²，全流域水资源利用率为98%。张掖市是黑河流经的第一座大城市，黑河是张掖人民的"生命线"，被张掖人民称为"母亲河"，承担着张掖市工业和农业灌溉等方面的用水。刘阳光等在1981年对河西走廊三大水系的重点水域进行了渔业资源调查，发现该地区鱼类区系组成简单，有鲤科7种，有鳅科10种。2009年，张掖市对黑河甘肃段渔业资源进行了三次调查，共发现各种鱼类18种。2012年11月，甘肃省渔业技术推广总站成立了黑河甘肃段渔业资源调查课题组，开展了黑河甘肃段渔业资源调查，包括水质检测、浮游生物调查、底栖动物调查、鱼类调查，旨在为保护黑河甘肃段鱼类生物多样性提供一些参考价值。

一、黑河甘肃段水体理化性质

本次采样共选取4个点，分别是山丹河、肃南梨园河、甘州区乌江镇以及临泽县板桥镇境内的主要支流。

按照《渔业水质标准》（GB 11607—89）、《无公害食品 淡水养殖用水标准》（NY 5051—2001）的要求进行水质检测，各个点水样的水质检测结果统计见表4-2-1。

表4-2-1 黑河甘肃段水质检测情况

指标	采样点				平均值
	山丹河	梨园河	乌江镇	板桥镇	
温度（℃）	2.6	6.4	8.7	10.7	7.1
pH	8.1	8.3	8.2	8.1	8.18
透明度（cm）	30.0	26.5	45.5	38.5	35.13
底质	泥	砾石、沙	砾石、沙	泥	
溶解氧（mg/L）	8.6	7.5	7.9	8.9	8.23
耗氧量（mg/L）	3.17	3.38	3.52	3.43	3.38
总磷（mg/L）	0.01	0.03	未检出	0.02	0.02
总硬度（mEq/L）	8.422	8.748	8.412	8.264	8.462
钙（mg/L）	52.43	51.83	50.35	51.78	51.60
镁（mg/L）	6.44	7.12	5.89	5.97	6.36
氯化物（mg/L）	6.86	14.40	5.57	8.56	8.85
钠和钾（mg/L）	156.8	160.4	158.8	162.6	159.7
总铁（mg/L）	0.146	0.113	0.183	0.128	0.143
总碱度（mg/L）	178.42	172.20	188.07	176.66	178.84

指标	采样点				平均值
	山丹河	梨园河	乌江镇	板桥镇	
重碳酸盐(mEq/L)	3.57	3.44	3.76	3.48	3.56
硫酸盐(mg/L)	61.86	60.10	48.75	50.01	55.18
总氮(mg/L)	0.72	0.76	0.67	0.71	0.72
硝酸盐氮(mg/L)	0.49	0.57	0.45	0.50	0.50
氨氮(mg/L)	0.064	0.058	0.144	0.126	0.098
亚硝酸盐氮(mg/L)	0.014	0.015	0.011	0.017	0.014
铜(mg/L)	0.006	0.005	0.007	0.006	0.006
锌(mg/L)	0.05	0.04	0.07	0.04	0.05
铅(mg/L)	0.01	0.03	0.02	0.02	0.02
镉(mg/L)	0.003	0.003	0.003	0.003	0.003

（一）物理特性分析

黑河甘肃段河流的冰封期在11月中旬至次年3月下旬，山丹河上游和梨园河上游会提前结冰。11月末，结冰河流平均水温为7.1 ℃，各条河流温度相差较大；4—10月，平均水温为12.5 ℃，分布很不均匀，变化范围为0～19.7 ℃。pH平均为8.18，各个采样点差别不大。透明度为35.13 cm，大多数河流水量相对较大，清澈见底。河床地质大多以砾石为主。

（二）化学特性分析

黑河甘肃段各条支流水流湍急，溶解氧丰富，平均为8.23 mg/L；化学耗氧量变化不大，平均为3.38 mg/L；总磷在乌江镇未检测出，在其他各点均检测出，平均为0.02 mg/L；总硬度平均为8.462 mEq/L；钙的含量平均为51.60 mg/L；镁的含量变化为5.89～7.12 mg/L，平均为6.36 mg/L；氯化物的变化为5.57～14.40 mg/L，平均为8.85 mg/L；总铁平均为0.143 mg/L；总碱度和重碳酸盐含量都相对稳定，分别为178.84 mg/L、3.56 mEq/L；钠和钾的平均含量为159.7 mg/L；硫酸盐的范围为48.75～61.86 mg/L，平均为55.18 mg/L；总氮平均为0.72 mg/L；硝酸盐氮平均为0.50 mg/L；氨氮的范围为0.058～0.144 mg/L，平均为0.098 mg/L；亚硝酸盐氮平均为0.014 mg/L。

（三）水质重金属分析

黑河甘肃段水质没有异色、异味、异臭，水面没有明显的油膜或浮沫；溶解氧含量平均值为8.23 mg/L，大于水产养殖溶解氧需要量（3 mg/L）；主要的离子和营养盐含量均符合标准要求，重金属铜、锌、铅、镉含量及相应标准值含量见表4-2-2。

表4-2-2　重金属铜、锌、铅、镉含量及相应标准值　　　单位：mg/L

名称	平均值	最高值	标准值
铜	0.006	0.007	0.010
锌	0.05	0.07	0.10
铅	0.02	0.03	0.05
镉	0.003	0.003	0.005

由此看来，黑河甘肃段水质良好，溶解氧含量相对较高，营养元素含量一般，重金属含量未超标，符合渔业用水标准，适合水产养殖，具有利用价值。

二、黑河甘肃段浮游生物和底栖动物分布状况

浮游生物是大多数水生动物的饵料，研究清楚浮游生物对研究鱼的食性和鱼产力有重要意义。对于一些土著鱼类，浮游生物对其仔鱼的影响显得更为重要，尤其是在浮游生物比较少的河流、水库、湖泊中，其数量和种类对这些鱼类能否存活下来起着决定性作用。本次调查采用混合样分析。

（一）浮游植物

1.浮游植物调查结果统计

黑河甘肃段浮游植物种类、分布情况汇总见表4-2-3，其密度和生物量见表4-2-4。

表4-2-3　黑河甘肃段浮游植物种类、分布情况

门类	种类	学名	分布
硅藻门	小环藻属	*Cyclotella*	+
	头状针杆藻	*S. capitata*	+
	绒毛平板藻	*T. flocculosa*	+
	细柱藻属	*Leptocylindraceae*	+
	羽纹藻属	*Pinnularia*	++
	桥弯藻属	*Cymbella*	+
	异端藻属	*Gomphonema*	+
	肘状针杆藻	*S. ulna*	+
	舟形藻属	*Navicula*	+++
	普通等片藻	*D. vulguare*	+
	星杆藻属	*Asterionella*	+
	尖针杆藻	*S. acus*	++
	海线藻属	*Thalassionema*	+
	美丽星杆藻	*A. formosa*	+

续表4-2-3

门类	种类	学名	分布
	帽形菱形藻	*N. palea*	+
	环状扇形藻	*M. circulare*	+
绿藻门	水绵属	*Ankistrodesmus*	++
	椭圆小球藻	*C. ellipsoidea*	++
	纤维藻属	*Ankistrodesmus*	+
	新月藻属	*Closterium*	+
	栅藻属	*Scenedesmus*	+
甲藻门	飞燕角藻	*C. hirundinella*	++
	梭角藻	*C. fusus*	+
金藻门	锥囊藻属	*Dinobryon*	+
蓝藻门	颤藻属	*Oscillatoria*	+
	席藻属	*Phormidium*	+
隐藻门	蓝隐藻属	*Chroomonas*	+
黄藻门	黄丝藻属	*Tribonema*	+

注："+"表示有分布，"++"表示分布较多，"+++"表示分布很多。

表4-2-4　黑河甘肃段浮游植物密度和生物量

门类	密度(万个/升)	生物量(mg/L)	密度占总密度的比例(%)	生物量占总生物量的比例(%)
硅藻	6.70	0.257	50.09	49.61
绿藻	3.99	0.002	29.79	0.39
甲藻	0.58	0.188	4.34	36.34
隐藻	0.53	0.010	3.96	1.93
蓝藻	0.47	0.001	3.51	0.19
金藻	0.61	0.007	4.56	1.35
黄藻	0.50	0.050	3.74	9.66
总数	13.38	0.515	100	100

2.浮游植物调查结果分析

经调查，共发现浮游植物7门28种属，其中，硅藻门是优势种，其分布比较广的种类有舟形藻属、羽纹藻属、尖针杆藻；绿藻门有水绵属、椭圆小球藻；甲藻门有飞燕角藻。密度占优势的是硅藻和绿藻，分别占总密度的50.09%和29.79%；生物量占优势的是硅藻和甲藻，分别占总生物量的49.61%和36.34%。黑河甘肃段河流浮游植物平均密度为13.38万个/升，与刘阳光于1981年2月和9月在黑河祁家店水库的调查结果（3650万个/升）相比，相差很大；黑河甘肃段河流浮游植物平均生物量为0.515 mg/L，与刘阳光在黑河祁家店水库的调查结果（6.4 mg/L）相比，相差很大。可见，黑河甘肃段各条河流属贫营养型水体。

（二）浮游动物

1.浮游动物调查结果统计

黑河甘肃段浮游动物种类、分布情况汇总见表4-2-5，其密度和生物量见表4-2-6。

表4-2-5　黑河甘肃段浮游动物种类、分布情况

门类	种类	学名	分布
原生动物	泥生变形虫	*A. linicla*	+
	草履虫属	*Paramecium*	+
	钟虫属	*Vorticella*	+
	卵形前管虫	*Prorodon*	+
轮虫	针簇多肢轮虫	*P. trigla*	+
	三肢轮虫属	*Filinia*	+
	卜氏晶囊轮虫	*Brightwelli*	+
枝角类	长额象鼻溞	*B. longirostris*	+

表4-2-6　黑河甘肃段浮游动物密度和生物量

门类	密度（个/升）	生物量（mg/L）	密度占总密度的比例（%）	生物量占总生物量的比例（%）
原生动物	49	0.0064	69.01	2.86
轮虫	16	0.0073	22.54	3.26
枝角类	6	0.2100	8.45	93.88
总数	71	0.2237	100	100

2.浮游动物调查结果分析

调查可知，黑河甘肃段浮游动物密度相对占优势的种类是原生动物和轮虫，共占总密度的91.55%；生物量占优势的种类是枝角类，占总生物量的93.88%。黑河甘肃段各条河流浮游动物的密度为71个/升，生物量为0.2237 g/L，与刘阳光于1981年3月和9月在黑河祁家店水库的调查结果（浮游动物密度212个/升，生物量2.36 mg/L）相比，黑河甘肃段河流浮游动物密度约占水库浮游动物密度的1/3，浮游动物生物量约占水库浮游动物生物量的1/10。可见，黑河甘肃段各河流中的浮游动物都很贫乏。

（三）底栖动物

1.底栖动物调查结果统计

黑河甘肃段底栖动物种类、分布情况汇总见表4-2-7，其密度和生物量见表4-2-8。

表4-2-7　黑河甘肃段底栖动物种类、分布情况

类群	种类	学名	分布
水生昆虫	羽摇蚊幼虫	*C. plumosus*	++
	隐摇蚊属	*C. digitatus*	++
寡毛类	水丝蚓属	*Limnodrilus*	++

注："+"表示有分布，"++"表示分布较多，"+++"表示分布很多。

表4-2-8　黑河甘肃段底栖动物密度和生物量

类群	密度(个/米²)	密度所占比例(%)	生物量(g/m²)	生物量所占比例(%)
水生昆虫	228	22.62	3.82	68.46
寡毛类	780	77.38	1.76	31.54
合计	1008	100	5.58	100

2.底栖动物调查结果分析

调查可知，黑河甘肃段底栖动物的种类很单一，但是数量相对比较丰富。其中，寡毛类在密度方面占优势，密度所占比例为77.38%；在生物量方面，水生昆虫占优势，所占比例为68.46%。解剖观察可知，在冬季大多数土著鱼类以底栖生物为食。黑河甘肃段底栖动物密度为1008个/米²，生物量为5.58 g/m²，与刘阳光于1981年在祁家店水库的调查结果底栖动物密度1951个/米²、生物量5.57 g/m²相比，密度相差比较大，生物量基本一样。可见，黑河甘肃段河流中底栖生物比较丰富，为各种鱼类的生长提供了天然的优良饵料。

三、黑河甘肃段鱼类资源调查结果

（一）调查方法

通过走访农户、收购、捕捞等方式，调查、收集当地土著鱼类。对不能够确定的品种，收集5～10尾标本，用75%酒精固定，并做好相应的记录（编号、采集时间、采集地点、渔具等），带回实验室进一步确定其种类。

（二）调查结果

黑河甘肃段鱼类资源调查名录如表4-2-9所示。

表4-2-9　黑河甘肃段鱼类名录

序号	名称	学名	分布地点
1	鲤鱼	*Cyprinus carpio*	乌江镇
2	鲫鱼	*Carassius auratus*	乌江镇
3	南方马口鱼	*Opsariichthys uncirostris bidens*	乌江镇
4	祁连山裸鲤	*Gymnocypris chilianensis*	乌江镇

序号	名称	学名	分布地点
5	鳘鲦	*Hemiculter iauciseulus*	板桥镇
6	泥鳅	*Misgurnus anguillicaudtus*	板桥镇
7	大鳞副泥鳅	*Paramisgurnus dabryanus*	板桥镇
8	麦穗鱼	*Pseudorasbora parva*	山丹河
9	棒花鱼	*Abbottina rivularis*	山丹河
10	草鱼	*Ctenopharyngodon idellus*	乌江镇
11	高原鳅（5种）	*Cobitidae*	乌江镇 山丹河 梨园河

（三）调查结果分析

这次调查出鱼类2科15种，其中鲤科鱼类有8种，分别是鲤鱼、南方马口鱼、鲫鱼、草鱼、祁连山裸鲤、棒花鱼、麦穗鱼、鳘鲦；鳅科鱼类有7种，分别是泥鳅、大鳞副泥鳅及5种高原鳅，高原鳅种数占总种数的31.25%。

刘阳光《甘肃渔业资源与区划》中记载，甘肃内流河中的鲤科鱼类品种有南方马口鱼、草鱼、鳘鲦、长春鳊、团头鲂、麦穗鱼、棒花鱼、鲤鱼、鲫鱼、镜鲤、红鲤、山西鳈、祁连山裸鲤，鳅科品种有叶尔羌条鳅、空吉斯条鳅、粗体条鳅、尖体条鳅、朱唇条鳅、武威条鳅、艾不孜河条鳅、西藏条鳅、泥鳅、大鳞泥鳅。总共2科23种，其中鲤科13种，鳅科10种。

《甘肃省脊椎动物志》中记载，甘肃内流河中的鳅科品种有泥鳅、大鳞副泥鳅、石羊河高原鳅、短尾高原鳅、武威条鳅、重唇唇高原鳅、梭形高原鳅、酒泉高原鳅、新疆高原鳅、大鳍鼓鳔鳅，总共10种。

与刘阳光《甘肃渔业资源与区划》中记载的相比较，鲤科鱼类少了5种，分别是长春鳊、团头鲂、锦鲤、红鲤、山西鳈。此次调查到鳅科鱼类有7种，比刘阳光《甘肃渔业资源与区划》中记载的鳅科少了3种，比《甘肃省脊椎动物志》中记载的鳅科鱼类也少了3种。张掖市对黑河甘肃段进行3次调查，共发现鱼类18种，比刘阳光《甘肃渔业资源与区划》中记载的少了5种。可见，黑河甘肃段渔业资源在不断减少，有的种类可能已经灭绝，对其保护迫在眉睫，希望能够引起有关部门的重视，对其加强保护。

四、讨论与分析

（一）水质与鱼类的关系

调查结果表明，黑河甘肃段水质pH大概在8.1～8.3之间，平均为8.18，水呈弱碱性，弱碱性水质对鱼体的皮肤有一定的润滑和清洗作用，不仅能提高鱼类的食欲，还有预防疾病的效果，尤其对生活在其中的土著鱼类预防疾病的作用更明显；4个采样点的溶解氧含量在7.5～8.9 mg/L之间，平均为8.23 mg/L，由于水中浮游植物及底栖植物存在差异，光合作用导致水中溶解氧的不同，另外，各条河流的宽度不一样，水体与空气接触面不同也导致溶解氧含量有所不同，因为水是流水，一般不会出现鱼类缺氧的情况；水温在各个采样点差异较大，在2.6~10.7 ℃之间，水温也是影响鱼类最重要的因素之一，不仅影响其分布，而且影响其摄食，进而影响其生长，在低温的水域，多数鱼类为高原鳅，由于长期的地理隔离，这些高原鳅已经适应了该地域水体的温度。

氮和磷是所有藻类都必需的重要营养元素，也是浮游生物生长的限制性营养元素，对水体生物的生长十分重要。同时，氮、磷可以作为评价河流水环境自身是否污染的重要指标，氮、磷营养盐与其水环境之间存在着重要的联系。黑河属于天然水体，总磷平均含量为0.02 mg/L，乌江镇未检出磷含量，其缺磷现象一般比缺氮现象更严重、更普遍，天然水体磷的含量仅在0.002~0.05 mg/L之间。因此，对于生活在黑河甘肃段的鱼类来说，磷更重要。

铁的浓度范围在0.1~0.5 mg/L之间时对硅藻有利，黑河甘肃段河流平均总铁含量为0.143 mg/L，该值在上述范围之内。浮游植物调查结果表明，黑河甘肃段优势种类为硅藻。

采样点水体的平均矿化度为17.6 mg/L，平均碱度为3.56 mEq/L，平均硬度为8.462 mEq/L，按照阿列金分类法，该水体属于硫酸盐钠组Ⅱ水（$S_{Ⅱ}^{Na}$），属于硬水，适合一些土著鱼类生活，对经济鱼类鲤鱼和鲫鱼的生长有益。

（二）浮游生物、底栖生物与鱼类的关系

浮游植物的种类主要有蓝藻、硅藻、隐藻、甲藻、金藻、黄藻、裸藻和绿藻等。浮游植物是鲢鱼的天然饵料，作为天然饵料，一般隐藻、甲藻、硅藻的营养价值比较高，其次是绿藻、裸藻、金藻、黄藻等。浮游植物对水环境的影响主要是正面的，它们是水体的原初生产者，不但要为鱼类直接和间接提供天然活饵料，而且还是水体中溶解氧的主要制造者（占溶解氧来源的80%~90%）。但有些藻类会使水质具有毒性，并制约其他藻类生长、繁殖，且产氧力差。浮游植物在不同季节形成不同的优势种群，一般春秋两季适合隐藻、硅藻、金藻、黄藻生长，其中，隐藻在其他季节也能生长，故春秋两季以隐藻和硅藻为多，水体呈茶褐色或绿褐色，鱼类生长快；而夏季适合蓝藻、绿藻和裸藻生长，它们往往各自形成优势，水体呈蓝绿色或深绿色，鱼类生长减慢。浮游植物不但有季节性变化，还因受光照、风力和水的运动影响而有水平、垂直和昼夜变化。

浮游动物由原生动物、轮虫类、枝角类和桡足类组成，其大小依次为：小于0.2 mm，0.2~0.6 mm，0.3~3 mm和0.5~5 mm。浮游动物同浮游植物一样都是鱼类不可缺少的天然活饵料，例如鳙鱼终生都滤食浮游动物。轮虫类和原生动物是青鱼、草鱼、鲢鱼、鳙鱼、鲤鱼、鲫鱼和团头鲂等多种鱼类鱼苗的天然开口活饵料。研究表明，保障鲢鱼苗良好生长的轮虫最低生物量为3 mg/L，最适为20~30 mg/L，鲤鱼苗最适为50~100 mg/L。枝角类和桡足类等大型浮游动物还是青鱼、草鱼、鲤鱼、鲫鱼和团头鲂等多种摄食性鱼类小规格鱼种（2~5 cm）喜食的天然活饵料。

底栖动物包括环节动物、软体动物、甲壳动物和水生昆虫等。这次调查到的底栖动物只有水生昆虫和寡毛类，可见，黑河甘肃段水体中底栖动物很贫乏。

黑河甘肃段未发现滤食性鱼类，原因主要有两个，一个是与浮游生物的数量及生物量有关，因为其含量很低，不能满足滤食性鱼类的生长要求，故滤食性鱼类在各个支流中不能生存；另外一个重要原因是水体很浅，滤食性鱼类无法在其中越冬。

解剖观察发现，甘肃黑河段发现的鱼类食性基本为杂食性，其食物结构组成简单，而且随着季节的不同，食物的组成也不同，各种食物的选择性很小，大多数是该水体中生长的比较占优势的底栖植物和底栖动物。11月初，高原鳅还在摄食，食物充塞度为3级；鲤鱼和鲫鱼已经停止摄食，食物充塞度大多为2级；祁连山裸鲤也在摄食，食物充塞度为3级，食物组成中70%为底栖植物，30%为底栖动物。浮游生物是底栖动物的优良饵料，底栖动物又是鱼类生长阶段的优良饵料，所以浮游生物在食物链中起着重要的作用。浮游生物几乎是所有鱼类仔鱼良好的开口饵料，虽然黑河甘肃段水体中浮游生物数量很少，生物量很低，但是其对生活在同一水体中的仔鱼仍发挥着重要作用。

（三）鱼类资源情况

这次调查的鱼类品种共有2科15种，资源量较大的种类有鲤鱼、鲫鱼、高原鳅、祁连山裸鲤。其中，高原鳅分布最广，在各个调查点均有分布；鲤鱼、鲫鱼、祁连山裸鲤在黑河乌江镇段分布较多，其原因是黑河乌江镇段水温较其他采样点水温高，底栖动植物比较丰富。从经济价值来看，无经济价值的高原鳅基本是小型鱼类，其生长速度极慢，最大个体也不超过80 g；有经济价值的鲤鱼和鲫鱼的年龄组成也极不均匀，捕获的最大个体为3龄，而且2龄以下的数量占总数的82%；祁连山裸鲤4龄以上的个体很少，约占其总数的5%，1龄以下的占29.52%。

通过比较可知，黑河流域中有经济价值的鱼类有3种，即祁连山裸鲤、鲫鱼、鲤鱼。这次调查采集到的祁连山裸鲤数量相对丰富，但其年龄分布不均匀，小规格的占比很大，1~3龄鱼的占比为65.48%。从其年龄组成结构来看，黑河甘肃段鱼类资源正在遭受着破坏，大龄鱼类人为捕捞很严重，有些鱼类由于生态环境遭受破坏，正在走向濒危状态。

据了解，尽管黑河甘肃段每年都在进行人工增殖放流，但是在经济利益的诱惑下，人为乱捕现象仍较严重，尤其在10—12月之间，捕捞更为严重。有些鳅科鱼类虽然个体长不大，没什么经济价值，但是对保护鱼类物种的多样性来说却很重要。

五、对保护黑河甘肃段渔业资源的一些建议

（一）强化渔政监督管理工作，认真落实黑河流域全面禁渔措施

各级渔业行政主管部门及其所属的渔政监督管理机构要切实承担起责任，加强渔业法律、法规的宣传，加大对电鱼、炸鱼、毒鱼等破坏土著渔业资源违法行为的打击、惩处力度，有力打击盗鱼案件，加强禁渔期和禁捕水域的管理。同时，加大黑河禁渔工作的宣传力度，对辖区黑河甘肃段进行陆地巡查，并在沿岸的乡镇村庄张贴《渔业法》《中国水生生物资源养护行动纲要》，向渔民发放《水生生物增殖放流管理规定》等宣传材料。通过开展这些活动，加深广大群众对渔业法律法规的认识，使他们能够自觉守法，对保持渔业资源可持续发展起到积极作用。

（二）加大资金和科研投入，对特有品种进行切实有效的保护

祁连山裸鲤是甘肃省重点保护的鱼类之一，也是甘肃省重要的土著经济鱼类之一，应当对其开展有组织、有计划、有步骤的保护工作，使其有主要产卵场和栖息地，并且使该水域的生物多样性不受影响。祁连山裸鲤具有巨大的经济价值，开发潜力大。目前，对其进行的研究还比较

浅，科技投入不足，建议更多的单位对其加强研究，争取把它开发成一种商品鱼类。

（三）加大人工增殖放流力度，切实缓解电站对土著鱼类资源造成的影响

人工增殖放流可以使无法通过洄游产卵的鱼类存活下来，这一举措对保护鱼类物种的多样性有很重要的意义。黑河甘肃段上游的电站已经给当地土著鱼类的生存环境造成了威胁，甚至导致有些鱼类已经灭绝，有些鱼类的种群格局遭受了很严重的破坏，所以我们应当培养更多专业的技术人员，通过人为干预使这些鱼类存活下来，使其能够人工繁殖和养殖，达到事半功倍的效果。

（四）人为协调好农业灌溉用水和渔业用水

甘肃省是中国水资源相对缺乏的省份之一，张掖市又是甘肃省内较干旱的地区之一，所以黑河的水资源显得尤为珍贵，对其使用应当科学、有序、合理、环保，防止干道河水全部引入灌溉渠道。既要保证农业灌溉用水，也要保证土著鱼类有生存的环境，达到农渔共同发展，这样才能保护好我们的家园。

第三节　渭河甘肃天水段渔业资源调查报告

渭河流域是天水地区生活饮用水、农业用水和工业用水的主要水源地。有关渭河水系天水段鱼类早期资源方面的资料较少。早期，刘阳光等对渭河鱼类分布、各支流鱼类早期资源种类组成和资源量等方面进行了研究。然而，有关渭河支流的水质、浮游生物调查方面的文献为空白。

为了掌握天水段渭河各支流水质和水生生物资源情况，甘肃省渔业技术推广总站和甘肃省水生动物防疫检疫中心在2012年10月对可以代表整体流域资源量的武山大南河、武山榜沙河、甘谷古坡河、秦州区籍河、麦积区三岔乡碧峪沟（河）、张家川马鹿河和清水县牛头河的基本生物状况、水体理化特性和生态环境等进行了基础调查，内容包括河流水质状况、浮游生物资源、生境特征及鱼类资源状况，这些调查结果为保护甘肃省生物多样性和渔业资源可持续发展提供了依据。

一、调查依据

①《内陆水域渔业自然资源调查手册》。

②《水质　采样方案设计技术规定》（GB 12997—91）。

③《水质采样技术指导》（GB 12998—1991）。

④《水质　湖泊和水库采样技术指导》（GB/T 14581—1993）。

⑤《水质样品的保存和管理技术规定》（HJ 493—2009）。

⑥《渔业水质标准》（GB 11607—89）。

⑦《无公害食品　淡水养殖用水水质》（NY 5051—2001）。

⑧《地表水环境质量标准》（GB 3838—2002）。

二、材料和方法

（一）采样时间和地点

采样时间为2012年10月。根据河流的地理特点，考虑到河流总面积不大，此次调查共选取了7个采样点，位于大南河、榜沙河、古坡河、籍河、碧峪沟、马鹿河及牛头河。其中，大南河和榜沙河采样点位于河流的深水区，平均水深50 cm以上；秦州区籍河和麦积区碧峪沟采样点位于河流的浅水区，平均水深小于25 cm。

（二）采样与分析方法

①浮游生物、底栖生物的采样、处理、定量及定性采用《内陆水域渔业自然资源调查手册》中的调查方法。

②水质采样和保存按照《水质采样技术指导》（GB 12998—1991）、《水质样品的保存和管理技术规定》（HJ 493—2009）规定的方法进行。水质分析按照《渔业水质标准》（GB 11607—89）和《水和废水监测分析方法》（第四版）中列举的标准和分析方法进行。其中，溶解氧和pH用仪器直接测得。

③鱼类的采集使用小刺网，在河流上分段布设小刺网收集鱼类。鱼类鉴定以《甘肃省脊椎动物志》和《中国条鳅志》中的分类为依据。

三、结果

（一）水质调查结果

主要河流的物化特性指标检测结果统计见表4-3-1。

表4-3-1　主要河流的物化特性指标检测结果统计表

指标	大南河	榜沙河	古坡河	籍河	碧峪沟	马鹿河	牛头河	平均
温度（℃）	11.9	12.2	8.5	8.8	9.0	7.5	8.5	9.5
pH	6.5	6.9	7.1	7.3	7.3	7.4	7.2	7.1
地质	沙质	沙质	沙质	沙质	沙质	沙质	沙质	
溶解氧（mg/L）	10.8	9.1	8.8	9.5	9.7	9.4	8.7	9.4
化学需氧量（mg/L）	2.82	2.26	3.59	3.70	3.37	3.36	3.36	3.35
总磷（mg/L）	0.222	0.042	0.499	0.001	0.009	0.009	0.001	0.112
总硬度（mmol/L）	1.81	2.16	1.41	1.93	0.93	1.16	1.27	1.59
钙（mg/L）	32.22	37.66	21.95	31.42	15.11	19.33	19.62	25.33
镁（mg/L）	2.44	3.41	3.79	4.40	2.20	2.32	3.50	3.15
氯化物（mg/L）	0.9146	26.2675	2.7438	5.4877	0.9146	1.8290	0.9146	5.5827
总铁（mg/L）	未检出	0.152	0.125	0.010	0.199	0.004	0.529	0.246

续表4-3-1

指标	大南河	榜沙河	古坡河	籍河	碧峪沟	马鹿河	牛头河	平均
总碱度(mEq/L)	1.218	2.184	0.462	2.184	0.714	1.428	1.470	1.380
重碳酸盐(mg/L)	98.7987	130.3302	65.1650	105.1050	35.7357	71.4714	73.5735	82.8830
硫酸盐(mg/L)	35.24	32.34	37.65	74.82	19.79	14.48	35.94	35.75
氨氮(mg/L)	0.031	0.190	0.061	0.108	0.174	0.019	0.050	0.130
硝酸盐氮(mg/L)	0.022	0.373	0.588	0.798	0.126	0.022	0.123	0.293
亚硝酸盐氮(mg/L)	0.0075	0.1095	0.0135	未检出	0.0165	0.0045	0.006	0.0225

1.pH

如表4-3-1所示，各条支流的pH在7左右，且变化范围不大。《生活饮用水卫生标准》（GB 5749—2006）和《渔业水质标准》（GB 11607—89）中规定的pH为6.5～8.5，渭河各条河流水质pH均符合要求。

其中，大南河和榜沙河的水质为微酸性，分析认为，当时采样时温度较低，不适合藻类光合作用，故水中CO_2量增加，pH降低；当河流底质上生长有大量的藻类，藻类生长旺盛时，光合作用消耗的CO_2使水中氢离子减少，pH升高。

2.化学需氧量（BOD）（mg/L）

由表4-3-1可看出，各条河流的化学需氧量均在4以下，对应《地表水环境质量标准》中的水质分类可得，秦州区籍河、麦积区碧峪沟、张家川马鹿河、清水县牛头河化学需氧量较大，属Ⅲ类水质。这几个地方环境保护得较好，不存在工业污染，水质相对较差的原因在于生活污水较多，有机质氧化消耗了大量氧。

3.溶解氧（mg/L）

各条河流溶解氧含量均在8.7～10.8范围内，完全符合《渔业水质标准》（GB 11607—89）中规定的溶解氧≥5的要求。分析认为，河流水流溶解了空气中的氧气，同时河底有较多的藻类生长，光合作用释放氧气，因此溶解氧含量普遍较高。

4.总碱度（mEq/L）

天水段渭河碱度在0.462～2.184之间。总碱度较低，适合鱼类生存。

5.总硬度（mEq/L）

各条河流硬度都较低，其中，榜沙河最高，为2.16；麦积区碧峪沟最低，为0.93。

6.重碳酸盐（mg/L）

各条河流重碳酸盐含量在35.7357～130.3302之间。其中，榜沙河含量最高，为130.3302；麦积区碧峪沟含量最低，为35.7357。倾向是总硬度高的河流，相应的重碳酸盐含量也较高。

7.硫酸盐（mg/L）

各条河流硫酸盐含量在14.48～74.82之间。秦州区籍河硫酸盐含量最高，马鹿河硫酸盐含量最低。最高值74.82远小于《地表水环境质量标准》（GB 3838—2002）规定的标准限值250；平均值也较小，为35.75。

8.氯化物（mg/L）

各条河流氯化物含量均较低，榜沙河的氯化物含量最高，为26.2675，最低为大南河、麦积区碧峪沟、清水县牛头河，均为0.9146，都远低于《地表水环境质量标准》（GB 3838—2002）规定的标准限值250。

9.钙和镁（mg/L）

各条河流中钙和镁都不缺乏，钙含量在15.11~37.66之间；镁含量在2.20~4.40之间。

10.氨氮（mg/L）

各条河流氨氮含量均较低，在0.019~0.190之间变化，表明各条河流受污染程度较小。其中，榜沙河和麦积区碧峪沟的氨氮含量高于《地表水环境质量标准》（GB 3838—2002）规定的Ⅰ类水质的氨氮含量限值0.15；其他的按规定符合Ⅰ类水质标准。

11.总磷（mg/L）

甘谷的古坡河磷含量较大，为0.499；清水县牛头河最低，为0.001。

12.总铁（mg/L）

除在大南河未检出外，其余河流总铁含量都较小，均符合《地表水环境质量标准》（GB 3838—2002）和《生活饮用水卫生标准》（GB 5749—2006）中规定的限值0.3。

（二）水质评价

按天然水的阿列金分类法划分，根据图4-3-1可知，渭河天水段河水可分为C_{Ca}^{II}型水。

按照《渔业水质标准》（GB 11607—89）规定，渭河支流水面无油膜（浮沫），无人为增加的悬浮物质，只有河流两岸植被枯萎或腐败后形成的悬浮物质，但其沉积于水底后，不会对鱼类等水生生物产生有害的影响；pH在其规定的6.5~8.5的范围内；溶解氧大于5 mg/L，生化需氧量低于4 mg/L；其他指标都在其规定的范围内。说明渭河天水段适于鱼类生存和繁殖。

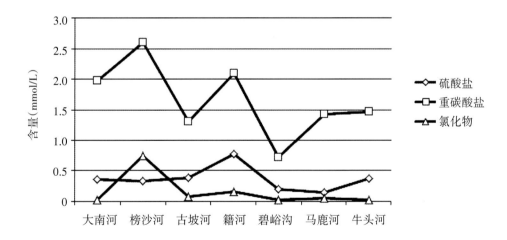

图4-3-1 硫酸盐、重碳酸盐、氯化物含量比较

依据《无公害食品 淡水养殖用水水质》（NY 5051—2001）和《地表水环境质量标准》（GB 3838—2002）规定的标准值，综合各项指标，可知渭河天水段各支流的水质良好，溶解氧含量高，营养元素丰富，理化性质符合生活饮用水卫生标准。

（三）水生生物的数量及分布

此次共采集到浮游植物7门41种（属），其中以硅藻门种类最多，绿藻门、蓝藻门次之；采集到浮游动物18种，其中原生动物9种，轮虫5种，枝角类、桡足类4种，以原生动物和轮虫居多；底栖动物2门5种；采集到鱼类3科7种，其中拉氏鲅为主要种群，秦岭细鳞鲑次之。

1.浮游生物植物

浮游植物名录见表4-3-2。

表4-3-2　浮游植物名录

门类	种类
硅藻门 Bacillariophyta	羽纹藻 *Pinnularea* sp.
	针杆藻 *Synedra* sp.
	曲舟藻 *Plenrosigma* sp.
	棒杆藻 *Rhopalodia* sp.
	小环藻 *Cyalotella* sp.
	月形藻 *Amphora* sp.
	直链藻 *Melosira* sp.
	平板藻 *Tabellaria* sp.
	桥弯藻 *Cymbella* sp.
	异端藻 *Gomphonema* spp.
	舟形藻 *Navicula* sp.
	脆杆藻 *Fragilaria* spp.
	等片藻 *Diatoma* sp.
	尖布纹藻 *Gyrosigma acuminatum*
	新月藻 *Closterium venus*
蓝藻门 Cyanophyta	林氏藻 *Lyngbya* sp.
	粘球藻 *Gloeocapsa* sp.
	微囊藻 *Microcystis* sp.
	平裂藻 *Merismopedia* sp.
	项圈藻 *Anabaena* sp.
裸藻门 Euglenophyta	裸藻 *Euglena* sp.
	囊裸藻 *Trachelomonas* sp.
	壳虫藻 *Trachelomonas* sp.
	鳞孔藻 *Lepocinclis* sp.

门类	种类
绿藻门 Chlorophyta	盘星藻 *Pediastrum* sp.
	衣藻 *Chlamydomonas* sp.
	新月藻 *Closterium* sp.
	鼓藻 *Cosmarium* sp.
	小球藻 *Chlorella* sp.
	绿球藻 *Chlorococcum* sp.
	栅藻 *Scenedesmus* sp.
	环球藻 *Stephanoon* sp.
	微芒藻 *Micractinium* sp.
	十字藻 *Crucigenia* sp.
	四角藻 *Tetraedron* sp.
	纤维藻 *Ankistrodesmus* sp.
甲藻门 Pyrrophyta	多甲藻 *Peridinium* sp.
	角甲藻 *Ceratium* sp.
金藻门 Chrysophyta	钟罩藻 *Dinobryon* sp.
	拟黄团藻 *Uroglenopsis* sp.
隐藻门 Cryptophyta	卵形隐藻 *Cryptophyceac ovata*

从河流浮游植物组成来看，其基本符合我国西北地区河流水体浮游植物一般分布规律，即硅藻、绿藻和甲藻相对占优势，其生物量占浮游植物生物量的97.15%，绿藻为出现数量最大的群体；甲藻在每条河流中生物量最大，占浮游植物数量的28.551%，占生物量的65.46%，形成绝对优势种群。各生物群体之间相互影响的作用简单，只要环境条件适宜，就容易形成单一优势种群。

2.浮游动物

浮游动物名录见表4-3-3。

表4-3-3　浮游动物名录

门类	种类	学名
原生动物 Protozoa	游仆虫	*Euplotes* sp.
	匣壳虫	*Centropyxis* sp.
	瞬目虫	*Glaucoma scintillans*
	砂壳虫	*Difflugia* sp.
	累枝毛吸管虫	*Epistylis* sp.
	团球领鞭虫	*Sphaeroeca fusiformis*
	鳞壳虫	*Euglypha* sp.

门类	种类	学名
	变形虫	*Amoeba* sp.
	钟形虫	*Vorticella* sp.
轮虫 Rotifera	多肢轮虫	*Polyarthra* sp.
	晶囊轮虫	*Asplanchna* sp.
	角突臂尾轮虫	*Brachionus angularis*
	壶状臂尾轮虫	*Brachionus urceu*
	螺形龟甲轮虫	*keratella cochlearis*
枝角类 Cladocera	象鼻溞	*Bosmina* sp.
	短尾秀体溞	*Diaphanosoma brachyurum*
	圆形盘肠溞	*Chydorus sphaericus*
桡足类 Copepoda	近邻剑水蚤	*Cyclops vicinus*

浮游生物的梯形分布，符合浮游生物摄食的金字塔关系。

3.底栖动物

底栖动物名录见表4-3-4。

表4-3-4 底栖动物名录

门类	种类	学名
节肢动物	蜉蝣	Ephemeroptera
	羽摇蚊	*Tendipes plumosus*
	细长蚊	*Tendipes attenuates*
环节动物	水丝蚯蚓	*Limmodrilus* sp.
	线虫	*Nenatoda* sp.

调查的河流中底栖动物极为稀少，仅有环节动物2种（水丝蚯蚓、线虫）、节肢动物3种（蜉蝣、羽摇蚊、细长蚊）。河流一年水位变幅大，随着雨量涨幅不定，加之石质地表淤泥少，因此底栖生物种类和数量比其他地区要少。

4.沉水植物和挺水植物

在调查的河流中未发现挺水植物。沉水植物在河流底部分布较少，因为河流落差较大，每逢下大雨，都会有较大的水流将植物冲走，故未见到其生长。

5.鱼类组成

鱼类种群在各支流中的分布情况见表4-3-5。

表 4-3-5　鱼类种群在各支流中的分布情况

目次	科别	种名	学名	大南河	榜沙河	古坡河	籍河	碧玉沟	马鹿河	牛头河
鲑形目	鲑科	秦岭细鳞鲑	*Brachymystax lenok tsinlingensis*	+	+	+	+		+	+
鲤形目	鳅科	斑背高原鳅	*Triplophysa dorsonotata*	+	+				+	
		达里湖高原鳅	*Triplophysa dalaica*	+	+		+			
	鲤科	泥鳅	*Misgurusan guillicaudatus*				+			+
		拉氏鲅	*Rhynchocypris lagowskii lagowskii*	+	+	+	+	+	+	+
		麦穗鱼	*Pseudorasbora parva*	+	+					+
		渭河裸重唇鱼	*Gymnodiptychus pachycheilus weiheensis*							+

注："+"表示有分布。

这次调查其采集到鱼类 7 种，隶属于 3 科。其中，拉氏鲅占 73.1%，秦岭细鳞鲑占 17%，泥鳅占 3.7%，其余为麦穗鱼、鳅类、渭河裸重唇鱼。甘谷县的古坡河流域被认为是秦岭细鳞鲑资源最为丰富的一个支流。在大南河捕获到 1 条山溪鲵，在其他支流中均没有捕到。渭河裸重唇鱼只在牛头河有分布，与文献记载相符；拉氏鲅目前广泛分布于渭河各支流。

20 世纪 80 年代，刘阳光等水产技术人员对甘肃天水地区的鱼类资源进行了初步调查，并整理成资料，资料中显示当时天水段渭河各支流中有鱼类 11 种，而本次实地考察共收集到鱼类 7 种。调查发现，由于环境条件的变化、水体污染以及人类的过度捕捞，部分鱼类已经灭绝。整个渭河天水段各支流中秦岭细鳞鲑分布较广，但是整体蕴藏量较少。

四、合理利用渔业资源和开发保护的建议

（一）强化管理，提高人们对鱼类资源的保护意识

如果鱼类资源枯竭，那么水域生态系统将失去平衡，间接影响人类的生存质量。因此，政府要高度重视，渔业行政主管部门和环保部门要做好鱼类资源的强化管理。同时，还要大力宣传保护鱼类资源的重要性，普及环保知识，提高广大群众保护鱼类资源的意识，使保护鱼类资源成为群众的自觉行为。同时，还要加大渔政执法力度，严格按照法律规章管理鱼类资源。

（二）建设自然保护区，加大增殖放流力度，实现渔业资源健康持续发展

对渭河天水段要有组织、有计划、有步骤地开展保护工作，建设土著鱼类自然保护区，使鱼类主要产卵场和栖息地的原生态环境、生物多样性不受影响；针对多种土著经济鱼类，做好它们的增殖养殖工作，以显著提高该渔业资源的利用率，同时达到保护特有土著经济鱼类的目的。

渔业行政主管部门及渔政监督管理机构要切实承担起责任，加强渔业法律、法规的宣传，加大对电鱼、炸鱼、毒鱼等破坏土著渔业资源违法行为的打击、惩处力度，有力打击盗鱼案件，加强禁捕水域的管理。

第四节　黄河平川段特有鱼类省级水产种质资源保护区渔业资源调查报告

一、考察背景

2014年8月12日至20日，白银市平川区畜牧兽医局邀请有关专家对其申报的黄河平川段特有鱼类水产种质资源保护区进行了现场实地考察。

本次考察路线主要沿黄河平川段，从水泉镇牙沟水村月河社至野麻村空心楼进行，考察组采取查阅有关资料和实地调查相结合的方式，按照《内陆水域渔业资源调查手册》的要求，重点对保护区内自然条件、社会经济条件、水生动植物资源（主要是鱼类资源）等方面进行了调查，同时深入研究规划了建设方案。自然条件调查包括区域内自然地理特征、气候条件、社会经济状况、水系组成、水质调查等调查。水生动植物资源调查包括浮游生物和底栖生物调查。鱼类调查主要包括区系组成、资源现状、生物学特征、产卵场、越冬场、索饵场等调查。

二、自然地理环境

（一）地理位置

当时拟建的黄河平川段特有鱼类水产种质资源保护区（现已建成）位于甘肃省白银市平川区水泉镇牙沟水村月河社至野麻村空心楼的黄河干流流域，地理坐标为：104°42′45″E～104°31′33″E，36°51′41″N～36°41′33″N。其中，核心区以陡城（104°40′02″E，36°43′26″N）为起点，以小黄湾（104°35′44″E，36°48′36″N）为终点，河段长18.08 km，流域面积为477.71 hm²，实验区地理坐标范围为104°42′45″E～104°31′33″E、36°51′41″N～36°41′33″N，河段长16.95 km，流域面积343.36 hm²。核心区河道较宽，浅滩分布较多，是鱼类重要的索饵场和产卵场。

黄河在平川区境内全长35 km，流域面积821.07 hm²。该河段位于黄河上游靖远和景泰接壤处。黄河在这一段水面较为宽阔。保护区河段多年平均径流量216.3亿 m³，是黄河径流主要来源区，多年平均输砂量1.1亿 t，约为黄河总输砂量的1/15。平川区位于甘肃省中部，西濒黄河，距兰州市130 km，东与会宁县及宁夏回族自治区海原县接壤，南、北部均与靖远县相连，西与景泰县为邻，地势东南高、西北低，海拔1347～2858 m，总面积2106 km²。

（二）地貌特征

保护区地处陇中黄土高原的西部和北部边缘地带，地势大致东高西低，属黄河中游，平均海拔1504 m。黄河宽谷与峡谷曲流在西部和北部可分为中低山地、洪积-冲积倾斜平原、石质剥蚀丘陵和风沙地这4种地貌类型。山地矿产资源丰富，有色金属矿产资源有金、铜、锰等，非金属矿产资源有煤炭、陶土、花岗岩、石灰石、沸石、膨胀黏土、石英石、矿泉水等。煤炭总储量达11.37亿 t，陶土总储量达40亿 t。屈吴山矿泉水是经地质部鉴定的优质天然矿泉水，现已被开采利用。宝积乡红沙浪地热水资源丰富。该河段地形复杂，土壤种类繁多，主要由粗黄绵土、黑黄土、麻土、大白土组成。黄绵土有机质含量稍低，一般不超过1%，含氮量在0.02%～0.09%之间，pH在7.8～8.7之间。这些条件充分保证了水中营养物质的供给，这也是该流域水中营养物质丰富的主要原因之一。

该段黄河最宽处约300 m，最窄处约60 m，时有浅滩露出，有众多浅滩沙洲。整个保护区有河湾十多处，这些河湾是当地特有鱼类的主要栖息地、产卵场所和活动场所。

（三）气候及水文气象

保护区属黄河水系，温带干旱大陆性气候，冬冷夏热，昼夜温差大；干旱少雨，蒸发量大；风沙多；日照时间长；山川气候差异显著。有丰富的光热资源，年平均日照数为2691小时，日照率为62%。全年平均气温8.2 ℃，最高年平均气温9.8 ℃，冬夏温差较大。年平均降水量250 mm，年平均蒸发量1700 mm。无霜期143天，最长达170天。降水的季节变化大，降水主要集中在夏秋两季，5—10月降水量占全年降水量的90%。总的气候特点是：日照时间长，昼夜温差大，降水量稀少。黄河经兰州、白银，从靖远的三滩进入区境，途经月河、陡城、玉碗泉、陈家沟、中村、下村、小黄湾、白杨林、野麻等地，从小化子沟出区境，再次流入靖远区域。黄河在平川区境内流程全长35 km，流域面积20 km²，平均流量993～1040 m³/s，年径流总量315亿～328亿 m³，其中可利用水资源量3.92亿 m³，最大流量6700 m³/s。据测定，溶解氧5～8 mg/L，化学需氧量2.25 mg/L，pH 8.71，钙离子含量54.6 mg/L，镁离子含量22.87 mg/L，钾离子含量44.91 mg/L，钠离子含量78.36 mg/L，氮含量1.58 mg/L，硝酸盐氮含量0.164 mg/L，亚硝酸盐氮含量0.046 mg/L，磷含量0.079 mg/L，硫酸盐含量15.37 mg/L，总盐度0.2%～0.4%，平均透明度16.9 cm，鱼类生长期170～220天，鱼类生长期平均水温20.5 ℃。

（四）环境生物

保护区内浮游植物主要有甲藻、绿藻、裸藻、硅藻、蓝藻等，浮游动物主要有原生动物、轮虫类、枝角类、桡足类等，底栖生物主要有水生昆虫、水生寡毛类等，主要鱼类资源有兰州鲇、圆筒吻鉤、大鼻吻鉤、黄河鲤、黄河鉤、赤眼鳟、瓦氏雅罗鱼、似鲇高原鳅、鲫鱼、鲢鱼、鳙鱼、草鱼等。

三、社会经济发展状况

（一）社会经济及人口

保护区地处甘肃省白银市平川区境内，平川区是1985年随白银市恢复建立而成立的市辖区，2014年耕地面积26.32万亩，宜林地71.5万亩，宜牧地131.9万亩。经济基础坚实：农业方面，不断强化农业基础地位，保持农业和农村经济的全面发展，初步形成以粮油生产为基础，西甜瓜、玉米制种、畜牧为特色的三大支柱产业；工业方面，有设计规模为年产煤炭606万t的大型国有企业靖远煤业公司，年设计发电能力200万kW的西北最大的火力发电厂靖远第一、第二发电公司；非公有制经济方面，有几家设备、技术先进的陶瓷有限责任公司领军，迅猛发展。平川区以电力、煤炭、陶瓷、农产品加工为主的格局正在构建和发展。中区开发区是白银市三大开发区之一，总面积4254亩，水、电、路网交织，通信便捷，被列为省级乡镇企业示范园区。

（二）基础设施

1.交通状况

平川区交通便利，刘白高速公路、国道109线、省道308线等数条公路穿境而过，有兰州到长征的煤运和客运铁路专线、长征到红会四矿的煤运专线及王家山到电厂的煤运专线，全区各种等级公路长达648 km，其中，省道120 km，区乡道96 km，专用道140 km，农村公路130 km。

2.教育及服务设施

第六次人口普查显示，平川区常住人口中，具有大学（指大专以上）文化程度的人口为13951人；具有高中（含中专）文化程度的人口为39038人；具有初中文化程度的人口为71993人；具有小学文化程度的人口为44401人（以上各种受教育程度的人包括各类学校的毕业生、肄业生和在校生）。

平川区基础条件完善，依托驻地大中型企事业单位，狠抓绿化、美化、亮化等基础设施建设，城市面貌日新月异，服务功能日臻完善，获得了"省级卫生城市""双拥模范城""文化先进县区"等称号。境内交通通信网络健全，固定电话遍布全区，移动通信全面开通。

通过多年的宣传教育，保护区内生态环境保护意识深入人心，当地群众保护野生动物的自觉性、主动性普遍较高。

3.保护区内工程状况

截至2014年，保护区内没有开工建设的工程项目。

（三）旅游业

保护区黄河河段周边有一大批文化品位极高的旅游景点，旅游业发展潜力巨大。有省级、地级文化保护点15个，有缠州城、柳州城、打拉池古城、水泉堡、王进宝墓葬、黄湾汉墓、老庄汉墓、墩墩山烽燧、福寿山石刻、红山寺石窟等文化遗迹，自然风光以缠州怀古、大浪天险、神泉玉液、红山丹霞、屈吴春嶂、崖窑地灵、迭烈揽胜、龙凤呈祥等"平川八景"最为著名。

（四）农林业

截至2014年，平川区耕地面积26.32万亩，宜林地71.5万亩，宜牧地131.9万亩。区内形成了几大特色农业——以日光温室为主的西甜瓜产业、蔬菜产业、以繁育优质玉米种子为主的种子业等，"平川蜜"西甜瓜和"乾泰"种子已销往甘肃省内外。养殖业以牛、羊、猪、鸡为主；品种繁多的小杂粮也初具产业化规模；秦艽、车前子等野生中药材，石羊、狐狸等野生动物，以及天然森林、草场等资源丰富；二毛裘皮、黑瓜子、大枣、发菜、甘草等土特产品质优良、久负盛名，具有广阔的开发前景。

（五）渔业

保护区内没有渔业捕捞业，在实验区岸边附近只有少量的养殖池塘。由于交通不便，保护区范围内不利于发展渔业生产，从而对保护区内的保护对象干扰较少，形成了天然的保护屏障。特别是核心区内荒无人烟，非常有利于保护对象的生存和自然繁衍。

四、水环境与水生生物

（一）水环境状况

保护区流域地处半温带，气温适宜，日照充足，鱼类生长期较长（5个月左右），水资源丰富，水体理化性质良好，适宜温水性鱼类及冷水性鱼类的生长繁殖；流域内土壤含氮、磷、硅较丰富；黄河在该段含砂量高。保护区一带是兰州鲇、圆筒吻鮈、大鼻吻鮈、黄河鲤等保护对象的主要越冬地、索饵场和繁殖场。

（二）浮游生物情况

保护区内，浮游植物主要种类如表4-4-1至表4-4-4所示。

表4-4-1　陇城浮游植物种类、分布情况

门类	种类	学名	分布
蓝藻门(Cyanophyta)	不定微囊藻	*M. incerta*	++
	类颤藻鱼腥藻	*A. oscillarioides*	+++
	颤藻属	*Oscillatoria*	–
	尖头藻属	*Raphidiopsis*	+
	念珠藻属	*Nostoc*	+
	小席藻	*P. tenue*	++
硅藻门(Bacillariophyta)	牟氏角毛藻	*C. muelleri*	–
	细柱藻属	*Leptocylindrus*	+
	颗粒直链藻	*M. granulata*	–
裸藻门(Euglenophyta)	弯曲袋鞭藻	*P. deflexum*	++
绿藻门(Chlorophyta)	短棘盘星藻长角变种	*P. boryanum var. longicorne*	+
	整齐盘星藻	*P. integrum*	++++
	二角盘星藻纤细变种	*P. duplex var. gracillimum*	–

注："++++"表示特别多，"+++"表示很多，"++"表示较多，"+"表示一般，"–"表示少。

表4-4-2　陇城浮游植物密度和生物量

门类	密度（万个/升）	生物量（mg/L）	密度占总密度的比例（%）	生物量占总生物量的比例（%）
蓝藻	4.0	0.3308	43.96	86.82
硅藻	0.1	0.0030	1.10	0.79
裸藻	1.4	0.0112	15.38	2.94
绿藻	3.6	0.0360	39.56	9.45
总数	9.1	0.3810	100	100

表4-4-3 玉碗泉浮游植物种类、分布情况表

门类	种类	学名	分布
蓝藻门(Cyanophyta)	念珠藻属	*Raphidiopsis*	+++
	卷曲鱼腥藻	*A. circinalis*	++++
	拟鱼腥藻属	*Anabaenopsis*	+
	为首螺旋藻	*S. princeps*	−
	类颤藻鱼腥藻	*A. oscillarioides*	+
	窝形席藻	*P. foveolarum*	+
	尖头藻属	*Raphidiopsis*	+
	不定微囊藻	*M. incerta*	+
	小席藻	*P. tenue*	+++
硅藻门(Bacillariophyta)	细柱藻属	*Leptocylindrus*	−
	新月拟菱形藻	*N. closterium*	++
绿藻门(Chlorophyta)	双射盘星藻	*P. biradiatum*	−
	水绵属	*Spirogyra*	−
	端尖月牙藻	*S. westii*	−
	整齐盘星藻	*P. integrum*	++
	弓形藻	*S. setigera*	−
	二角盘星藻纤细变种	*P. duplex var. gracillimum*	−

注："++++"表示特别多，"+++"表示很多，"++"表示较多，"+"表示一般，"−"表示少。

表4-4-4 玉碗泉浮游植物密度和生物量

门类	密度(万个/升)	生物量(mg/L)	密度占总密度的比例(%)	生物量占总生物量的比例(%)
蓝藻	35.6	0.0949	83.96	58.25
硅藻	4.0	0.0400	9.43	24.56
绿藻	2.8	0.0280	6.61	17.19
总数	42.4	0.1628	100	100

保护区内，浮游动物主要种类如表4-4-5至表4-4-9所示。

表4-4-5　陡城浮游动物种类、分布情况

门类	种类	学名	分布
原生动物	蜂巢鳞壳虫	*Euglypha alveolata*	–
轮虫	缘板龟甲轮虫	*Keratella ticinensis*	–
	四角平甲轮虫	*Platyias qualriconis*	–
	褶皱臂尾轮虫	*Brachionus plicatilis*	+
	环顶巨腕轮虫	*Pedalia fennica*	–
枝角类	透明薄皮溞	*Leptodora kindti*	–
桡足类	桡足类无节幼体		+++
	哲水蚤	*Calanus*	++

注："+++"表示很多，"++"表示较多，"+"表示一般，"–"表示少。

表4-4-6　陡城浮游动物密度和生物量

门类	密度(个/升)	生物量(mg/L)	密度占总密度的比例(%)	生物量占总生物量的比例(%)
轮虫	250	0.125	17.24	0.69
桡足类	1200	18.000	82.76	99.31
总数	1450	18.125	100	100

表4-4-7　玉碗泉浮游动物种类、分布情况

门类	种类	学名	分布
轮虫	四角平甲轮虫	*Plalyias qualriconis*	–
	多肢轮虫属	*Polyarthra*	–
	褶皱臂尾轮虫	*Brachionus plicatilis*	++++
枝角类	大型溞	*Daphnia magna*	–
桡足类	猛水蚤目	Harpacticoida	–
	桡足类无节幼体		+

注："++++"表示特别多，"+"表示一般，"–"表示少。

表4-4-8　玉碗泉浮游动物密度和生物量

门类	密度(个/升)	生物量(mg/L)	密度占总密度的比例(%)	生物量占总生物量的比例(%)
轮虫	1450	0.725	96.67	59.18
桡足类	50	0.500	3.33	40.82
总数	1500	1.225	100	100

表4-4-9　黄河甘肃平川段断面水的理化状况调查表

指标	采样点				平均
	月河	陡城	中村	玉碗泉	
水温（℃）	17.9	17.3	18.2	18.4	18.0
pH	8.69	8.71	8.65	8.77	8.71
溶解氧（mg/L）	6.30	5.38	6.93	6.90	6.38
氨氮（mg/L）	1.70	1.22	1.81	1.59	1.58
硝酸盐氮（mg/L）	0.158	0.164	0.175	0.159	0.164
亚硝酸盐氮（mg/L）	0.047	0.046	0.046	0.045	0.046
耗氧量（mg/L）	1.32	2.64	1.54	3.52	2.25
钙离子（mg/L）	56.8	50.4	58.4	52.8	54.6
镁离子（mg/L）	19.90	23.78	25.24	22.57	22.87
总硬度（度）	12.57	12.57	14.03	12.63	12.95
总磷（mg/L）	0.058	0.071	0.116	0.073	0.079
氯化物（mg/L）	28.79	29.78	31.76	31.76	30.52
总碱度（mg/L）	152.69	156.18	154.43	156.18	154.87
硫酸盐（mg/L）	15.368	13.447	13.447	19.210	15.37
总铁（mg/L）	0.344	0.318	0.376	0.415	0.36
钾离子（mg/L）	41.60	50.00	33.35	54.68	44.91
钠离子（mg/L）	78.54	75.20	82.60	77.10	78.36

（三）底栖生物情况

保护区的河段内，底栖动物主要有水生昆虫（主要是双翅目摇蚊科幼虫）、水生寡毛类。其中，水生昆虫生物量占总生物量的87.7%，寡毛类生物量占总生物量的11.6%，其他类生物量占总生物量的1.4%。

（四）水生动物情况

该保护区是兰州鲇、圆筒吻鮈、大鼻吻鮈、黄河鲤、赤眼鳟、似鲇高原鳅、瓦氏雅罗鱼、黄河鮈的主要越冬地和繁殖场。据资料记载和调查，鱼类资源主要是硬骨鱼纲辐鳍亚纲，以鲤形目的鲤科和鳅科鱼类为主，其中，鲤科有兰州鲇、黄河鲤、瓦氏雅罗鱼、赤眼鳟、平鳍鳅鮀、刺鮈、麦穗鱼、黄河鮈、棒花鱼、花斑裸鲤、鲫鱼等，鳅科有黄河高原鳅、似鲇高原鳅、北方花鳅、泥鳅等。

（五）水生植物情况

常见水生植物种类有：浮萍（*Lemna minor* L.）、小灯芯草（*Juncus bufonius* L.）、灯芯草（*Jun-*

cus effusus L.）、水麦冬（*Triglochin palustre* L.）、眼子菜（*Potamogeton distinctus* A.Benn）、水香蒲（*Typha minima* Funk）、金鱼藻（*Ceratophyllum demersum* L.）。

五、生物多样性评价

（一）生态评价

1. 水文状况评价

保护区流域属黄河干流甘肃段中的平川河段，平均自产径流量为126亿 m³。若包括黄河上游的过境水量，则多年平均径流量为383.17亿 m³，有鱼类生存的水力资源条件。

2. 水质状况评价

由于工业废水的排入，该河段局部段面水质受到一定污染。据近年监测资料，水质属五级，重金属指标属二级，但整体水质污染不严重。

3. 生物栖息地评价

保护区独特的生态环境和得天独厚的自然条件，孕育了丰富的动植物资源。该段黄河河段时宽时窄，水流时而平缓，时而湍急，整个保护区共有河湾十多处，这些河湾是土著鱼类的产卵场和主要越冬场所。该段大部分河段深、水流湍急，因此适宜于急流中产卵的鱼类。保护区内自然形成了许多洄水湾，为适宜于静水中生活和底栖生活的鱼类创造了天然的生存环境，也为洄游性鱼类产卵、繁殖及越冬创造了条件。

4. 生物物种评价

保护区内生境多样，浮游植物和浮游动物种类较多，群落组成较复杂，浮游植物中浮游性的、着生性的、不定性的藻类都有分布，为各层鱼类提供了较为丰富的饵料生物资源。浮游动物种类较少，生物量和个体密度较低，浮游动物资源相对贫乏。底栖动物是许多鱼类的饵料基础，与鱼类的生态类群和区系组成密切相关，但受到当地气候条件和水质影响，该河段底栖动物种类较少且生物量较低。

（二）物种多样性评价

1. 水生植物评价

该河段的水生植物较少，饵料生物不够丰富，多数水域属中营养和贫营养类型。保护区河段水体中一般无大片水生维管束植物分布，在水域中一般不形成产量，渔业饵料价值不大。

2. 水生动物评价

保护区河段内鱼类资源种类较多，适宜于流水和静水中生活的鱼类在保护区内均有分布，主要为硬骨鱼纲辐鳍亚纲鲤形目的鳅科和鲤科鱼类，鳅科有黄河高原鳅、似鲇高原鳅、北方花鳅、泥鳅等；鲤科有兰州鲇、北方铜鱼、黄河鲤、瓦氏雅罗鱼、赤眼鳟、平鳍鳅蛇、黄河鮈、圆筒吻鮈、大鼻吻鮈、刺鮈、麦穗鱼、棒花鱼、花斑裸鲤、黄河鲤、鲫鱼等。其中，似鲇高原鳅、北方铜鱼被列入世界濒危物种红皮书之中，北方铜鱼、花斑裸鲤被列入《甘肃省重点保护野生动物名录》。似鲇高原鳅为该河段的凶猛性鱼类。

六、保护区水生生物保护状况

（一）水域生态环境状况

从总体上看，保护区水域生态环境基本良好，浮游植物、浮游动物、底栖生物等种类、数量较多，水域水质还没有较重的污染，适宜野生鱼类的生存和繁衍。但由于受自然环境和外源物质污染，保护区内水域生态环境受到了一定威胁，特有的鉤亚科鱼类接近灭绝，兰州鲇、黄河鲤、瓦氏雅罗鱼种群数量呈逐年下降趋势，迫切需要采取强有力的措施，从人为活动影响、资源综合管理、开展人工驯养繁殖和增殖放流等多方面加强对水域环境的保护。

（二）水域生态环境保护状况

平川区水产站负责保护区内的物种保护、监管、资源增殖工作，近年来，该站对全区的所有流域及支流重新进行资源调查，全面摸清了区域内特有鱼类的种群数量及生存状况，开展了大量的物种拯救与保护工作；对保护区河流的水质、水温、pH、溶氧量、氨氮含量等理化指标进行了监测，并记录了相关数据。目前，当地群众保护水域生态环境的意识有了明显增强，在该区域基本上见不到群众偷捕、乱炸和非法捕鱼行为，特别是连续几年的增殖放流活动，填补了空白生态位，使水域生态环境基本趋于稳定。但是，对特有鱼类资源量下降的保护工作仍任重道远。

第五节　疏勒河特有鱼类国家级水产种质资源保护区渔业资源调查报告

疏勒河是甘肃省河西走廊内陆河水系的第二大河，古名籍端水，全长540 km，流域面积201.97万 hm²。疏勒河特有鱼类国家级水产种质资源保护区（以下简称"疏勒河保护区"）位于甘肃省酒泉市境内的疏勒河水系，总面积510 hm²，是甘肃省重要的特有鱼类种质资源库。甘肃省水生动物防疫检疫中心受酒泉市渔政局委托，对疏勒河保护区渔业资源做调查，2015年6月（夏季）、10月（秋季）对疏勒河保护区的核心区、实验区、保护区上游及下游延伸区域做了详细调查。在调查过程中，通过实地调查、现场抽样、实验室检测、标本采集等方式，对其水质、浮游生物、底栖生物、鱼类资源等进行了综合、详细的检测、分析，从渔业角度对疏勒河保护区渔业资源条件进行了阐述，阐明了疏勒河保护区渔业资源状况。

一、疏勒河保护区自然环境概况

（一）地理概况

疏勒河发源于祁连山脉西段托来南山与疏勒南山之间的疏勒脑，西北流经肃北县的高山草地，贯穿大雪山到托来南山间峡谷，过昌马盆地。出昌马峡前为上游，水丰流急，出昌马峡至走廊平地为中游，至安西双塔堡水库以下为下游。疏勒河保护区地理坐标为：东经96°78′—96°31′，北纬40°50′—40°56′。其由6个拐点坐标连线的水域围成，拐点坐标分别为：96°43′58″E，

40°44′58″N；96°28′16″E，40°43′47″N；96°21′14″E，40°43′14″N；96°19′40″E，40°43′27″N；96°19′14″E，40°43′17″N；96°22′24″E，40°43′28″N。疏勒河保护区地貌地形复杂，主要表现在疏勒河出昌马峡前为上游，上游祁连山区降水较丰，冰川面积达850 km²，多高山草地，为良好牧场；出昌马峡至走廊平地为中游，向北分流于大坝冲积扇面，有"十道沟河"之名，河道分散、曲折。河流向北流经托来南山，将山地切割成数百米深的疏勒峡谷，两岸山峰高峻，谷地长65 km，平均宽7 km。经昌马、玉门镇、饮马场后，折向西流，接纳踏实河、党河后，入敦煌市西北的哈拉湖，尾闾为间歇性河道，消没于新疆维吾尔自治区东部边境的盐沼之中。至扇缘接纳诸泉水河后分为东、西两支流，东支汇部分泉水河又分南、北两支，名南石河和北石河，向东流入花海盆地的终端湖；西支为主流，又称布隆吉河。昌马冲积扇以西主要支流有榆林河及党河，以东主要支流有石油河及白杨河，均源出祁连山西段。至瓜州双塔堡水库以下为下游，中下游地势低平，玉门市、瓜州县、敦煌市和赤金–花海镇诸绿洲的灌溉农业发展迅速，水分灌溉、蒸发、下渗而致下游水量骤减。

（二）气候条件

疏勒河流域主要位于疏勒河中下游冲积平原和祁连山北麓洪积倾斜平原上，深居内陆，属典型的大陆性气候，气候纬度分布较为明显，主要特征是：冬季漫长寒冷，夏季短暂炎热，春季长于秋季，日夜温差悬殊，日照充足，太阳辐射较强，风沙较大且风日较多，降水量较少等。疏勒河保护区位于河西走廊西端，疏勒河流域中下游气候条件比较特殊，是河西走廊内海拔最低、气温最高、太阳辐射最强、日照时数最长、年降水量最少、年平均风速最大和≥8级大风日数最多的地区。温差26.4～35.9 ℃，平均气温3.9～10.3 ℃，年日照3033.4～3316.5 h，年辐射总量145.6～153.8 kW/m²，年平均降水量36.8～78.4 mm，无霜期127～158天，平均风速在2.2 m/s以上，最大风速达4.5 m/s。灾害性天气主要有干旱、暴雨、霜冻和大风等。

（三）生态环境

在暖温带极干旱气候背景下，疏勒河保护区地带的土壤普遍为棕漠土，植被主要为温性荒漠植被类型。疏勒河保护区冲积平原则为草甸和沼泽，但其中大部分已被开发为人工绿洲。冲积平原两侧与洪积倾斜平原交会带为草原化荒漠与荒漠草原。疏勒河保护区生态环境状况主要表现在以下几个方面：

1.部分区域土地沙化严重

疏勒河流域内包括昌马冲积扇、榆林河冲积扇在内的洪积倾斜平原，与石羊河、黑河中游的洪积倾斜平原迥然不同，其地表基本上已没有黄土覆盖，而以砾石戈壁占绝对优势。人类开发活动如修筑道路、取砾石用作建筑材料等，使地表原始状况遭到破坏，细粒物质裸露，造成了土地沙化。疏勒河保护区因河流改道，地下水下降，地面干燥，风蚀加剧，部分区域出现了沙漠化土地。

2.低洼地区存在明显的土壤次生盐渍化现象

盐渍化是干旱区内低洼地不可避免的自然过程。不合理的开发活动尤其是重灌，是造成土壤次生盐渍化的主要原因。疏勒河保护区内的灌区土壤虽然一直被保护着，也在一定程度上得以改良，但仍有部分耕地次生盐渍化现象严重。

3.天然湿地处于萎缩状态

疏勒河保护区中下游大部分人工绿洲都是人类开垦天然湿地形成的，但是现存的天然湿地则因人类开发、灌溉用水量与日俱增等而处于持续萎缩状态。

4.野生植被的生物多样性受损严重

植物的生物多样性包括遗传多样性、物种和种群多样性、群落-生态系统多样性及景观多样性四个方面。疏勒河保护区生物多样性受损严重，部分区域荒漠化显著，部分区域只有单一的植物（如红柳）存活，部分区域没有黄土覆盖而以砾石戈壁为重点等。出现这些现象的主要因素如下：一是人类过度开发使野生植物栖息地面积缩小，生活环境发生变化；二是采挖药材、燃料等活动使部分物种濒危甚至灭绝。

二、疏勒河保护区水域理化特性检测与分析

（一）采样方法、时间及指标

1.采样方法及时间

采样方法和时间按照《内陆水域渔业自然资源调查手册》和《水库渔业资源调查规范》（SL 167—2014）执行。

2.水质理化指标

水质的各项理化指标分析主要按照国家标准《渔业水质标准》（GB 11607—89）、《无公害食品　淡水养殖用水水质》（NY 5051—2001）的规定执行，检测方法见表4-5-1。有温度、pH、氨氮、硫酸盐等共计22项指标。

表4-5-1　疏勒河保护区水域理化特性各指标检测方法

指标	检测方法
温度	水质分析仪
pH	水质分析仪
溶解氧	水质分析仪
氨氮	水质分析仪
透明度	塞氏盘法
化学需氧量	重铬酸钾法
总磷	钼酸铵分光光度法
总硬度	EDTA法
钙	EDTA法
镁	EDTA法
氯化物	水质分析仪
总铁	邻菲啰啉分光光度法
总碱度	酸滴定法

指标	检测方法
重碳酸盐	酸滴定法
硫酸盐	EDTA法
总氮	碱性过硫酸钾消解紫外分光光度法
硝酸盐氮	水质分析仪
亚硝酸盐氮	分光光度法
铜	原子吸收分光光度法
锌	原子吸收分光光度法
铅	原子吸收分光光度法
镉	原子吸收分光光度法

（二）疏勒河保护区水域理化特性

此次在疏勒河保护区选择了7个采样点，分别如下。A点：瓜州县祁家坝水库（N 40.514763，E 96.643538）；B点：瓜州县双塔水库（N 40.531538，E 96.343932）；C点：瓜州县布隆吉乡八道沟（N 40.513945，E 96.742590）；D点：瓜州县河东乡七道沟（N 40.527258，E 96.350243）；E点：肃北县乱泉子（N 39.548105，E 96.971292）；F点：玉门市昌马水库上游（N 40.513945，E 96.742590）；G点：瓜州县河东乡五道沟（N 40.507258，E 96.130243）。其中，E点只采集了夏季样品，G点只采集了秋季样品。疏勒河保护区水域理化特性各指标检测结果统计如表4-5-2所示。

表4-5-2　疏勒河保护区水域理化特性各指标检测结果统计

指标	A点		B点		C点		D点		E点	F点		G点
	夏季	秋季	夏季	秋季	夏季	秋季	夏季	秋季	夏季	夏季	秋季	秋季
温度（℃）	17.2	12.8	17.4	9.9	17.1	11.5	26.1	9.1	12.0	16.4	6.3	7.5
pH	8.50	8.67	8.54	8.54	8.16	8.29	8.23	8.53	7.88	8.18	7.76	8.21
溶解氧（mg/L）	8.75	10.13	7.10	11.12	8.02	9.47	6.62	10.11	8.26	8.45	10.2	9.89
氨氮（mg/L）	6.54	7.14	3.20	1.62	0.91	2.55	0.49	1.88	0.53	0.85	2.40	5.76
透明度（cm）	165	190	90	110	30	150	50	200	浑水	20	210	200
化学需氧量（mg/L）	6.60	4.72	7.48	5.92	4.40	4.32	8.80	3.52	6.60	1.10	4.72	3.92
总磷（mg/L）	0.06	0.07	0.07	0.04	0.10	0.10	0.04	0.07	0.05	0.16	0.05	0.03
总硬度（mg/L）	439.56	360.00	425.57	520.00	389.61	500.00	449.55	460.00	403.60	415.60	440.00	530.00
钙（mg/L）	60.00	76.15	61.60	32.06	64.00	75.35	58.40	76.15	61.60	64.80	64.13	100.20
镁（mg/L）	70.39	36.40	66.02	106.79	55.82	70.87	73.78	6.08	60.68	61.65	67.96	67.96
氯化物（mg/L）	945.63	912.75	119.90	124.78	300.20	188.98	915.61	917.89	180.12	450.03	378.56	147.78
总铁（mg/L）	0.0014	0.0450	0.0157	0.0194	0.0032	0.0280	0.0067	0.0540	0.0108	0.0173	0.0920	0.0340

续表4-5-2

指标	A点		B点		C点		D点		E点	F点		G点
	夏季	秋季	夏季	秋季	夏季	秋季	夏季	秋季	夏季	夏季	秋季	秋季
总碱度(mg/L)	230.33	225.38	205.52	137.60	200.84	180.30	165.37	161.32	168.91	151.19	42.70	149.46
重碳酸盐(mg/L)	138.84	225.38	122.84	137.60	200.84	180.30	165.37	161.32	168.91	151.19	42.70	149.46
碳酸盐(mg/L)	91.49	未检出	82.69	未检出	未检出	未检出	未检出	未检出	未检出	未检出	未检出	未检出
硫酸盐(mg/L)	293.36	287.83	256.93	234.65	205.16	198.34	314.45	302.57	245.42	264.60	245.76	201.76
总氮(mg/L)	11.05	20.78	8.59	72.56	2.16	43.78	2.03	17.78	1.07	1.82	21.98	22.43
硝酸盐氮(mg/L)	0.20	8.65	2.47	17.22	0.89	16.81	1.25	12.69	0.21	0.25	11.17	11.60
亚硝酸盐氮(mg/L)	0.0002	0.0018	0.0030	0.0027	0.0070	0.0064	0.0040	0.0003	0.0030	0.0090	0.0009	0.0073
铜(mg/L)	未检出	0.1082	未检出	0.0937	未检出	0.0864	未检出	0.1155	未检出	未检出	0.0645	0.0864
锌(mg/L)	未检出	0.0115	未检出	0.0098	未检出	0.0088	未检出	0.0106	未检出	未检出	0.0105	0.0092
铅(mg/L)	0.0078	未检出	0.0207	未检出	0.0337	未检出	未检出	未检出	0.0337	未检出	未检出	未检出
镉(mg/L)	未检出	未检出	未检出	未检出	未检出	未检出	未检出	未检出	未检出	未检出	未检出	未检出

（三）疏勒河保护区水域理化特性分析

1.物理特性分析

用Secchi盘测定透明度，疏勒河保护区水域7个监测点夏季变幅为0～165 cm，秋季均在100 cm以上。夏季水平变化总的情况是：淌水区自上游至下游随着泥沙的沉淀，透明度逐渐增大，最大值出现在下游A点；水库透明度在不同水深处有所不同，但均在20 cm以上。由于秋季雨量很少，水流中泥沙量减少，另外浮游生物的数量也减少很多，所以各监测点透明度都很大。

2.化学特性分析

（1）溶解氧（mg/L）

水中的溶解氧含量与水温、水循环或水流动、有机物的分解以及生物呼吸有密切的关系。疏勒河保护区水域水生植物贫乏，其溶解氧含量主要由水温、水流动来决定，夏季含量在6.62～8.75 mg/L之间，秋季含量在9.47～11.12 mg/L之间。一般鱼类生存需要溶解氧大于3 mg/L，由此看来，疏勒河保护区溶解氧条件对鱼类生存而言比较理想。

（2）化学需氧量（mg/L）

疏勒河保护区水域夏季化学需氧量在1.10～8.80 mg/L之间，平均值为5.83 mg/L；秋季化学需氧量在3.53～5.92 mg/L之间，平均值为4.52 mg/L。

（3）总硬度（mg/L）

疏勒河保护区水域夏季总硬度在389.61～449.55 mg/L之间，平均值为420.58 mg/L；秋季总硬度在360.00～530.00 mg/L之间，平均值为464.27 mg/L。其中，B点和C点夏秋两季总硬度增加幅度较明显，其余各点变化不大。

（4）总碱度（mg/L）

疏勒河保护区水域夏季总碱度在151.19～230.33 mg/L之间，平均值为187.03 mg/L；秋季总碱度在 42.70～225.38 mg/L 之间，平均值为 149.46 mg/L。其中，F 点秋季比夏季降幅显著。

（5）主要离子

①重碳酸盐：夏季检测值在 122.84～200.84 mg/L 之间，水库水体略高于流水水体，A 点（138.84 mg/L）、B 点（122.84 mg/L）最低，C 点（200.84 mg/L）最高。秋季检测值在 42.70～225.38 mg/L 之间，A 点秋季与夏季相比增幅较大，F 点秋季与夏季相比降幅显著。碳酸盐只在 A 点、B 点检测出，其余各监测点均未检测出。

②硫酸盐：夏季检测值在 205.16～314.45 mg/L 之间，平均值为 263.32 mg/L，硫酸盐在流域各监测点含量存在一定差别，D 点含量最高，主流河道中下游含量高于上游含量。秋季检测值在 198.34～302.57 mg/L 之间，平均值为 245.16 mg/L。夏秋两季，硫酸盐变化幅度很小，每个采样点的检测值变化幅度都很小。

③氯化物：夏季含量在 119.90～945.63 mg/L 之间，平均值为 485.25 mg/L。各采样点含量差别很大，其中 A 点、D 点较高。秋季含量在 124.78～917.89 mg/L 之间，平均值为 445.12 mg/L，各采样点含量差别较大，其中 A 点、D 点较高。

④钙和镁：钙和镁是初级生产力不可缺少的因子。调查发现，疏勒河保护区水域中这两种阳离子均不缺乏，且各监测点钙、镁离子含量基本相等。夏季钙平均含量为 61.73 mg/L，镁平均含量为 64.72 mg/L；秋季钙平均含量为 70.67 mg/L，镁平均含量为 59.34 mg/L。夏秋两季钙、镁含量的变化幅度不是很明显，但是 D 点的镁含量秋季比夏季少很多，变化幅度很大；A 点的镁含量秋季比夏季减少近一半；B 点的钙含量秋季比夏季减少近一半。

（6）生物营养盐类

水中所含营养物质的多少直接影响到水生植物的生长繁殖。

①三态氮：夏季氨氮含量在 0.49～6.54 mg/L 之间，平均值为 2.09 mg/L，其中 A、B 两点含量较高，可见水库氨氮含量明显高于河道流水；硝酸盐氮含量在 0.20～2.47 mg/L 之间，平均值为 0.88 mg/L；亚硝酸盐氮含量在 0.0002～0.0090 mg/L 之间，平均值为 0.0044 mg/L。秋季氨氮含量在 1.62～7.14 mg/L 之间，平均值为 3.56 mg/L，其中 A、G 两点含量较高；硝酸盐氮含量在 8.65～17.22 mg/L 之间，平均值为 13.02 mg/L；亚硝酸盐氮含量在 0.0003～0.0073 mg/L 之间，平均值为 0.0032 mg/L。

可以看出，夏秋两季三态氮变化明显，其中亚硝酸盐氮在各个采样点的变化很小，总体平均值变化也不显著。而氨氮、硝酸盐氮的变化很显著，无论是各个采样点的检测值还是平均值，都变化很大，秋季检测值比夏季检测值明显增大，且增幅很显著，这与气候、气温、空气流动都有关系，还与浮游生物含量、水生植物腐败等有一定关系。

②总氮：夏季含量在 1.07～11.05 mg/L 之间，平均值为 4.45 mg/L；秋季含量在 17.78～72.56 mg/L 之间，平均值为 33.22 mg/L。夏秋两季变化较大，秋季明显高于夏季。

③总磷：磷是一切藻类必需的营养元素。疏勒河保护区水域夏季总磷含量在 0.04～0.16 mg/L 之间，平均值为 0.08 mg/L；秋季总磷含量在 0.03～0.10 mg/L 之间，平均值为 0.06 mg/L。夏秋两季变化幅度不大，各个采样点的检测值变化不明显。

④总铁：夏季含量在 0.0014～0.0173 mg/L 之间，平均值为 0.0092 mg/L，含量很小；秋季含量在 0.0194～0.0920 mg/L 之间，平均值为 0.0454 mg/L。秋季含量与夏季相比，增幅较显著。

（7）重金属离子（铜、锌、铅、镉）

疏勒河保护区水域各监测点中，夏季铜、锌、镉三种离子均未检出。铅在D点、F点未检出，在其余4个监测点均检出，含量在0.0078～0.0337 mg/L之间，平均值为0.0240 mg/L。秋季检测中，各个监测点均检测到铜、锌，含量分别在0.0645～0.1082 mg/L之间和0.0088～0.0115 mg/L之间，含量明显高于夏季。铅、镉在各采样点均未检出。

3. 与《渔业水质标准》（GB 11607—89）、《无公害食品 淡水养殖用水标准》（NY 5051—2001）比较

经调查分析，与相关水产养殖用水水质标准比较，疏勒河保护区水域完全符合要求，水质没有异色、异味、异臭，水面没有明显的油膜或浮沫；溶解氧含量均在6 mg/L以上；主要的离子和营养盐含量均符合标准要求，重金属离子含量符合《无公害食品 淡水养殖用水标准》。由此看来，疏勒河保护区水域溶解氧等水质条件对养殖而言比较理想。

4. 与《生活饮用水卫生标准》（GB 5749—2006）比较

《生活饮用水卫生标准》（GB 5749—2006）要求，饮用水应该无异味、异臭，肉眼可见物无，化学需氧量＞3 mg/L，疏勒河保护区水域化学需氧量＞6 mg/L；疏勒河保护区水域夏季总铁含量在0.0014～0.0173 mg/L之量，平均值为0.0092 mg/L，含量很小，秋季含量在0.0194～0.0920 mg/L之间，平均值为0.0454 mg/L，远远小于饮用水标准铁含量（0.3 mg/L）；疏勒河保护区水域夏季硝酸盐氮含量在0.20～2.47 mg/L之间，平均值为0.88 mg/L，远小于饮用水标准硝酸盐氮含量（10 mg/L），秋季硝酸盐氮含量在8.65～17.22 mg/L之间，平均值为13.02 mg/L，略高于饮用水标准硝酸盐氮含量（10 mg/L）；疏勒河保护区水域夏季氯化物含量在119.90～945.63 mg/L之间，平均值为485.25 mg/L，秋季含量在214.78～917.89 mg/L之间，平均值为445.12 mg/L，比饮用水标准氯化物含量（250 mg/L）大；疏勒河保护区水域夏季硫酸盐检测值在205.16～314.15 mg/L之间，平均值为263.32 mg/L，略高于饮用水标准硫酸盐含量（250 mg/L），秋季检测值在198.34～302.57 mg/L之间，平均值为245.16 mg/L，略低于饮用水标准硫酸盐含量（250 mg/L）；疏勒河保护区水域夏季总硬度检测值在389.61～449.55 mg/L之间，平均值为420.58 mg/L，低于饮用水标准总硬度（450 mg/L），秋季检测值在360.00～530.00 mg/L之间，平均值为464.27 mg/L，略高于饮用水标准总硬度（450 mg/L）；夏季检测中，疏勒河保护区水域铜、锌、镉均未检出，铅含量在0.0078～0.0337 mg/L之间，平均值为0.0240 mg/L，高于标准值（0.01 mg/L）2倍多，秋季检测中，铜、锌含量分别在0.0645～0.1082 mg/L之间和0.0088～0.0115 mg/L之间，铅、镉均未检出。可见，疏勒河保护区水域水质就此次调查来说，化学需氧量、氯化物含量、硫酸盐含量、铅含量等指标高于《生活饮用水卫生标准》，其余指标完全符合《生活饮用水卫生标准》。

综上所述，疏勒河保护区水域水质良好，溶解氧含量高，营养元素丰富，年平均径流量和交换量大，符合《渔业水质标准》（GB 11607—89）、《无公害食品 淡水养殖用水标准》（NY 5051—2001），基本上符合《生活饮用水卫生标准》（GB 5749—2006），适合水产养殖，具有巨大的渔业发展潜力。

三、疏勒河保护区浮游生物状况及渔业利用分析

几乎所有鱼类的鱼苗都是以浮游生物为食的，鲢鱼、鳙鱼终生都摄食浮游生物。现代渔业生产中还使用人工培育的浮游生物来喂养一些名特优水产鱼苗，取得了很好的效果。所以，浮游生

物对渔业生产有很重要的意义。

（一）浮游生物调查分析方法

1.浮游生物定性调查方法

浮游动物、浮游植物定性样品采集方法相同，用25#、13#网采集，用鲁哥氏液进行固定，在显微镜下进行鉴定。

2.浮游生物定量调查方法

每个采样点采集混合水样1000 mL，加入鲁哥氏液固定。水样固定24小时后用虹吸管吸去上层清液，剩下样品利用计数框在显微镜下计数统计。

（二）浮游生物调查结果

1.浮游植物调查结果

疏勒河保护区共有7个采样点，在不同的季节，每个采样点浮游植物的种类、数量差异很大，但都是以硅藻门占优势，硅藻门属于优势藻类。因此，每个采样点的浮游植物的种类、分布情况都按照采样季节分别统计。

（1）A点：分夏季（6月份）、秋季（10月份）

①夏季（6月份）：共检测出浮游植物5门39种。浮游植物种类、分布情况汇总见表4-5-3，其密度和生物量见表4-5-4。

表4-5-3　疏勒河保护区采样点A点夏季浮游植物种类、分布情况

门类	种类	学名	分布
蓝藻门	微小平裂藻	*M. tenuissima*	+++
	鱼腥藻属	*Anabaena*	++
	隐球藻属	*Aphanocapsa*	+
	念珠藻属	*Nostoc*	++
	钝顶螺旋藻	*S. platensis*	+
	大螺旋藻	*S. major*	+
	小席藻	*P. tenue*	+
	小型色球藻	*Ch. minor*	++
硅藻门	肘状针杆藻	*S. ulna*	+++
	新月形桥弯藻	*C. cymbiformis*	+++
	绿舟形藻	*N. viridula*	+++
	绿羽纹藻	*P. viridis*	+++
	肿胀桥弯藻	*C. tumida*	++
	缘花舟形藻	*N. radiosa*	+++
	钝脆杆藻	*F. capucina*	+++
	喙头舟形藻	*F. capucina*	+++

续表4-5-3

门类	种类	学名	分布
	针状菱形藻	*N. acicularis*	+++
	窗格平板藻	*T. feneatrata*	+++
	舟形桥弯藻	*C. naviculiformis*	+++
	偏肿桥弯藻	*C. ventricosa*	+++
	披针形桥弯藻	*C. lanceolata*	++
	隐头舟形藻	*N. cryptocephala*	+++
	北方羽纹藻	*P. borealis*	+++
	普通等片藻	*D. vulgare*	+++
	微细异端藻	*G. parvulum*	++
	著名羽纹藻	*P. pinnulatia*	++
	椭圆月形藻	*A. ovalis*	+++
	巴豆叶脆杆藻	*F. crotonensis*	+
	大羽纹藻	*P. major*	++
绿藻门	四尾栅藻	*S. quadricauda*	+++
	双列栅藻	*S. bijugatus*	+++
	单角盘星藻	*P. simplex*	+
	椭圆小球藻	*C. ellipsoidea*	+++
	新月藻属	*Closterium*	++
	椭圆卵囊藻	*O. borgei*	+
	水绵属	*Spirogyra*	+
	双射盘星藻	*P. biradiatum*	++
甲藻门	飞燕角藻	*C. hirundinella*	+++
金藻门	圆筒锥囊藻	*D. cylindricum*	+++

注:"+"表示有分布,"++"表示分布较多,"+++"表示分布很多。

表4-5-4 疏勒河保护区采样点A点夏季浮游植物密度和生物量

门类	密度(万个/升)	生物量(mg/L)	密度占总密度的比例(%)	生物量占总生物量的比例(%)
蓝藻	1.36	0.00087	10.15	0.09
硅藻	7.96	0.74388	59.40	76.09
绿藻	3.16	0.00902	23.58	0.93
甲藻	0.44	0.22000	3.28	22.50
金藻	0.48	0.00384	3.58	0.39
总数	13.40	0.97761	100	100

从表4-5-4看，疏勒河保护区采样点A点夏季浮游植物种类比较多，在密度上的优势种类为硅藻和绿藻，分别占到总密度的59.40%和23.58%；在生物量上的优势种类为硅藻和甲藻，分别占到总生物量的76.09%和22.50%。蓝藻的密度占到总密度的10.15%，但是由于湿重较小，其生物量占比很小。

②秋季（10月份）：共检测出浮游植物4门28种。浮游植物种类、分布情况汇总见表4-5-5，其密度和生物量见表4-5-6。

表4-5-5　疏勒河保护区采样点A点秋季浮游植物种类、分布情况

门类	种类	学名	分布
蓝藻门	微小平裂藻	*M. tenuissima*	+
	小席藻	*P. tenue*	+
硅藻门	肘状针杆藻	*S. ulna*	+++
	新月形桥弯藻	*C. cymbiformis*	++
	缘花舟形藻	*N. radiosa*	+
	钝脆杆藻	*F. capucina*	+
	喙头舟形藻	*N. rhynchocephala*	+
	针状菱形藻	*N. acicularis*	+
	窗格平板藻	*T. feneatrata*	+
	舟形桥弯藻	*C. naviculiformis*	+
	偏肿桥弯藻	*C. ventricosa*	+
	披针形桥弯藻	*C. lanceolata*	+
	隐头舟形藻	*N. cryptocephala*	++
	尖针杆藻	*S. acus*	+
	北方羽纹藻	*P. borealis*	+++
	普通等片藻	*D. vulgare*	++
	微细异端藻	*G. acuminatum*	+++
	椭圆月形藻	*A. ovalis*	+
	大羽纹藻	*P. major*	+
	帽形菱形藻	*N. palea*	+++
	近缘针杆藻	*C. elliptica*	+
	铲状菱形藻	*N. paleacea*	+
	丹麦细柱藻	*L. danicus*	+
	肿胀桥弯藻	*C. tumida*	+
	尖布纹藻	*G. acuminatum*	+++
	新月拟菱形藻	*N. closterium*	+
绿藻门	双列栅藻	*S. bijugatus*	+
甲藻门	飞燕角藻	*C. hirundinella*	+

注："+"表示有分布，"++"表示分布较多，"+++"表示分布很多。

表4-5-6　疏勒河保护区采样点A点秋季浮游植物密度和生物量

门类	密度(万个/升)	生物量(mg/L)	密度占总密度的比例(%)	生物量占总生物量的比例(%)
蓝藻	0.12	0.00016	2.55	0.05
硅藻	4.48	0.32248	95.12	90.10
绿藻	0.04	0.00002	0.85	0.02
甲藻	0.07	0.03520	1.50	9.84
总数	4.71	0.35786	100	100

　　从表4-5-6看，疏勒河保护区采样点A点秋季浮游植物种类比较多，在密度上的优势种类为硅藻，占到总密度的95.12%；在生物量上的优势种类为硅藻和甲藻，分别占到总生物量的90.10%和9.84%。蓝藻和绿藻的密度占比都很小，由于湿重较小，其生物量占比更小。

　　（2）B点：分夏季（6月份）、秋季（10月份）

　　①夏季（6月份）：共检测出浮游植物5门23种。浮游植物种类、分布情况汇总见表4-5-7，其密度和生物量见表4-5-8。

表4-5-7　疏勒河保护区采样点B点夏季浮游植物种类、分布情况

门类	种类	学名	分布
蓝藻门	微小平裂藻	M. tenuissima	+
	小席藻	P. tenue	+
硅藻门	肘状针杆藻	S. ulna	+++
	新月形桥弯藻	C. cymbiformis	+++
	绿舟形藻	N. viridula	+++
	缘花舟形藻	N. radiosa	+++
	喙头舟形藻	N. rhynchocephala	+++
	针状菱形藻	N. acicularis	+++
	舟形桥弯藻	C. naviculiformis	+++
	偏肿桥弯藻	C. ventricosa	++
	隐头舟形藻	N. cryptocephala	++
	北方羽纹藻	P. borealis	+++
	普通等片藻	D. vulgare	+++
	微细异端藻	G. acuminatum	+++
	椭圆月形藻	A. ovalis	++
	巴豆叶脆杆藻	F. crotonensis	++
	大羽纹藻	P. major	+++
	著名羽纹藻	P. pinnulatia	+
绿藻门	双列栅藻	S. bijugatus	+++
	双射盘星藻	P. biradiatum	++
	整齐盘星藻	P. integrum	++
甲藻门	飞燕角藻	C. hirundinella	++
金藻门	分歧锥囊藻	D. divergens	+++

注："+"表示有分布，"++"表示分布较多，"+++"表示分布很多。

表4-5-8 疏勒河保护区采样点B点夏季浮游植物密度和生物量

门类	密度(万个/升)	生物量(mg/L)	密度占总密度的比例(%)	生物量占总生物量的比例(%)
蓝藻	0.08	0.00008	0.73	0.01
硅藻	9.00	0.54028	82.42	91.27
绿藻	0.36	0.00042	3.30	0.07
甲藻	0.08	0.04000	0.73	6.76
金藻	1.40	0.01120	12.82	1.89
总数	10.92	0.59198	100	100

从表4-5-8看,疏勒河保护区采样点B点夏季浮游植物在密度上的优势种类为硅藻和金藻,分别占到总密度的82.42%和12.82%;在生物量上的优势种类为硅藻和甲藻,分别占到总生物量的91.27%和6.76%。蓝藻和绿藻相对较少,密度和生物量占比均很小。

②秋季(10月份):共检测出浮游植物2门21种。浮游植物种类、分布情况汇总见表4-5-9,其密度和生物量见表4-5-10。

表4-5-9 疏勒河保护区采样点B点秋季浮游植物种类、分布情况

门类	种类	学名	分布
硅藻门	肘状针杆藻	S. ulna	+++
	缘花舟形藻	N. radiosa	+
	钝脆杆藻	F. capucina	+
	喙头舟形藻	N. rhynchocephala	+
	针状菱形藻	N. acicularis	++
	窗格平板藻	T. feneatrata	++
	舟形桥弯藻	C. naviculiformis	+
	披针形桥弯藻	C. lanceolata	+
	铲状菱形藻	N. paleacea	++
	隐头舟形藻	N. cryptocephala	+
	北方羽纹藻	P. borealis	+++
	普通等片藻	D. vulgare	++
	微细异端藻	G. acuminatum	++
	尖布纹藻	G. acuminatum	+
	椭圆月形藻	C. elliptica	++
	大羽纹藻	P. major	++
	帽状菱形藻	N. palea	++
绿藻门	双列栅藻	S. bijugatus	+
	水绵属	Spirogyra	+
	双星藻属	Zygnema	+
	椭圆小球藻	C. ellipsoidea	+

注:"+"表示有分布,"++"表示分布较多,"+++"表示分布很多。

表4-5-10 疏勒河保护区采样点B点秋季浮游植物密度和生物量

门类	密度(万个/升)	生物量(mg/L)	密度占总密度的比例(%)	生物量占总生物量的比例(%)
硅藻	4.12	0.31352	98.10	99.99
绿藻	0.08	0.00003	1.90	0.01
总数	4.20	0.31355	100	100

从表4-5-10看，疏勒河保护区采样点B点秋季浮游植物种类只有硅藻和绿藻，密度分别占到总密度的98.10%和1.90%；在生物量上的优势种类为硅藻，占到总生物量的99.99%。绿藻较少，密度和生物量占比均很小。

（3）C点：分夏季（6月份）、秋季（10月份）

①夏季（6月份）：共检测出浮游植物4门28种。浮游植物种类、分布情况汇总见表4-5-11，其密度和生物量见表4-5-12。

表4-5-11 疏勒河保护区采样点C点夏季浮游植物种类、分布情况

门类	种类	学名	分布
蓝藻门	大螺旋藻	*S. major*	+
	小型色球藻	*Ch. minor*	+
硅藻门	肘状针杆藻	*S. ulna*	+++
	新月形桥弯藻	*C. cymbiformis*	++
	绿舟形藻	*N. viridula*	+++
	绿羽纹藻	*P. viridis*	+
	肿胀桥弯藻	*C. tumida*	+
	缘花舟形藻	*N. radiosa*	+++
	钝脆杆藻	*F. capucina*	+++
	喙头舟形藻	*N. rhynchocephala*	+++
	针状菱形藻	*N. aciculris*	+++
	窗格平板藻	*T. feneatrata*	++
	舟形桥弯藻	*C. naviculiformis*	+++
	偏肿桥弯藻	*C. ventricosa*	+++
	帽形菱形藻	*N. palea*	+++
	隐头舟形藻	*N. cryptocephala*	+++
	北方羽纹藻	*P. borealis*	+++
	普通等片藻	*D. vulgare*	+++
	微细异端藻	*G. acuminatum*	+++
	著名羽纹藻	*P. pinnulatia*	+
	椭圆月形藻	*A. ovalis*	+++
	巴豆叶脆杆藻	*F. crotonensis*	++

门类	种类	学名	分布
	大羽纹藻	*P. major*	+++
	尖异端藻	*G. acuminatum*	+
	膨大窗纹藻	*E.turgida*	+
	椭圆波纹藻	*C. elliptica*	+
绿藻门	双列栅藻	*S. bijugatus*	+
金藻门	圆筒锥囊藻	*D. cylindricum*	++

注:"+"表示有分布,"++"表示分布较多,"+++"表示分布很多。

表4-5-12 疏勒河保护区采样点C点夏季浮游植物密度和生物量

门类	密度(万个/升)	生物量(mg/L)	密度占总密度的比例(%)	生物量占总生物量的比例(%)
蓝藻	0.08	0.00034	0.66	0.02
硅藻	11.88	1.22696	98.34	99.92
绿藻	0.04	0.00002	0.34	0.01
金藻	0.08	0.00064	0.66	0.05
总数	12.08	1.22796	100	100

从表4-5-12看,疏勒河保护区采样点C点夏季浮游植物在密度上的优势种类为硅藻,占到总密度的98.34%;在生物量上的优势种类为硅藻,占到总生物量的99.92%。蓝藻和金藻在密度和生物量的占比上基本相等。

②秋季(10月份):共检测出浮游植物1门17种。浮游植物种类、分布情况汇总见表4-5-13,其密度和生物量见表4-5-14。

表4-5-13 疏勒河保护区采样点C点秋季浮游植物种类、分布情况

门类	种类	学名	分布
硅藻门	新月形桥弯藻	*C. cymbiformis*	+
	绿舟形藻	*N. viridula*	+
	窗格平板藻	*T. feneatrata*	+
	舟形桥弯藻	*C. naviculiformis*	++
	偏肿桥弯藻	*C. ventricosa*	+
	近缘针杆藻	*C. lanceolata*	+
	喙头舟形藻	*N. rhynchocephala*	+
	北方羽纹藻	*P. borealis*	++
	普通等片藻	*D. vulgare*	++
	尖针杆藻	*S. acus*	++

续表4-5-13

门类	种类	学名	分布
	大羽纹藻	*P. major*	+
	帽形菱形藻	*N. palea*	+
	钝脆杆藻	*F. capucina*	++
	微细异端藻	*G. acuminatum*	+
	铲状菱形藻	*N. paleacea*	++
	丹麦细柱藻	*L. danicus*	++
	肘状针杆藻	*S. ulna*	++

注："+"表示有分布，"++"表示分布较多，"+++"表示分布很多。

表4-5-14　疏勒河保护区采样点C点秋季浮游植物密度和生物量

门类	密度(万个/升)	生物量(mg/L)	密度占总密度的比例(%)	生物量占总生物量的比例(%)
硅藻	2.72	0.17256	100	100
总数	2.72	0.17256	100	100

　　从表4-5-14看，疏勒河保护区采样点C点秋季浮游植物只有硅藻，所以其密度和生物量均占比100%。

　　（4）D点：分夏季（6月份）、秋季（10月份）

　　①夏季（6月份）：共检测出浮游植物4门33种。浮游植物种类、分布情况汇总见表4-5-15，其密度和生物量见表4-5-16。

表4-5-15　疏勒河保护区采样点D点夏季浮游植物种类、分布情况

门类	种类	学名	分布
	肘状针杆藻	*S. ulna*	+++
	新月形桥弯藻	*C. cymbiformis*	+++
	绿舟形藻	*N. viridula*	+++
	缘花舟形藻	*N. radiosa*	+++
	钝脆杆藻	*F. capucina*	++
硅藻门	喙头舟形藻	*N. rhynchocephala*	+++
	针状菱形藻	*N. acicularis*	+++
	窗格平板藻	*T. feneatrata*	++
	舟形桥弯藻	*C. naviculiformis*	+++
	偏肿桥弯藻	*C. ventricosa*	+++
	披针形桥弯藻	*C. lanceolata*	+
	隐头舟形藻	*N. cryptocephala*	+++

门类	种类	学名	分布
	北方羽纹藻	*P. borealis*	+++
	普通等片藻	*D. vulgare*	+++
	微细异端藻	*G. acuminatum*	+++
	著名羽纹藻	*P. pinnulatia*	++
	椭圆月形藻	*A. ovalis*	+++
	巴豆叶脆杆藻	*F. crotonensis*	++
	大羽纹藻	*P. major*	+++
	帽形菱形藻	*N. palea*	+++
	角菱形藻	*N. angustata*	++
	扁圆舟形藻	*N. placentula*	+
	盾形卵形藻	*C. scutellum*	+
	椭圆波纹藻	*C. elliptica*	+++
	著名羽纹藻	*P. pinnulatia*	+
	铲状菱形藻	*N. paleacea*	++
	丹麦细柱藻	*L. danicus*	++
绿藻门	双列栅藻	*S. bijugatus*	+
	斜生栅藻	*S. obliquus*	+
	水绵属	*Spirogyra*	+++
	黑孢藻属	*Pithophora*	+++
甲藻门	叉角藻	*C. furca*	+
金藻门	分歧锥囊藻	*D. divergens*	++

注："+"表示有分布，"++"表示分布较多，"+++"表示分布很多。

表4-5-16 疏勒河保护区采样点D点夏季浮游植物密度和生物量

门类	密度(万个/升)	生物量(mg/L)	密度占总密度的比例(%)	生物量占总生物量的比例(%)
硅藻	12.04	2.60400	92.05	98.62
绿藻	0.84	0.01524	6.42	0.58
甲藻	0.04	0.02000	0.31	0.75
金藻	0.16	0.00128	1.22	0.05
总数	13.08	2.64052	100	100

从表4-5-16看，疏勒河保护区采样点D点夏季浮游植物在密度上的优势种类为硅藻，占到总

密度的92.05%；在生物量上的优势种类为硅藻，占到总生物量的98.62%。绿藻的数量相对甲藻、金藻而言较多，但是生物量占比和甲藻差别不大。

②秋季（10月份）：共检测出浮游植物2门16种。浮游植物种类、分布情况汇总见表4-5-17，其密度和生物量见表4-5-18。

表4-5-17　疏勒河保护区采样点D点秋季浮游植物种类、分布情况

门类	种类	学名	分布
硅藻门	肘状针杆藻	*S. ulna*	++
	新月形桥弯藻	*C. cymbiformis*	++
	绿舟形藻	*N. viridula*	+
	钝脆杆藻	*F. capucina*	+
	喙头舟形藻	*N. rhynchocephala*	+
	针状菱形藻	*N. acicularis*	++
	舟形桥弯藻	*C. naviculiformis*	++
	披针形桥弯藻	*C. lanceolata*	+
	帽形菱形藻	*N. palea*	+++
	隐头舟形藻	*N. cryptocephala*	++
	北方羽纹藻	*P. borealis*	++
	普通等片藻	*D. vulgare*	+
	微细异端藻	*G. acuminatum*	++
	铲状菱形藻	*N. paleacea*	+
	椭圆月形藻	*A. ovalis*	+
绿藻门	双列栅藻	*S. bijugatus*	+

注："+"表示有分布，"++"表示分布较多，"+++"表示分布很多。

表4-5-18　疏勒河保护区采样点D点秋季浮游植物密度和生物量

门类	密度（万个/升）	生物量（mg/L）	密度占总密度的比例（%）	生物量占总生物量的比例（%）
硅藻	2.88	0.15400	98.63	99.99
绿藻	0.04	0.00002	1.37	0.01
总数	2.92	0.15402	100	100

从表4-5-18看，疏勒河保护区采样点D点秋季浮游植物在密度上的优势种类为硅藻，占到总密度的98.63%；在生物量上的优势种类为硅藻，占到总生物量的99.99%。绿藻的数量较少。

（5）E点：只检测了夏季（6月份）

夏季（6月份）共检测出浮游植物4门27种。浮游植物种类、分布情况汇总见表4-5-19，其数量和生物量见表4-5-20。

表 4-5-19　疏勒河保护区采样点 E 点夏季浮游植物种类、分布情况

门类	种类	学名	分布
蓝藻门	念珠藻属	*Nostoc*	+++
硅藻门	肘状针杆藻	*S. ulna*	+++
	新月形桥弯藻	*C. cymbiformis*	+++
	肿胀桥弯藻	*C. tumida*	++
	缘花舟形藻	*N. radiosa*	++
	钝脆杆藻	*F. capucina*	+++
	喙头舟形藻	*N. rhynchocephala*	+++
	针状菱形藻	*N. acicularis*	+++
	窗格平板藻	*T. feneatrata*	+++
	舟形桥弯藻	*C. naviculiformis*	+++
	偏肿桥弯藻	*C. ventricosa*	+++
	披针形桥弯藻	*C. lanceolata*	+++
	隐头舟形藻	*N. cryptocephala*	+++
	北方羽纹藻	*P. borealis*	+++
	普通等片藻	*D. vulgare*	+++
	微细异端藻	*G. parvulum*	+++
	尖布纹藻	*G. acuminatum*	++
	椭圆月形藻	*C. elliptica*	+++
	巴豆叶脆杆藻	*F. crotonensis*	+++
	大羽纹藻	*P. major*	+++
	帽状菱形藻	*N. palea*	+++
	铲状菱形藻	*N. paleacea*	+++
	美丽星杆藻	*A. formosa*	+++
绿藻门	双列栅藻	*S. bijugatus*	+
	水绵属	*Spirogyra*	+
	双射盘星藻	*P. biradiatum*	+
黄藻门	近缘黄丝藻	*T. affine*	+++

注:"+"表示有分布,"++"表示分布较多,"+++"表示分布很多。

表4-5-20 疏勒河保护区采样点E点夏季浮游植物密度和生物量

门类	密度（万个/升）	生物量（mg/L）	密度占总密度的比例（%）	生物量占总生物量的比例（%）
蓝藻	0.20	0.00010	0.68	0.001
硅藻	28.76	2.50108	97.96	99.850
绿藻	0.12	0.00090	0.41	0.036
黄藻	0.28	0.00280	0.95	0.112
总数	29.36	2.50488	100	100

从表4-5-20看，疏勒河保护区采样点E点夏季浮游植物在密度上的优势种类为硅藻，占到总密度的97.96%；在生物量上的优势种类为硅藻，占到总生物量的99.85%。其他藻类在数量上基本相同，因湿重不同，生物量差别显著。

（6）F点：分夏季（6月份）、秋季（10月份）

①夏季（6月份）：共检测出浮游植物4门27种。浮游植物种类、分布情况汇总见表4-5-21，其数量和生物量见表4-5-22。

表4-5-21 疏勒河保护区采样点F点夏季浮游植物种类、分布情况

门类	种类	学名	分布
蓝藻门	念珠藻属	Nostoc	++
硅藻门	肘状针杆藻	S. ulna	+++
	新月形桥弯藻	C. cymbiformis	+++
	缘花舟形藻	N. radiosa	+
	钝脆杆藻	F. capucina	+++
	喙头舟形藻	N. rhynchocephala	++
	针状菱形藻	N. acicularis	+++
	窗格平板藻	T. feneatrata	+++
	舟形桥弯藻	C. naviculiformis	+++
	偏肿桥弯藻	C. ventricosa	+++
	披针形桥弯藻	C. lanceolata	++
	隐头舟形藻	N. cryptocephala	+++
	北方羽纹藻	P. borealis	+++
	普通等片藻	D. vulgare	+++
	微细异端藻	G. acuminatum	+++
	椭圆月形藻	A. ovalis	+++
	大羽纹藻	P. major	+++
	帽形菱形藻	N. palea	+++

门类	种类	学名	分布
	椭圆波纹藻	*C. elliptica*	++
	铲状菱形藻	*N. paleacea*	+++
	丹麦细柱藻	*L. danicus*	+
	肿胀桥弯藻	*C. tumida*	+
	尖布纹藻	*G. acuminatum*	+++
绿藻门	双星藻属	*Zygnema*	+++
	水绵属	*Spirogyra*	+++
	黑孢藻属	*Pithophora*	++
黄藻门	近缘黄丝藻	*T. affine*	+++

注："+"表示有分布，"++"表示分布较多，"+++"表示分布很多。

表4-5-22　疏勒河保护区采样点F点夏季浮游植物密度和生物量

门类	密度（万个/升）	生物量（mg/L）	密度占总密度的比例（%）	生物量占总生物量的比例（%）
蓝藻	0.80	0.00004	7.17	0.01
硅藻	9.08	1.30732	81.36	98.22
绿藻	1.08	0.02160	9.68	1.62
黄藻	0.20	0.00200	1.79	0.15
总数	11.16	1.33096	100	100

从表4-5-22看，疏勒河保护区采样点F点夏季浮游植物在密度上的优势种类为硅藻，占到总密度的81.36%；在生物量上的优势种类也为硅藻，占到总生物量的98.22%。蓝藻和绿藻在密度上基本相同，分别占到总密度的7.17%和9.68%。由于蓝藻的湿重较小，绿藻在生物量上的占比较蓝藻高，占到总生物量的1.62%。

②秋季（10月份）：共检测出浮游植物5门25种。浮游植物种类、分布情况汇总见表4-5-23，其数量和生物量见表4-5-24。

表4-5-23　疏勒河保护区采样点F点秋季浮游植物种类、分布情况

门类	种类	学名	分布
蓝藻门	点形平裂藻	*M. punctata*	+++
	大螺旋藻	*S. major*	+
	钝顶螺旋藻	*S. platensis*	+
	念珠藻属	*Nostoc*	+
硅藻门	肘状针杆藻	*S. ulna*	+++
	新月形桥弯藻	*C. cymbiformis*	+

门类	种类	学名	分布
	钝脆杆藻	*F. capucina*	++
	喙头舟形藻	*N. rhynchocephala*	++
	窗格平板藻	*T. feneatrata*	+
	舟形桥弯藻	*C. naviculiformis*	++
	新月拟菱形藻	*N. closterium*	+
	尖针杆藻	*S. acus*	+++
	偏肿桥弯藻	*C. ventricosa*	+
	隐头舟形藻	*N. cryptocephala*	++
	北方羽纹藻	*P. borealis*	++
	普通等片藻	*D. vulgare*	+
	微细异端藻	*G. parvulum*	+
	巴豆叶脆杆藻	*F. crotonensis*	+
	大羽纹藻	*P. major*	+
绿藻门	四尾栅藻	*S. quadricauda*	+
	简单衣藻	*C. simplex*	++
	球衣藻	*C. globosa*	+++
	整齐盘星藻	*P. integrum*	+
隐藻门	卵形隐藻	*C. ovata*	++
金藻门	长锥囊藻	*D. bavaricum*	++

注:"+"表示有分布,"++"表示分布较多,"+++"表示分布很多。

表4-5-24 疏勒河保护区采样点F点秋季浮游植物密度和生物量

门类	密度(万个/升)	生物量(mg/L)	密度占总密度的比例(%)	生物量占总生物量的比例(%)
蓝藻	0.16	0.0006	1.61	0.11
硅藻	7.88	0.5426	79.12	97.80
绿藻	1.32	0.0038	13.25	0.68
隐藻	0.28	0.0056	2.81	1.01
金藻	0.32	0.0022	3.21	0.40
总数	9.96	0.5548	100	100

从表4-5-24看,疏勒河保护区采样点F点秋季浮游植物在密度上的优势种类为硅藻和绿藻,分别占到总密度的79.12%和13.25%;在生物量上的优势种类为硅藻,占到总生物量的97.80%。隐藻和金藻在密度上基本相同,分别占到总密度的2.81%和3.21%,由于湿重较小,隐藻和金藻

在生物量上的占比也很小。

（7）G点：只检测了秋季（10月份）

秋季（10月份）共检测出浮游植物3门23种。浮游植物种类、分布情况汇总见表4-5-25，其密度和生物量见表4-5-26。

表4-5-25　疏勒河保护区采样点G点秋季浮游植物种类、分布情况

门类	种类	学名	分布
蓝藻门	小型色球藻	*Ch. minor*	++
	优美平裂藻	*M. elegans*	+
	小颤藻	*O. princeps*	+
硅藻门	肘状针杆藻	*S. ulna*	++
	新月形桥弯藻	*C. cymbiformis*	++
	尖针杆藻	*S. acus*	++
	帽形菱形藻	*N. palea*	++
	喙头舟形藻	*N. rhynchocephala*	++
	新月拟菱形藻	*N. closterium*	++
	舟形桥弯藻	*C. naviculiformis*	++
	偏肿桥弯藻	*C. ventricosa*	+
	肿胀桥弯藻	*C. tumida*	+
	隐头舟形藻	*N. cryptocephala*	+
	北方羽纹藻	*P. borealis*	+
	普通等片藻	*D. vulgare*	++
	钝脆杆藻	*F. capucini*	+
	铲状菱形藻	*N. paleacea*	++
	披针形桥弯藻	*C. lanceolata*	++
	大羽纹藻	*P. major*	+
	窗格平板藻	*T. feneatrata*	+
绿藻门	双列栅藻	*S. bijugatus*	+++
	水绵属	*Spirogyra*	+
	四尾栅藻	*S. quadricauda*	+

注："+"表示有分布，"++"表示分布较多，"+++"表示分布很多。

表4-5-26　疏勒河保护区采样点G点秋季浮游植物密度和生物量

门类	密度（万个/升）	生物量（mg/L）	密度占总密度的比例（%）	生物量占总生物量的比例（%）
蓝藻	0.60	0.00117	14.42	0.95
硅藻	3.04	0.12136	73.08	98.84
绿藻	0.52	0.00026	12.50	0.21
总数	4.16	0.12279	100	100

从表4-5-26看，疏勒河保护区采样点G点秋季浮游植物在密度上的优势种类为硅藻，占到总密度的73.08%；在生物量上的优势种类为硅藻，占到总生物量的98.84%。蓝藻和绿藻在密度上基本相同，分别占到总密度的14.42%和12.50%，因湿重均很小，生物量所占比例也很小。

2.浮游动物调查结果

疏勒河保护区共有7个采样点，在不同的季节，每个采样点浮游动物的种类、数量差异很大，优势种也不同，所以每个采样点浮游动物的种类、分布情况都按照采样季节分别统计。

（1）A点：分夏季（6月份）、秋季（10月份）

①夏季（6月份）：共检测出浮游动物3门9种。浮游动物种类、分布情况汇总见表4-5-27，其密度和生物量见表4-5-28。

表4-5-27　疏勒河保护区采样点A点夏季浮游动物种类、分布情况

门类	种类	学名	分布
原生动物	单环栉毛虫	*D. balbianii*	+++
	团焰毛虫	*A. volvox*	+++
桡足类	台湾温剑水蚤	*T. taihokuensis*	++
	广布中剑水蚤	*M. leuckarti*	+
枝角类	鹦鹉溞	*D. psittacea*	++
	老年低额溞	*S. vetulus*	++
	翼弧溞	*D. lumholtzi*	++
	隆线溞	*D. carinata*	+++
	长刺溞	*D. longispina*	++

注："+"表示有分布，"++"表示分布较多，"+++"表示分布很多。

表4-5-28　疏勒河保护区采样点A点夏季浮游动物密度和生物量

门类	密度(个/升)	生物量(mg/L)	密度占总密度的比例(%)	生物量占总生物量的比例(%)
原生动物	550	0.0165	35.48	0.013
桡足类	150	5.7000	9.68	4.516
枝角类	850	120.5000	54.84	95.471
总数	1550	126.2165	100	100

从表4-5-28看，疏勒河保护区采样点A点夏季浮游动物在密度上的优势种类为原生动物和枝角类，分别占到总密度的35.48%和54.84%；在生物量上的优势种类为枝角类，占到总生物量的95.471%。

②秋季（10月份）：共检测出浮游动物1门1种。浮游动物种类、分布情况汇总见表4-5-29，其密度和生物量见表4-5-30。

表4-5-29　疏勒河保护区采样点A点秋季浮游动物种类、分布情况

门类	种类	学名	分布
轮虫	圆形臂尾轮虫	*B. rotundiformis*	+

注："+"表示有分布，"++"表示分布较多，"+++"表示分布很多。

表4-5-30　疏勒河保护区采样点A点秋季浮游动物密度和生物量

门类	密度(个/升)	生物量(mg/L)	密度占总密度的比例(%)	生物量占总生物量的比例(%)
轮虫	256	0.06144	100	100
总数	256	0.06144	100	100

从表4-5-30看，疏勒河保护区采样点A点秋季浮游动物只有轮虫，从数量上看量还是很多的。

（2）B点：分夏季（6月份）、秋季（10月份）

①夏季（6月份）：共检测出浮游动物3门4种。浮游动物种类、分布情况汇总见表4-5-31，其密度和生物量见表4-5-32。

表4-5-31　疏勒河保护区采样点B点夏季浮游动物种类、分布情况

门类	种类	学名	分布
轮虫	钩状狭甲轮虫	*C. uncinata*	++
	圆形臂尾轮虫	*B. rotundiformis*	+++
桡足类	细巧华哲水蚤	*S. tenellus*	++
枝角类	隆线溞	*D. carinata*	++

注："+"表示有分布，"++"表示分布较多，"+++"表示分布很多。

表4-5-32　疏勒河保护区采样点B点夏季浮游动物密度和生物量

门类	密度（个/升）	生物量（mg/L）	密度占总密度的比例（%）	生物量占总生物量的比例（%）
轮虫	1250	0.27075	80.65	0.3788
桡足类	100	31.20000	6.45	43.6542
枝角类	200	40.00000	12.90	55.9670
总数	1550	71.47075	100	100

从表4-5-32看，疏勒河保护区采样点B点夏季浮游动物在密度上的优势种类为轮虫和枝角类，分别占到总密度的80.65%和12.90%；在生物量上的优势种类为桡足类和枝角类，分别占到总生物量的43.6542%和55.9670%。

②秋季（10月份）：未检测出浮游动物。

（3）C点：分夏季（6月份）、秋季（10月份）

①夏季（6月份）：共检测出浮游动物1门1种。浮游动物种类、分布情况汇总见表4-5-33，其密度和生物量见表4-5-34。

表4-5-33　疏勒河保护区采样点C点夏季浮游动物种类、分布情况

门类	种类	学名	分布
轮虫	圆形臂尾轮虫	*B. rotundiformis*	+++

注："+"表示有分布，"++"表示分布较多，"+++"表示分布很多。

表4-5-34　疏勒河保护区采样点C点夏季浮游动物密度和生物量

门类	密度（个/升）	生物量（mg/L）	密度占总密度的比例（%）	生物量占总生物量的比例（%）
轮虫	550	0.132	100	100
总数	550	0.132	100	100

从表4-5-34看，疏勒河保护区采样点C点夏季浮游动物只有轮虫，且数量较大。

②秋季（10月份）：共检测出浮游动物1门1种。浮游动物种类、分布情况汇总见表4-5-35，其数量和生物量见表4-5-36。

表4-5-35　疏勒河保护区采样点C点秋季浮游动物种类、分布情况

门类	种类	学名	分布
轮虫	圆形臂尾轮虫	*B. rotundiformis*	++

注："+"表示有分布，"++"表示分布较多，"+++"表示分布很多。

表4-5-36　疏勒河保护区采样点C点秋季浮游动物密度和生物量

门类	密度（个/升）	生物量（mg/L）	密度占总密度的比例（%）	生物量占总生物量的比例（%）
轮虫	272	0.06528	100	100
总数	272	0.06528	100	100

从表4-5-36看，疏勒河保护区采样点C点秋季浮游动物只有轮虫，且数量较多。

（4）D点：分夏季（6月份）、秋季（10月份）

①夏季（6月份）：共检测出浮游动物1门1种。浮游动物种类、分布情况汇总见表4-5-37，其密度和生物量见表4-5-38。

表4-5-37　疏勒河保护区采样点D点夏季浮游动物种类、分布情况

门类	种类	学名	分布
轮虫	圆形臂尾轮虫	*B. rotundiformis*	++

注："+"表示有分布，"++"表示分布较多，"+++"表示分布很多。

表4-5-38　疏勒河保护区采样点D点夏季浮游动物密度和生物量

门类	密度（个/升）	生物量（mg/L）	密度占总密度的比例（%）	生物量占总生物量的比例（%）
轮虫	150	0.036	100	100
总数	150	0.036	100	100

从表4-5-38看，疏勒河保护区采样点D点夏季浮游动物只有轮虫。

②秋季（10月份）：未检测出浮游动物。

（5）E点：只检测了夏季（6月份）

夏季（6月份）共检测出浮游动物2门2种。浮游动物种类、分布情况汇总见表4-5-39，其密度和生物量见表4-5-40。

表4-5-39　疏勒河保护区采样点E点夏季浮游动物种类、分布情况

门类	种类	学名	分布
轮虫	圆形臂尾轮虫	*B. rotundiformis*	++
枝角类	隆线溞	*D. carinata*	+

注："+"表示有分布，"++"表示分布较多，"+++"表示分布很多。

表4-5-40　疏勒河保护区采样点E点夏季浮游动物密度和生物量

门类	密度（个/升）	生物量（mg/L）	密度占总密度的比例（%）	生物量占总生物量的比例（%）
轮虫	150	0.036	75.00	0.3587
枝角类	50	10.000	25.00	99.6413
总数	200	10.036	100	100

从表4-5-40看，疏勒河保护区采样点E点夏季浮游动物在密度上的优势种类为轮虫和枝角类，分别占到总密度的75.00%和25.00%；在生物量上的优势种类为枝角类，占到总生物量的99.6413%。

（6）F点：分夏季（6月份）、秋季（10月份）

①夏季（6月份）：共检测出浮游动物1门1种。浮游动物种类、分布情况汇总见表4-5-41，其密度和生物量见表4-5-42。

表4-5-41 疏勒河保护区采样点F点夏季浮游动物种类、分布情况

门类	种类	学名	分布
桡足类	细巧华哲水蚤	*S. tenellus*	+

注："+"表示有分布，"++"表示分布较多，"+++"表示分布很多。

表4-5-42 疏勒河保护区采样点F点夏季浮游动物密度和生物量

门类	密度（个/升）	生物量(mg/L)	密度占总密度的比例(%)	生物量占总生物量的比例(%)
轮虫	150	46.8	100	100
总数	150	46.8	100	100

从表4-5-42看，疏勒河保护区采样点F点夏季浮游动物只有轮虫。

②秋季（10月份）：共检测出浮游动物1门2种。浮游动物种类、分布情况汇总见表4-5-43，其密度和生物量见表4-5-44。

表4-5-43 疏勒河保护区采样点F点秋季浮游动物种类、分布情况

门类	种类	学名	分布
轮虫	圆形臂尾轮虫	*B. rotundiformis*	+++
	缘板龟甲轮虫	*K. ticinensis*	++

注："+"表示有分布，"++"表示分布较多，"+++"表示分布很多。

表4-5-44 疏勒河保护区采样点F点秋季浮游动物密度和生物量

门类	密度（个/升）	生物量(mg/L)	密度占总密度的比例(%)	生物量占总生物量的比例(%)
轮虫	816	0.94656	100	100
总数	816	0.94656	100	100

从表4-5-44看，疏勒河保护区采样点F点夏季浮游动物只有轮虫，且数量较多。

（7）G点：只检测了秋季（10月份）

秋季（10月份）共检测出浮游动物1门1种。浮游动物种类、分布情况汇总见表4-5-45，其密度和生物量见表4-5-46。

表4-5-45 疏勒河保护区采样点G点秋季浮游动物种类、分布情况

门类	种类	学名	分布
桡足类	细巧华哲水蚤	*S. tenellus*	+

注："+"表示有分布，"++"表示分布较多，"+++"表示分布很多。

表4-5-46 疏勒河保护区采样点G点秋季浮游动物密度和生物量

门类	密度(个/升)	生物量(mg/L)	密度占总密度的比例(%)	生物量占总生物量的比例(%)
桡足类	36	11.232	100	100
总数	36	11.232	100	100

从表4-5-46看，疏勒河保护区采样点G点夏季浮游动物只有桡足类，且数量不多。

（三）疏勒河保护区渔业利用分析——滤食性鱼年产潜力估算

此次调查中，疏勒河保护区采样点中有4个点位于河道中，对滤食性鱼年产潜力估算的意义不大，所以在此不做分析，另外3个点在水库中，分别是A点（瓜州县祁家坝水库）、B点（瓜州县双塔水库）、F点（玉门市昌马水库），在此对这3个点的滤食性鱼年产潜力分别做估算分析。

1.A点（瓜州县祁家坝水库）滤食性鱼年产潜力估算

根据调查结果，夏季（6月份），A点浮游植物在密度上的优势种类为硅藻和绿藻，分别占到总密度的59.40%和23.58%，在生物量上的优势种类为硅藻和甲藻，分别占到总生物量的76.09%和22.50%；浮游动物在密度上的优势种类为原生动物和枝角类，分别占到总密度的35.48%和54.84%，在生物量上的优势种类为枝角类，占到总生物量的95.471%。浮游植物总生物量为0.97761 mg/L，浮游动物总生物量为126.2165 mg/L。秋季（10月份），A点浮游植物在密度上的优势种类为硅藻，占到总密度的95.12%，在生物量上的优势种类为硅藻和甲藻，分别占到总生物量的90.10%和9.84%；浮游动物只有轮虫。浮游植物总生物量为0.3586 mg/L，浮游动物总生物量为0.06144 mg/L。总体来看，A点浮游植物以硅藻为优势种，浮游植物平均生物量为0.66776 mg/L，浮游动物平均生物量为63.13897 mg/L。根据相关资料，水体的营养类型主要取决于初级生产力浮游植物的生物量。湖泊中浮游植物的生物量指标低于1 mg/L时属于贫营养型，以此判断，该采样点所在水库为贫营养型。

以浮游动植物为食的鲢鱼、鳙鱼在其生长期内可以利用的浮游动植物量可粗略按下式计算：

每公顷水体中浮游植物现存量：B1=0.66776 mg/L ×667×15（1亩=667 m²=1/15 hm²）×5（平均水深，m）×1000（1 m³=1000 L）÷1000（1 g=1000 mg）÷1000（1 kg=1000 g）= 33.4047 kg（注：5 m以下水深处浮游植物的量很少，故平均水深取5 m计算）。

同样的，每公顷水体中浮游动物现存量：B2=63.13897 mg/L ×667×15（1亩=667 m²=1/15 hm²）×5（平均水深，m）×1000（1 m³=1000 L）÷1000（1 g=1000 mg）÷1000（1 kg=1000 g）= 3158.5270 kg（注：5 m以下水深处浮游动物的量很少，故平均水深取5 m计算）。

根据浮游生物重量法：

鲢鱼年生产力=浮游植物生产量×可利用率÷饵料利用率=浮游植物现存量×P/B×可利用率÷饵料利用率=13.9186 kg/ hm²［根据《水库鱼产力评价标准》（SL 563—2011），其中，P/B系数一般取50，鲢鱼对浮游动物的利用率为25%，饵料利用率一般为30］。

鳙鱼年生产力=浮游动物生产量×可利用率÷饵料利用率=浮游动物现存量×P'/B×可利用率÷饵料利用率= 947.558 kg/ hm²［根据《水库鱼产力评价标准》（SL 563—2011），其中，P/B系数一般取20，鳙鱼对浮游动物的利用率为30%，饵料利用率一般为20］。其中，P为浮游植物生产量；P'为浮游动物生产量；B为浮游植物现存量。

因此，疏勒河保护区A点（瓜州县祁家坝水库）372亩（即24.8 hm²）水面上，根据上面得出的初步结论可以得出，瓜州县祁家坝水库理论年鲢鱼生产力=13.9185 kg/ hm²×24.8 hm²=345.1788 kg，瓜州县祁家坝水库理论年鳙鱼生产力=23499.4384 kg。

然而由于养殖规模、鱼苗投放、管理等各方面原因，疏勒河保护区A点（瓜州县祁家坝水库）年产滤食性鱼类数量远不及理论数据，还有着很大的开发空间。若能有效合理利用这一天然资源，那么其在带来部分收益的同时，还会为社会创造一定价值。

2.B点（瓜州县双塔水库）滤食性鱼年产潜力估算

根据调查结果，夏季（6月份），B点浮游植物在密度上的优势种类为硅藻和金藻，分别占到总密度的82.42%和12.82%，在生物量上的优势种类为硅藻和甲藻，分别占到总生物量的91.27%和6.76%；浮游动物在密度上的优势种类为轮虫和枝角类，分别占到总密度的80.65%和12.90%，在生物量上的优势种类为枝角类和桡足类，分别占到总生物量的55.9670%和43.6542%。浮游植物总生物量为0.59198 mg/L，浮游动物总生物量为71.47075 mg/L。秋季（10月份），B点浮游植物在密度上的优势种类为硅藻，占到总密度的98.10%，在生物量上的优势种类为硅藻，占到总生物量的99.99%；未发现浮游动物，浮游植物总生物量为0.31355 mg/L，浮游动物总生物量为0。总体来看，A点浮游植物以硅藻为优势种，浮游植物平均生物量为0.4528 mg/L，浮游动物平均生物量为35.7354 mg/L。根据相关资料，水体的营养类型主要取决于初级生产力浮游植物的生物量。湖泊中浮游植物的生物量指标低于1 mg/L时属于贫营养型，以此判断，该采样点所在水库为贫营养型。

以浮游动植物为食的鲢鱼、鳙鱼在其生长期内可以利用的浮游动植物量可粗略按下式计算：

每公顷水体中浮游植物现存量：B1=0.4528 mg/L ×667×15（1亩=667m²=1/15 hm²）×5（平均水深，m）×1000（1 m³=1000 L）÷1000（1 g=1000 mg）÷1000（1 kg=1000 g）=22.6513 kg（注：5 m以下水深处浮游植物的量很少，故平均水深取5 m计算）。

同样的，每公顷水体中浮游动物现存量：B2=35.7354 mg/L ×667×15（1亩=667 m²=1/15 hm²）×5（平均水深，m）×1000（1 m³=1000 L）÷1000（1 g=1000 mg）÷1000（1 kg=1000 g）=1787.6634 kg（注：5 m以下水深处浮游动物的量很少，故平均水深取5 m计算）。

根据浮游生物重量法：

鲢鱼年生产力=浮游植物生产量×可利用率÷饵料利用率=浮游植物现存量×P/B×可利用率÷饵料利用率=9.43805 kg/hm²［根据《水库鱼产力评价标准》（SL 563—2011），其中，P/B系数一般取50，鲢鱼对浮游动物的利用率为25%，饵料利用率一般为30］。

鳙鱼年生产力=浮游动物生产量×可利用率÷饵料利用率=浮游动物现存量×P'/B×可利用率÷饵料利用率=536.2990 kg/hm²［根据《水库鱼产力评价标准》（SL 563—2011），其中，P/B系数一般取20，鳙鱼对浮游动物的利用率为30%，饵料利用率一般为20］。其中，P为浮游植物生产量；P'为浮游动物生产量；B为浮游植物现存量。

因此，疏勒河保护区B点（瓜州县双塔水库）11000亩（即733.33 hm²）水面上，根据上面得出的初步结论可以得出，瓜州县双塔水库理论年鲢鱼生产力=6921.2052 kg，瓜州县双塔水库理论年鳙鱼生产力=393284.1457 kg。

然而由于养殖规模、鱼苗投放、管理等各方面原因，疏勒河保护区B点（瓜州县双塔水库）年产滤食性鱼类数量远不及理论数据，还有着很大的开发空间。若能有效合理利用这一天然资源，那么其在带来部分收益的同时，还会为社会创造一定价值。

3.F点（玉门市昌马水库）滤食性鱼年产潜力估算

根据调查结果，夏季（6月份），F点浮游植物在密度上的优势种类为硅藻，占到总密度的81.36%，在生物量上的优势种类为硅藻，占到总生物量的98.22%；浮游动物只检测到轮虫。浮游植物总生物量为1.33096 mg/L，浮游动物总生物量为46.80 mg/L。秋季（10月份），F点浮游植物在密度上的优势种类为硅藻和绿藻，分别占到总密度的79.12%和13.25%，在生物量上的优势种类为硅藻，占到总生物量的97.80%；浮游动物只检测到轮虫。浮游植物总生物量为0.5548 mg/L，浮游动物总生物量为0.94656 mg/L。总体来看，F点浮游植物以硅藻为优势种，浮游植物平均生物量为0.94288 mg/L，浮游动物平均生物量为23.87328 mg/L。根据相关资料，水体的营养类型主要取决于初级生产力浮游植物的生物量。湖泊中浮游植物的生物量指标低于1 mg/L时属于贫营养型，以此判断，该采样点所在水库为贫营养型。

以浮游动植物为食的鲢鱼、鳙鱼在其生长期内可以利用的浮游动植物量可粗略按下式计算：

每公顷水体中浮游植物现存量：B1=0.94288 mg/L ×667×15（1亩=667 m²=1/15 hm²）×5（平均水深，m）×1000（1 m=1000 L）÷1000（1 g=1000 mg）÷1000（1 kg=1000 g）=47.1676 kg（注：5 m以下浮游动物的量很少，平均水深取5 m计算）。

同样的，每公顷水体中浮游动物现存量：B2=23.87328 mg/L ×667×15（1亩=667m²=1/15 hm²）×5（平均水深，m）×1000（1 m=1000 L）÷1000（1 g=1000 mg）÷1000（1 kg=1000 g）=1194.2608 kg（注：5 m以下水深处浮游动物的量很少，平均水深取5 m计算）。

根据浮游生物重量法：

鲢鱼年生产力=浮游植物生产量×可利用率÷饵料利用率=浮游植物现存量×P/B×可利用率÷饵料利用率=19.6532 kg/ hm²［根据《水库鱼产力评价标准》（SL 563—2011），其中P/B系数一般取50，鲢鱼对浮游动物的利用率为25%，饵料利用率一般为30］。

鳙鱼年生产力=浮游动物生产量×可利用率÷饵料利用率=浮游动物现存量×P'/B×可利用率÷饵料利用率=358.2782 kg/ hm²［根据《水库鱼产力评价标准》（SL 563—2011），其中，P/B系数一般取20，鳙鱼对浮游动物的利用率为30%，饵料利用率一般为20］。其中，P为浮游植物生产量；P'为浮游动物生产量；B为浮游植物现存量。

因此，疏勒河保护区F点（玉门市昌马水库）4436亩（即295.73 hm²）水面上，根据上面得出的初步结论可以得出，玉门市昌马水库理论年鲢鱼生产力=5812.0408 kg，玉门市昌马水库理论年鳙鱼生产力=105953.6121 kg。

然而由于养殖规模、鱼苗投放、管理等各方面原因，疏勒河保护区F点（玉门市昌马水库）年产滤食性鱼类数量远不及理论数据，还有着很大的开发空间。若能有效合理利用这一天然资源，那么其在带来部分收益的同时，还为社会创造一定价值。

四、疏勒河保护区底栖动物调查与分析

底栖动物是湖泊、水库生态系统的重要组成部分，也是鱼类重要的天然饵料，研究清楚水库本身的生物资源基本情况，建立比较完善的渔业资源数据库，有助于在保护其生态系统免遭破坏的同时，更加合理地开发利用水体资源，提高水体的生物生产力，为实际生产提供理论依据。

（一）底栖生物调查方法

在采样点用1/16 m²彼得逊采泥器采集底泥样本，用40目、60目分样筛反复筛洗、分拣，之后放入样本瓶中，用甲醛固定，用酒精保存，带回实验室统计分析。

（二）疏勒河保护区底栖生物种类组成与分布统计

本次采集的7个点的样中，夏季共观察到底栖动物4类5种属，其中C点（瓜州县布隆吉乡八道沟）、D点（瓜州县河东乡七道沟）这两个点未观察到任何底栖生物，其余各点均存在底栖动物。秋季共观察到底栖动物1类1种属，其中D点（瓜州县河东乡七道沟）、E点（肃北县乱泉子）、F点（玉门市昌马水库上游）、G点（瓜州县河东乡五道沟）等4个点未观察到任何底栖生物，其余各点均存在底栖动物。夏、秋两季未检测到水生维管束植物，因此推断，该保护区可以放养鲤鱼、鲫鱼，不适合放养草鱼。但是各采样点在不同采样季节，底栖动物的种类与分布情况有所不同，所以分别统计。

1.A点：分夏季（6月份）和秋季（10月份）

（1）夏季（6月份）

夏季共发现底栖动物3类3种属。底栖动物种类、分布情况汇总见表4-5-47，其密度和生物量见表4-5-48。

表4-5-47　疏勒河保护区采样点A点夏季底栖动物种类及分布情况

类群	种类	学名	分布
等足类	钩虾	*Gammarus*	+++
寡毛类	水丝蚓属	*Limnodrilus*	++
螺类	萝卜螺属	*Rasix*	+++

注："+"表示有分布，"++"表示分布较多，"+++"表示分布很多。

表4-5-48　疏勒河保护区采样点A点夏季底栖动物密度和生物量统计

类群	密度（个/米²）	密度所占比例（%）	生物量（g/m²）	生物量所占比例（%）
等足类	64	40	102.40	55.62
寡毛类	48	30	0.11	0.06
螺类	48	30	81.60	44.32
合计	160	100	184.11	100

从表4-5-48看，疏勒河保护区采样点A点夏季底栖动物中等足类、寡毛类、螺类分布密度基本等同，但是数量相对较少。按照生物量统计，等足类和螺类分别占到总生物量的55.62%和44.32%。

（2）秋季（10月份）

秋季共发现底栖动物1类1种属。底栖动物种类、分布情况汇总见表4-5-49，其密度和生物量见表4-5-50。

表4-5-49　疏勒河保护区采样点A点秋季底栖动物种类及分布情况

类群	种类	学名	分布
环节动物门寡毛纲	水丝蚓属	*Limnodrilus*	+

注："+"表示有分布，"++"表示分布较多，"+++"表示分布很多。

表4-5-50　疏勒河保护区采样点A点秋季底栖动物密度和生物量统计

类群	密度（个/米²）	密度所占比例（%）	生物量（g/m²）	生物量所占比例（%）
寡毛纲	48	100	0.096	100
合计	48	100	0.096	100

从表4-5-50看，疏勒河保护区采样点A点秋季底栖动物只有寡毛纲，且数量不多。

2.B点：分夏季（6月份）和秋季（10月份）

（1）夏季（6月份）

夏季共发现底栖动物2类2种属。底栖动物种类、分布情况汇总见表4-5-51，其密度和生物量见表4-5-52。

表4-5-51　疏勒河保护区采样点B点夏季底栖动物种类组成及分布情况

类群	种类	学名	分布
等足类	钩虾	*Gammarus*	+
寡毛类	水丝蚓属	*Limnodrilus*	+++

注："+"表示有分布，"++"表示分布较多，"+++"表示分布很多。

表4-5-52　疏勒河保护区采样点B点夏季底栖动物密度和生物量统计

类群	密度（个/米²）	密度所占比例（%）	生物量（g/m²）	生物量所占比例（%）
等足类	16	16.67	25.600	99.29
寡毛类	80	83.33	0.184	0.71
合计	96	100	25.784	100

从表4-5-52看，疏勒河保护区采样点B点夏季底栖动物主要是寡毛类，占到总密度的83.33%。按照生物量统计，主要是等足类，占到总生物量的99.29%。

（2）秋季（10月份）

未发现底栖动物。

3.C点：分夏季（6月份）和秋季（10月份）

（1）夏季（6月份）

未发现底栖动物。

（2）秋季（10月份）

秋季共发现底栖动物1类1种属。底栖动物种类、分布情况汇总见表4-5-53，其密度和生物量见表4-5-54。

表4-5-53 疏勒河保护区采样点C点秋季底栖动物种类及分布情况

类群	种类	学名	分布
环节动物门寡毛纲	水丝蚓属	*Limnodrilus*	+

注："+"表示有分布，"++"表示分布较多，"+++"表示分布很多。

表4-5-54 疏勒河保护区采样点C点秋季底栖动物密度和生物量统计

类群	密度(个/米²)	密度所占比例(%)	生物量(g/m²)	生物量所占比例(%)
寡毛纲	32	100	0.064	100
合计	32	100	0.064	100

从表4-5-54看，疏勒河保护区采样点C点秋季底栖动物只有寡毛纲，且数量不多。

4.D点：夏季（6月份）、秋季（10月份）

均未发现底栖生物。

5.E点：只检测了夏季（6月份）

夏季（6月份）共发现底栖动物1类1种属。底栖动物种类、分布情况汇总见表4-5-55，其密度和生物量见表4-5-56。

表4-5-55 疏勒河保护区采样点E点夏季底栖动物种类组成及分布情况

类群	种类	学名	分布
水生昆虫	牛虻幼虫	*Tabanus*	+

注："+"表示有分布，"++"表示分布较多，"+++"表示分布很多。

表4-5-56 疏勒河保护区采样点E点夏季底栖动物密度和生物量统计

类群	密度(个/米²)	密度所占比例(%)	生物量(g/m²)	生物量所占比例(%)
水生昆虫	16	100	20.8	100
合计	16	100	20.8	100

从表4-5-56看，疏勒河保护区采样点E点底栖动物只有水生昆虫类，密度为16个/米²，生物量为20.8 g/m²。

6.F点：分夏季（6月份）和秋季（10月份）

（1）夏季（6月份）

夏季共发现底栖动物2类2种属。底栖动物种类、分布情况汇总见表4-5-57，其密度和生物量见表4-5-58。

表4-5-57 疏勒河保护区采样点F点夏季底栖动物种类组成及分布情况

类群	种类	学名	分布
水生昆虫	羽摇蚊幼虫	*Chironomus plumosus*	+
寡毛类	水丝蚓属	*Limnodrilus*	+++

注："+"表示有分布，"++"表示分布较多，"+++"表示分布很多。

表4-5-58　疏勒河保护区采样点F点夏季底栖动物密度和生物量统计

类群	密度(个/米²)	密度所占比例(%)	生物量(g/m²)	生物量所占比例(%)
水生昆虫	16	4.76	0.216	22.69
寡毛类	320	95.24	0.736	77.31
合计	336	100	0.952	100

从表4-5-58看，疏勒河保护区采样点F点夏季底栖动物主要是寡毛类，所占比例为95.24%，密度达到320个/米²，生物量占总生物量的77.31%。

（2）秋季（10月份）

未发现底栖动物。

7.G点：只检测了夏季（6月份）

夏季（6月份）未发现底栖动物。

（三）结果分析与讨论

1.底栖动物分布特点

在不同季节、不同区域或地域的水域中，疏勒河保护区底栖生物的种类、数量都不同，且差别很大。夏季（6月份）调查时所采的底泥样中没有发现大型软体动物，底栖动物生物量分布不均匀，C、D点未检测到任何底栖动物，A、B、F点底栖动物生物量相对多一点，但均是水生寡毛类（水丝蚓）占优势，究其原因，这3个点都位于水库中，水库中的营养物质比河道流水中多，有利于底栖动物生长。秋季（10月份）调查时所采的底泥样中也没有发现大型软体动物，底栖动物生物量分布不均匀，D、E、F、G点未检测到任何底栖动物，A、C点底栖动物生物量相对多一点，但均是水生寡毛类（水丝蚓）占优势。

2.底栖动物鱼产力估计

根据相关资料，鱼产力是指在特定条件下水体中鱼类转化各类营养物质的能力。水库常见底栖鱼类主要为鲤鱼和鲫鱼，因为鲤鱼、鲫鱼不只单一地摄食底栖动物，而且吞食细菌、浮游生物及大型浮游动物，在食物链关系上与其他鱼类形成复杂的食物网络。通常将腐屑提供的鱼产力的一半作为底栖鱼类的鱼产力。同时，底栖动物饵料的分布及其数量也会影响到鲤鱼、鲫鱼的分布和数量。

此次调查中，疏勒河保护区的7个采样点中有4个点在河道中，对底栖动物鱼产力估计的意义不大，所以在此不做分析，另外3个点在水库中，分别是A点（瓜州县祁家坝水库）、B点（瓜州县双塔水库）、F点（玉门市昌马水库）。根据调查结果，在此对这3个水库底栖动物的鱼产力分别做一简单估算。

底栖动物的鱼产力计算方式：

底栖动物的年鱼产力=腐屑、细菌提供的鱼产力的一半+底栖动物提供的鱼产力

其中，腐屑、细菌提供的鱼产力的一半取浮游生物提供的鱼产力的一半，即：（年鲢鱼生产力+年鳙鱼生产力）÷2

底栖动物提供的鱼产力=[底栖动物生物量（g/m²）×667×15÷1000]·a·（P/B）·S/K

注：*a*——鱼类对该饵料生物的最大利用率；

P/B——该类饵料生物年生产量与年平均生产量之比；

S——养殖面积（hm²）；

K——鱼类对该类饵料生物的利用系数。

（1）A点（瓜州县祁家坝水库）底栖动物的年鱼产潜力

瓜州县祁家坝水库底质中，夏季（6月份）只检测到等足类（钩虾）、寡毛类（水丝蚓）和螺类（萝卜螺属），秋季（10月份）只检测到寡毛类（水丝蚓）。夏季（6月份）底栖动物生物量为184.11 g/m²，秋季（10月份）底栖动物生物量为0.096 g/m²，故底栖动物平均生物量为92.103 g/m²。

瓜州县祁家坝水库理论年鲢鱼生产力为345.1788 kg，理论年鳙鱼生产力为23499.4384 kg。瓜州县祁家坝水库水域面积372亩（即约24.8 hm²），根据《水库鱼产力评价标准》（SL 563—2011），*a*为鱼类对该饵料生物的最大利用率，取25%；P/B为该类饵料生物年生产量与年平均生产量之比，取3；K为鱼类对该类饵料生物的利用系数，取5。

按照理论，瓜州县祁家坝水库底栖动物的年鱼产力可达到15350.2533 kg，然而由于养殖规模、鱼苗投放、管理等各方面原因，疏勒河保护区A点（瓜州县祁家坝水库）底栖动物的年鱼产力远不及理论数据，还有着很大的开发空间。若能有效合理利用这一天然资源，那么其在带来一定收益的同时，还会为社会创造一定价值。

（2）B点（瓜州县双塔水库）底栖动物的年鱼产潜力

瓜州县双塔水库底质中，夏季（6月份）只检测到等足类（钩虾）、寡毛类（水丝蚓），秋季（10月份）未检测到底栖动物。夏季（6月份）底栖动物生物量为25.784 g/m²，秋季（10月份）底栖动物生物量为0，故底栖动物平均生物量为12.892 g/m²。

瓜州县双塔水库理论年鲢鱼生产力为6921.2052 kg，理论年鳙鱼生产力为393284.1457 kg。瓜州县双塔水库水域面积11000亩（即约733.33 hm²），根据《水库鱼产力评价标准》（SL 563—2011），*a*为鱼类对该饵料生物的最大利用率，取25%；P/B为该类饵料生物年生产量与年平均量之比，取3；K为鱼类对该类饵料生物的利用系数，取5。

按照理论，瓜州县双塔水库底栖动物的年鱼产力可达到214290.7549 kg，然而由于养殖规模、鱼苗投放、管理等各方面原因，疏勒河保护区B点（瓜州县双塔水库）底栖动物的年鱼产力远不及理论数据，还有着很大的开发空间。若能有效合理利用这一天然资源，那么其在带来一定收益的同时，还会为社会创造一定价值。

（3）F点（玉门市昌马水库）底栖动物的年鱼产潜力

玉门市昌马水库底质中，夏季（6月份）只检测到水生昆虫（羽摇蚊幼虫）、寡毛类（水丝蚓），秋季（10月份）未检测到底栖动物。夏季（6月份）底栖动物生物量为0.952 g/m²，秋季（10月份）底栖动物生物量为0，故底栖动物平均生物量为0.476 g/m²。

玉门市昌马水库理论年鲢鱼生产力为5812.0408 kg，理论年鳙鱼生产力为105953.6162 kg。玉门市昌马水库水域面积4436亩（即约295.73 hm²）根据《水库鱼产力评价标准》（SL 563—2011），*a*为鱼类对该饵料生物的最大利用率，取25%；P/B为该类饵料生物年生产量与年平均生产量之比，取3；K为鱼类对该类饵料生物的利用系数，取5。

按照理论，玉门市昌马水库底栖动物的年鱼产力可达到56094.0837 kg，然而由于养殖规模、鱼苗投放、管理等各方面原因，疏勒河保护区F点（玉门市昌马水库）底栖动物的年鱼产力远不及理论数据，还有着很大的开发空间。若能有效合理利用这一天然资源，那么其在带来一定收益的同时，还会为社会创造一定价值。

五、疏勒河保护区鱼类资源调查

经调查和查阅资料，疏勒河保护区存在引进水生动物21种、土著水生动物19种。

（一）引进水生动物

疏勒河保护区引进水生动物名录见表4-5-59。

表4-5-59　疏勒河保护区引进水生动物名录

序号	名称	学名	种属	地方名
1	鲢鱼	*Hypophthalmichthys molitrix*	鲤形目鲤科鲢属	白鲢、水鲢、跳鲢、鲢子
2	鳙鱼	*Aristichthys nobilis*	鲤形目鲤科鳙属	花鲢、胖头鱼、包头鱼、大头鱼
3	鲫鱼	*Carassius auratus*	鲤形目鲤科鲫属	鲫瓜子、月鲫仔、土鲫、鲋鱼等
4	草鱼	*Ctenopharyngodon idellus*	鲤形目鲤科草鱼属	鲩鱼、草鲩、白鲩、黑青鱼等
5	鲤鱼	*Cyprinus carpio*	鲤形目鲤科鲤属	鲤拐子、鲤子
6	松浦镜鲤	*Songpu mirror carp*	鲤形目鲤科镜鲤属	—
7	黄金鲫	*Cyprinus auratus*	鲤形目鲤科鲫属	—
8	团头鲂	*Megalobrama amblycephala*	鲤形目鲤科鲂属	武昌鱼
9	虹鳟	*Oncorhynchus mykiss*	鲑形目鲑科鲑属	瀑布鱼、七色鱼
10	金鳟	*Oncorhynchus mykiss*	鲑形目鲑科太平洋鲑属	—
11	鲟鱼	*Sturgeon*	鲟形目鲟科鲟属	—
12	白斑狗鱼	*Esox lucius*	狗鱼目狗鱼科狗鱼属	狗鱼、乔尔泰
13	丁鱥	*Tinca tinca*	鲤形目鲤科丁鱥属	金鲑鱼、丁鲑鱼、须桂鱼、丁穗鱼
14	青鱼	*Mylopharyngodon piceus*	鲤形目鲤科青鱼属	乌混、黑混、螺蛳混、螺蛳青等
15	斑点叉尾鮰	*Ietalurus punetaus*	鲇形目鮰科鮰属	沟鲇、钳鱼
16	河鲈	*Perca fluviatilis*	鲈形目鲈科鲈属	赤鲈、五道黑
17	河蟹	*Brachyura*	十足目弓蟹科绒螯蟹属	螃蟹、毛蟹
18	大泥鳅	*Oriental weatherfish*	鲤形目鳅科泥鳅属	鱼鳅、狗鱼
19	乌鳢	*Ophiocephalus argus*	鳢形目乌鳢科鳢属	黑鱼、乌鱼、乌棒、蛇头鱼等
20	福瑞鲤	*Cyprinus carpio*	鲤形目鲤科鲤属	—
21	鳑鲏	*Rhodeus sinensis*	鲤形目鲤科鳑鲏属	火烙片儿

（二）土著水生动物

疏勒河保护区土著水生动物名录见表4-5-60。

表4-5-60　疏勒河保护区土著水生动物名录

序号	名称	学名	是否中国特有	种属	地方名
1	泥鳅	*Misgurnus anguillicaudatus*		鲤形目鳅科泥鳅属	鱼鳅、狗鱼
2	短尾高原鳅	*Triplophysa brevicauda*	是	鲤形目鳅科高原鳅属	狗鱼
3	重穗唇高原鳅	*Triplophysa papilloso-labiatus*		鲤形目鳅科高原鳅属	狗鱼
4	梭形高原鳅	*Triplophysa leptosoma*	是	鲤形目鳅科高原鳅属	狗鱼
5	酒泉高原鳅	*Triplophysa hsutschouensis*	是	鲤形目鳅科高原鳅属	狗鱼
6	新疆高原鳅	*Triplophysa strauchii*	是	鲤形目鳅科高原鳅属	狗鱼
7	大鳍鼓鳔鳅	*Hedinichthys yarkandensis*		鲤形目鳅科鼓鳔鳅属	大头鱼
8	中华细鲫	*Aphyocypris chininsis*		鲤形目鲤科细鲫属	碎杂鱼
9	麦穗鱼	*Pseudorasbora parva*		鲤形目鲤科麦穗鱼属	罗汉鱼、柳条鱼、食蚊鱼等
10	棒花鱼	*Abbottina rivularis*		鲤形目鲤科棒花鱼属	爬虎鱼、推沙头、淘沙郎、沙楞子
11	花斑裸鲤	*Gymnocypris eckloni*	是	鲤形目鲤科裸鲤属	大嘴巴鱼、大嘴花鱼、大嘴鱼
12	马口鱼	*Opsariichthys bidens*		鲤形目鲤科马口鱼属	桃花鱼、山鳡、宽口、大口扒等
13	鲤鱼	*Cyprinus carpio*		鲤形目鲤科鲤属	鲤拐子、鲤子
14	鲫鱼	*Carassius auratus*		鲤形目鲤科鲫属	鲫瓜子、月鲫仔、土鲫、鲋鱼等
15	波氏栉鰕虎鱼	*Ctenogobius cliffordpopei*	是	鲈形目鰕虎鱼科栉鰕虎鱼属	沙疙瘩
16	祁连山裸鲤	*Gymnocypris（Gyms）chilianensis*	是	鲤形目鲤科裸鲤属	面鱼、狗鱼
17	钩虾	*Gammarus*		端足目钩虾科	—
18	河蚌	*Unionidae*		蚌目蚌科	河歪、河蛤蜊、嘎啦、瓦夸、蚌壳
19	华背蟾蜍	*Bufo raddei*		无尾目蟾蜍科蟾蜍属	—

六、疏勒河保护区水生植物资源调查

目前疏勒河保护区有6种水生植物，隶属于6科6属，其中，金鱼藻科1属1种（金鱼藻），伞形科1属1种（水芹），香蒲科1属1种（香蒲），莎草科1属1种（藨草），禾本科1属1种（芦苇），眼子菜科1属1种（马来眼子菜）。

七、疏勒河保护区渔业资源利用情况和可开发潜力分析

（一）土著经济鱼类开发情况

近年来，相关部门加强了对疏勒河保护区土著经济鱼类的开发，无论在科研、人工繁育方面，还是保种方面都做了很大的努力，也取得了一定的成绩。目前，被保护开发的土著经济鱼类有鲤鱼、鲫鱼、祁连山裸鲤、花斑裸鲤等。

2011年8月，经中华人民共和国农业部第1491号公告和农办渔〔2011〕87号文件批准，酒泉市成立了河西走廊第一个国家级水产种质资源保护区——疏勒河特有鱼类国家级水产种质资源保护区。该保护区重点以祁连山裸鲤、花斑裸鲤和高背鲫鱼等土著鱼类为保护对象。目前，保护区成立了甘肃疏勒河流域双塔段祁连山裸鲤国家级水产种质资源保护区管理局，由酒泉市渔政管理局主管，其主要职能是加强对疏勒河保护区重要渔业资源的保护、增殖和科学研究，开展水生生物资源增殖放流和濒危野生动物救护，进行水生动物饲养、驯化，加强水库生态保护与修复。

保护区的建立，一是开展重点物种的驯养繁殖、生态系统种群的分布及数量、浮游生物的种类及分布情况和随季节变化趋势的研究与分析；二是开展环境变化、人为污染对野生水生动物造成的影响，鱼类摄食、洄游、产卵场地、养分循环、生物生产力等的研究与分析，为保护、恢复和发展水生动物种质资源提供依据与方法，使疏勒河保护区稀有、特有土著鱼类的主要产卵场、索饵场和栖息地的原生态环境得到保护，群体数量得以增加，生物多样性得到保护，可为中国在濒危、珍稀物种的生物学特性和繁殖生理学、生态学、行为学等许多领域的研究奠定基础，从而达到保护疏勒河土著鱼类的目的。

（二）水域资源利用情况

1.水温利用情况

此次调查中，疏勒河保护区水温夏季最高时有26 ℃，秋季低温在4 ℃以上。根据统计，保护区6月、7月、8月三个月水温最高，平均为18.9 ℃，河道流水水温在20.4 ℃以下，能保证冷水性鱼类生长。

2.高溶解氧利用情况

调查显示，疏勒河保护区年平均流量58.1 m³/s，年径流量18.30亿 m³，溶解氧含量在6.62～8.75 mg/L之间。一般饲养鱼类需要溶解氧含量大于3 mg/L，由此看来，疏勒河保护区的溶解氧条件对养殖业来说比较理想。水库内已发展了放牧式养殖，在河道流水周边发展了池塘养殖、冷水鱼养殖、流水养殖等，取得了很好的经济效益，现在还带动了很多农户和个体在学习水库养殖技术。

3.旅游资源利用情况

疏勒河保护区的自然风光区、水库旅游区、能量资源旅游区、遗迹石窟区等的旅游，带动了疏勒河保护区的休闲渔业发展，各种游览船、快艇、餐饮商铺等在短短几年内数量大增，取得了一定的经济效益。

（三）疏勒河保护区渔业资源可开发潜力分析

①疏勒河保护区水质良好，溶解氧含量高，营养元素丰富，年平均径流量和交换量大，基本符合《生活饮用水卫生标准》，适合水产养殖，具有发展渔业巨大的潜力。调查结果表明，疏勒河保护区水质 pH 大概在 7.76～8.67 之间，全流域 pH 在 8.20 左右，水呈弱碱性，弱碱性水质对鱼体的皮肤有一定的润滑和清洗作用，不仅能增强鱼类的食欲，还有预防疾病的效果，尤其对生活在其中的土著鱼类，预防疾病的作用更大；7 个采样点的溶解氧含量在 6.0 mg/L 以上，由于各采样点中浮游植物及底栖植物种类存在差异，所以光合作用会导致水中溶解氧含量的不同，另外，各采样点处河流的宽度、流水速度等不同，水体与空气的接触面不同，也会导致溶解氧含量存在差异；各个采样点的水温差异较大，不同季节水温的变化也挺大，在 4.0～26.0 ℃之间，水温也是影响鱼类最重要的因素之一，不仅影响其分布，而且影响其摄食，进而影响其生长，在低温的水域，多数鱼类为高原鳅，由于长期的地理隔离，这些高原鳅已经适应了该地域水体的温度。

②调查可知，疏勒河保护区的浮游植物种类主要有蓝藻、硅藻、甲藻、金藻、黄藻和绿藻等。浮游植物是鲢鱼的天然饵料，天然饵料中，一般甲藻、硅藻的营养价值比较高，其次是绿藻、金藻、黄藻等。浮游植物对水环境的影响主要是正面的，它们是水体的初生产者，不但是鱼类的天然活饵料，还是水体中溶解氧的主要制造者（占溶解氧来源的 80%～90%）。但是，有些藻类会使水质具有毒性，并制约其他藻类的生长、繁殖，同时产氧力也差。浮游植物在不同季节形成不同的优势种群，一般春秋两季适合硅藻、金藻、黄藻生长，以硅藻为优势种，此时水呈茶褐色或绿褐色，鱼类生长快；而夏季适合蓝藻、绿藻生长，它们往往各自形成优势，此时水呈蓝绿色或深绿色，鱼类生长缓慢。浮游植物不但有季节性变化，还因受光照、风力和水的运动影响，而有水平、垂直和昼夜变化。

③调查可知，疏勒河保护区的浮游动物由原生动物、轮虫类、枝角类和桡足类组成，大小依次分别为 < 0.2 mm、0.2～0.6 mm、0.3～3 mm 和 0.5～5 mm。浮游动物同浮游植物一样，都是鱼类不可缺少的天然活饵料，例如，鲢鱼终生都滤食浮游动物。轮虫类和原生动物是青鱼、草鱼、鲢鱼、鳙鱼、鲤鱼、鲫鱼和团头鲂等多种鱼类鱼苗的天然开口活饵料。研究表明，保障鲢鱼苗良好生长的轮虫最低生物量为 3 mg/L，最适生物量为 20～30 mg/L；保障鲤鱼苗良好生长的轮虫最适生物量为 50～100 mg/L。枝角类和桡足类等大型浮游动物还是青鱼、草鱼、鲤鱼、鲫鱼和团头鲂等多种摄食性鱼类小规格鱼种（2～5 cm）喜食的天然活饵料。

④调查可知，疏勒河保护区的底栖生物中，夏季底栖动物包括等足类、寡毛类、螺类和水生昆虫等 4 类 5 种，秋季底栖动物有 1 类 1 种，未检测到水生维管束植物。因此推断，疏勒河保护区中可以放养鲤鱼、鲫鱼，不适合放养草鱼。

⑤以浮游动植物为食的鲢鱼、鳙鱼在其生长期内可以利用的浮游动植物量可粗略估算：疏勒河保护区内，瓜州县祁家坝水库水体面积 372 亩，初步计算得出理论年鲢鱼生产力 345.1788 kg，年鳙鱼生产力 23499.4384 kg；瓜州县双塔水库水体面积 11000 亩，初步计算得出理论年鲢鱼生产力 6921.2052 kg，理论年鳙鱼生产力 393284.1457 kg；玉门市昌马水库水体面积 4436 亩，初步计算得出理论年鲢鱼生产力 5812.0408 kg，理论年鳙鱼生产力 105953.6121 kg。然而由于养殖规模、鱼苗投放、管理等各方面原因，疏勒河保护区年产滤食性鱼类数量远不及理论数据。

⑥疏勒河保护区常见底栖鱼类主要为鲤鱼和鲫鱼，可以根据底栖动物生物量调查结果对该水

库底栖动物的鱼产力做一简单估算。按照理论，瓜州县祁家坝水库底栖动物的年鱼产力可达到15350.2533 kg；瓜州县双塔水库底栖动物的年鱼产力可达到214290.7549 kg；玉门市昌马水库底栖动物的年鱼产力可达到56094.0837 kg。由此可见，疏勒河保护区底栖动物的鱼产潜力还是很大的，具有可开发的价值。

⑦调查发现，疏勒河保护区存在引进鱼类21种，土著水生动物19种，是一个蕴藏丰富鱼类的种质资源库。虽然目前已开发的土著经济鱼类的生态效益很显著，但是数量还不够多。根据现有开发土著鱼类的技术力量预测，疏勒河保护区土著鱼类的开发有很大的潜力。

⑧水中所含营养物质的多少直接影响到水生植物的生长繁殖。氮和磷是所有藻类都必需的重要营养元素，也是浮游生物生长的限制性营养元素，对水体生物的生长十分重要。同时，氮和磷可以作为评价河流水环境自身污染的重要指标，氮磷营养盐与其水环境间存在着重要的联系。疏勒河保护区生物营养盐类含量如下：夏季，氨氮含量在0.49～6.54 mg/L之间，平均值为2.09 mg/L；硝酸盐氮含量在0.20～2.47 mg/L之间，平均值为0.88 mg/L；亚硝酸盐氮含量在0.0002～0.0090 mg/L之间，平均值为0.0044 mg/L。秋季，氨氮含量在1.62～7.14 mg/L之间，平均值为3.56 mg/L；硝酸盐氮含量在8.65～17.22 mg/L之间，平均值为13.02 mg/L；亚硝酸盐氮含量在0.0003～0.0073 mg/L之间，平均值为0.0032 mg/L。夏季总磷含量在0.04～0.16 mg/L之间，平均值为0.08 mg/L；秋季总磷含量在0.03～0.10 mg/L之间，平均值为0.06 mg/L。夏季总铁含量在0.0014～0.0173 mg/L之间，平均值为0.0092 mg/L，含量很小；秋季总铁含量在0.0194～0.0920 mg/L之间，平均值为0.0454 mg/L。由此看来，对于生活在疏勒河保护区的鱼类来说，磷更重要；铁对硅藻更有利。浮游植物调查结果表明，优势种类为硅藻，但是铁含量为多少时对硅藻生长最有利还有待进一步研究；根据总碱度、总硬度等值，按照阿列金分类法，疏勒河水体属于硫酸盐钠组Ⅱ水，属于硬碱水，适宜一些土著鱼类生活，对经济鱼类鲤鱼和鲫鱼的生长有益。由此可见，疏勒河保护区内生物营养盐类并不是非常丰富，无法促进浮游植物等大量繁殖生长，也就不可能为滤食性鱼类提供充足的饵料，这就导致保护区发展放牧式养鱼存在一定的局限性，更适合发展设施养殖，首选流水、网箱养鱼。

⑨疏勒河保护区旅游业正在逐步发展，游客每年都在增加，随着旅游业的发展，休闲渔业的开发空间很大，特别是特色休闲渔业的开发潜力很大。

八、对疏勒河保护区渔业资源利用和开发的建议

（一）强化管理，提高群众对土著鱼类资源的保护意识

土著鱼类资源减少，水域生态系统失去平衡，会间接影响到人类的生存质量。因此，各级政府要高度重视，渔业行政主管部门和环保部门要强化对疏勒河保护区的管理，例如，对发电站进行环评监督，检查各项环评指标的落实情况；制定切实可行的生态补偿措施。同时，还要大力宣传保护鱼类资源的重要意义和重要性，普及环保知识，提高广大群众保护鱼类资源的意识，使保护鱼类资源成为群众的自觉行为。同时，还要加大渔政执法力度，严格按照法律规章管理鱼类资源。

（二）合理放养苗种，做好水库渔业的可持续发展

由于理论上自然产卵孵出的鱼苗数量达不到水库能够提供的鱼产力水平，因此，可以适当人工投放能够适应该水库自然条件的苗种，根据国内相关资料，在鱼种规格为13.2 cm时，放养鱼种回捕率约40%，商品鱼的起捕率达到70%左右。苗种投放比例一般为鲢鱼、鳙鱼等滤食性鱼类占65%～70%，其他经济鱼类占30%～35%。其中，鲢鱼与鳙鱼的比例一般维持在1：2.5为宜。

（三）加强库区渔业资源调查，探索合理的管理模式

应加强对疏勒河保护区渔业资源的调查工作，及时掌握鱼类资源的变化情况，以及时提出针对性的保护措施和方案；定期调查监测水库水质、浮游动植物和底栖动物量，适时为渔业生产提供参考数据；做好资源调查，及时评估鱼类资源可捕捞量，定期提出水库主要种类捕捞限额建议，以此来保护土著鱼类的繁衍和生息；合理捕捞达到规格的商品鱼，做到"捕大留小，适时投放"。

（四）加大资金和科研力量投入，对特有品种进行切实有效的保护

祁连山裸鲤是甘肃省重点保护的鱼类之一，也是甘肃省重要的土著经济鱼类之一，应当对其有组织、有计划、有步骤地开展保护工作，使其能够有主要产卵场和栖息地，并且该水域的生物多样性不受影响。祁连山裸鲤具有巨大的经济价值，开发潜力大。目前，对其研究还比较浅，科技投入还不足，建议更多的相关部门对其进行研究，争取将其开发成商品鱼类。

（五）建设自然保护区，加大增殖放流力度

疏勒河保护区的电站比较多，这已经给当地土著鱼类的生存造成了威胁，迫使有些鱼类濒危甚至灭绝，有些鱼类的种群格局遭受了较严重的破坏，所以我们应当培养更多专业的技术人员，通过人为干预使其存活下来，甚至使土著鱼类能够人工繁殖和养殖，达到事半功倍的效果。在疏勒河国家级水产种质资源保护区内，要有组织、有计划、有步骤地开展保护工作，使鱼类的主要产卵场和栖息地的原生态环境、生物多样性不受影响；保护区中有多种经济土著鱼类，要通过人工增殖放流等手段，做好它们的增殖、养殖工作，使无法通过洄游产卵的鱼类能够存活下来，从而显著提高该保护区的渔业资源利用率，同时达到保护特有土著经济鱼类的目的。

（六）科学规划，因地制宜，积极发展网箱养鱼

疏勒河保护区水质良好，溶解氧含量高，营养元素丰富，年平均径流量和交换量大，基本符合《生活饮用水卫生标准》，适合水产养殖，但是由于水库浮游生物饵料量有限，不利于发展放牧式养殖，更适合发展设施渔业。因此，在疏勒河保护区内要进行科学规划，因地制宜，积极发展网箱养鱼，特别是发展网箱养殖冷水性鱼类。

（七）人为协调好农业灌溉用水和渔业用水的关系

甘肃省是中国水资源相对缺乏的省份之一，酒泉市疏勒河流域周边又是甘肃省内较干旱的地区之一，所以疏勒河的水资源显得尤为珍贵，对其使用应当科学、有序、合理、环保，防止干道

河水全部引入灌溉渠道。既要保证农业灌溉用水，也要保证土著鱼类有生存的环境，达到农渔共同发展。

（八）强化渔政监督管理工作，实现渔业资源健康持续发展

各级渔业行政主管部门及其所属的渔政监督管理机构要切实承担起责任，加强渔业法律、法规的宣传，加大对电鱼、炸鱼、毒鱼等破坏土著渔业资源违法行为的打击、惩处力度，有力打击盗鱼案件，加强禁渔期和禁捕水域的管理。

附名录：

附表1. 疏勒河保护区浮游植物名录
附表2. 疏勒河保护区浮游动物名录
附表3. 疏勒河保护区底栖动物名录
附表4. 疏勒河保护区水生动物名录
附表5. 疏勒河保护区水生维管束植物名录

附表1　疏勒河保护区浮游植物名录

门类	序号	种类	学名
蓝藻门	1	微小平裂藻	*M. tenuissima*
	2	鱼腥藻属	*Anabaena*
	3	隐球藻属	*Aphanocapsa*
	4	念珠藻属	*Nostoc*
	5	钝顶螺旋藻	*S. platensis*
	6	大螺旋藻	*S. major*
	7	小席藻	*P. tenue*
	8	小型色球藻	*Ch. minor*
硅藻门	9	肘状针杆藻	*S. ulna*
	10	新月形桥弯藻	*C. cymbiformis*
	11	绿舟形藻	*N. viridula*
	12	绿羽纹藻	*P. viridis*
	13	肿胀桥弯藻	*C. tumida*
	14	缘花舟形藻	*N. radiosa*
	15	钝脆杆藻	*F. capucina*
	16	喙头舟形藻	*N. rhynchocephala*
	17	针状菱形藻	*N. acicularis*
	18	窗格平板藻	*T. feneatrata*
	19	舟形桥弯藻	*C. naviculiformis*
	20	偏肿桥弯藻	*C. ventricosa*

甘肃鱼类图鉴与种质资源调查

门类	序号	种类	学名
	21	披针形桥弯藻	*C. lanceolata*
	22	隐头舟形藻	*N. cryptocephala*
	23	北方羽纹藻	*P. borealis*
	24	普通等片藻	*D. vulgare*
	25	微细异端藻	*G. parvulum*
	26	著名羽纹藻	*P. pinnulatia*
	27	椭圆月形藻	*A. ovalis*
	28	巴豆叶脆杆藻	*F. crotonensis*
	29	大羽纹藻	*P. major*
	30	帽形菱形藻	*N. palea*
	31	角菱形藻	*N. angustata*
	32	扁圆舟形藻	*N. placentula*
	33	盾形卵形藻	*C. scutellum*
	34	椭圆波纹藻	*C. elliptica*
	35	铲状菱形藻	*N. paleacea*
	36	丹麦细柱藻	*L. danicus*
	37	微细异端藻	*G. acuminatum*
绿藻门	38	四尾栅藻	*S. quadricauda*
	39	双列栅藻	*S. bijugatus*
	40	单角盘星藻	*P. simplex*
	41	椭圆小球藻	*C. ellipsoidea*
	42	新月藻属	*Closterium*
	43	椭圆卵囊藻	*O. borgei*
	44	水绵属	*Spirogyra*
	45	双射盘星藻	*P. biradiatum*
甲藻门	46	飞燕角藻	*C. hirundinella*
金藻门	47	圆筒锥囊藻	*D. cylindricum*
	48	长锥囊藻	*D. bavaricum*
黄藻门	49	近缘黄丝藻	*T. affine*
隐藻门	50	卵形隐藻	*C. ovata*

附表 2 疏勒河保护区浮游动物名录

门类	序号	种类	学名
轮虫	1	圆形臂尾轮虫	*B. rotundiformis*
	2	钩状狭甲轮虫	*C. uncinata*
	3	缘板龟甲轮虫	*K. ticinensis*
桡足类	4	细巧华哲水蚤	*S. tenellus*
	5	台湾温剑水蚤	*T. taihokuensis*
	6	广布中剑水蚤	*M. leuckarti*
枝角类	7	隆线溞	*D. carinata*
	8	鹦鹉溞	*D. psittacea*
	9	老年低额溞	*S. vetulus*
	10	翼弧溞	*D. lumholtzi*
	11	长刺溞	*D. longispina*
原生动物	12	单环栉毛虫	*D. balbianii*
	13	团焰毛虫	*A. volvox*

附表 3 疏勒河保护区底栖动物名录

类群	序号	种类	学名
水生昆虫	1	牛虻幼虫	*Tabanus*
	2	羽摇蚊幼虫	*Chironomus plumosus*
等足类	3	钩虾	*Gammarus*
寡毛类	4	水丝蚓属	*Limnodrilus*
螺类	5	萝卜螺属	*Rasix*

附表 4 疏勒河保护区水生动物名录

序号	名称	学名	种属关系
1	鲢鱼	*Hypophthalmichthys molitrix*	鲤形目鲤科鲢属
2	鳙鱼	*Aristichthys nobilis*	鲤形目鲤科鳙属
3	鲫鱼	*Carassius auratus*	鲤形目鲤科鲫属
4	草鱼	*Ctenopharyngodon idellus*	鲤形目鲤科草鱼属
5	鲤鱼	*Cyprinus carpio*	鲤形目鲤科鲤属
6	松浦镜鲤	*Songpu mirror carp*	鲤形目鲤科镜鲤属
7	黄金鲫	*Cyprinus auratus*	鲤形目鲤科鲫属
8	团头鲂	*Megalobrama amblycephala*	鲤形目鲤科鲂属
9	虹鳟	*Oncorhynchus mykiss*	鲑形目鲑科鲑属

序号	名称	学名	种属关系
10	金鳟	*Oncorhynchus mykiss*	鲑形目鲑科鲑属
11	鲟鱼	*Sturgeon*	鲟形目鲟科鲟属
12	白斑狗鱼	*Esox lucius*	狗鱼目狗鱼科狗鱼属
13	丁鱥	*Tinca tinca*	鲤形目鲤科丁鱥属
14	青鱼	*Mylopharyngodon piceus*	鲤形目鲤科青鱼属
15	斑点叉尾鮰	*Ietalurus punetaus*	鲇形目鮰科鮰属
16	河鲈	*Perca fluviatilis*	鲈形目鲈科鲈属
17	河蟹	*Brachyura*	十足目弓蟹科绒螯蟹属
18	大泥鳅	*Oriental weatherfish*	鲤形目鳅科泥鳅属
19	乌鳢	*Ophiocephalus argus*	鳢形目乌鳢科鳢属
20	福瑞鲤	*Cyprinus carpio*	鲤形目鲤科鲤属
21	鳑鲏	*Rhodeus sinensis*	鲤形目鲤科鳑鲏属
22	泥鳅	*Misgurnus anguillicaudatus*	鲤形目鳅科泥鳅属
23	短尾高原鳅	*Triplophysa brevicauda*	鲤形目鳅科高原鳅属
24	重缘唇高原鳅	*Triplophysa papilloso-labiatus*	鲤形目鳅科高原鳅属
25	梭形高原鳅	*Triplophysa leptosoma*	鲤形目鳅科高原鳅属
26	酒泉高原鳅	*Triplophysa hsutschouensis*	鲤形目鳅科高原鳅属
27	新疆高原鳅	*Triplophysa strauchii*	鲤形目鳅科高原鳅属
28	大鳍鼓鳔鳅	*Hedinichthys yarkandensis*	鲤形目鳅科鼓鳔属
29	中华细鲫	*Aphyocypris chininsis*	鲤形目鲤科细鲫属
30	麦穗鱼	*Pseudorasbora parva*	鲤形目鲤科麦穗鱼属
31	棒花鱼	*Abbottina rivularis*	鲤形目鲤科棒花鱼属
32	花斑裸鲤	*Gymnocypris eckloni*	鲤形目鲤科裸鲤属
33	马口鱼	*Opsariichthys bidens*	鲤形目鲤科马口鱼属
34	鲤鱼	*Cyprinus carpio*	鲤形目鲤科鲤属
35	鲫鱼	*Carassius auratus*	鲤形目鲤科鲫属
36	波氏栉鰕虎鱼	*Ctenogobius cliffordpopei*	鲈形目鰕虎鱼科栉鰕虎鱼属
37	祁连山裸鲤	*Gymnocypris(Gyms)chilianensis*	鲤形目鲤科裸鲤属
38	钩虾	*Gammarid*	端足目钩虾科
39	河蚌	*Unionidae*	蚌目蚌科
40	华背蟾蜍	*Bufo raddei*	无尾蟾蜍科蟾蜍属

附表5　疏勒河保护区水生维管束植物名录

序号	名称	学名	种属关系
1	金鱼藻	*Ceratophyllum demersum*	金鱼藻科金鱼藻属
2	水芹	*Oenanthe javanica*	伞形科水芹属
3	香蒲	*Typha orientalis*	香蒲科香蒲属
4	马来眼子菜	*Potamogeton malaianus*	眼子菜科眼子菜属
5	藨草	*Scirpus triqueter*	莎草科藨草属
6	芦苇	*Phragmites australis*	禾本科芦苇属

第六节　九甸峡水库渔业资源调查报告

九甸峡水库位于甘肃省卓尼县，是洮河干流中游的九甸峡峡谷进口段，总面积约2.58万亩（《洮河九甸峡水库优化调度研究》，2008年），库区植被好，水质清澈，无污染，自2010年开展网箱养殖以来，冷水性鲑鱼、鳟鱼、鲟鱼已初具规模，该库区是甘肃省新型水产养殖基地。为查清九甸峡水库渔业资源状况，并对当地的渔业生产性能作出科学的评价和预测，甘肃省渔业技术推广总站于2015年6月对九甸峡水库进行了渔业资源调查，现将调查结果总结分析如下。

一、九甸峡水库自然环境概况

九甸峡水库位于卓尼、临潭、岷县三县交界处的中高山峡谷中，是一个呈近南北向展布的典型河谷型水库，水库四周环山，平均海拔2200 m，沟壑纵横，植被茂盛。库区地形地质条件复杂，多滑坡、泥石流等不良地质现象。

九甸峡水库控制流域面积17.17 km²，水库湖面呈狭长形，水库岸线陡峭，水位变化大，库水水质好，无污染。其所在地区气候湿润，四季分明，春夏多东南风，秋冬多西北风，年均风速1.56 m/s，年均降雨量570 mm，年均气温6 ℃，全年无霜期125天。

二、库水理化特性检测结果与分析

（一）调查内容及方法

1.调查内容

本次调查选取了九甸峡水库上游、中游、下游3个监测点。共调查了温度、pH、透明度、溶解氧、化学需氧量、总磷、总硬度、钙、镁、氯化物、总铁、总碱度、重碳酸盐、硫酸盐、总氮、氨氮、硝酸盐氮、亚硝酸盐氮、铜、锌、铅、镉等22个水质理化指标。

2.调查方法

调查水体理化指标时，水样用采水器采集，每个采样点采水样2 L。各项理化指标的测定按照国家标准执行。

（二）水质理化特性检测结果与分析

按照《渔业水质标准》（GB 11607—89）、《无公害食品　淡水养殖用水标准》（NY 5051—2001）要求对水质的各项理化指标进行检测，检测结果见表4-6-1。各项指标均由取得CMA计量认证证书的资质实验室检测。

表4-6-1　九甸峡水库水质理化指标检测结果

指标	采样点			平均值
	上游	中游	下游	
温度（℃）	18.0	17.9	18.2	18.0
pH	8.30	8.26	8.34	8.30
透明度（cm）	110	160	175	148
溶解氧（mg/L）	7.50	7.33	7.20	7.34
钙（mg/L）	50.40	46.40	43.20	46.67
镁（mg/L）	17.96	19.90	18.45	18.77
总硬度（mg/L）	179.80	197.80	183.82	187.14
总磷（mg/L）	0.040	0.026	0.140	0.069
总铁（mg/L）	0.096	0.132	0.093	0.107
氯化物（mg/L）	49.09	67.13	54.38	56.87
硫酸盐（mg/L）	0.97	45.06	12.46	19.50
总碱度（mg/L）	133.47	127.57	138.20	133.08
重碳酸盐（mg/L）	133.47	127.57	138.20	133.08
总氮（mg/L）	7.151	4.755	7.386	6.431
氨氮（mg/L）	2.04	0.95	1.83	1.61
硝酸盐氮（mg/L）	2.55	2.90	4.34	3.26
亚硝酸盐氮（mg/L）	0.031	0.065	0.046	0.047
化学需氧量（mg/L）	5.72	5.72	3.08	4.84
铜（mg/L）	未检出	未检出	未检出	未检出
锌（mg/L）	0.2344	0.4740	0.1042	0.2709
铅（mg/L）	0.0122	未检出	未检出	未检出
镉（mg/L）	未检出	未检出	未检出	未检出

1.物理特性检测结果

九甸峡水库3个监测点平均水温为18℃；平均透明度为148 cm，变化范围为110～175 cm；平均pH为8.30，各个采样点基本无差异，水体呈弱碱性，有利于鱼类生长。

2.化学特性检测结果

（1）溶解氧

九甸峡水库3个监测点溶解氧含量变化范围在7.20～7.50 mg/L之间，平均值为7.34 mg/L，这一溶解氧含量完全能够满足一般温水性鱼类（需要溶解氧含量＞3 mg/L）、冷水性鱼类（需要溶解氧含量＞5 mg/L）对溶解氧的需求，因此，九甸峡水库溶解氧条件对渔业养殖来说比较理想。

（2）总硬度、钙、镁

水库总硬度、钙、镁含量变化范围分别为179.80～197.80 mg/L、43.20～50.40 mg/L、17.96～19.90 mg/L，平均含量分别为187.14 mg/L、46.67 mg/L、18.77 mg/L。钙和镁是初级生产力不可缺少的因子，九甸峡水库中这两种离子均不缺乏，且钙含量高于镁含量。

（3）总碱度、重碳酸盐

水库总碱度和重碳酸盐含量变化范围均为127.57～133.47 mg/L，平均含量为133.08 mg/L，水库中游含量（127.57 mg/L）略低于上游（133.47 mg/L）和下游（138.2 mg/L）含量。碳酸盐在水库各监测点均未检出。

（4）化学需氧量

化学需氧量反映水体中有机物质的含量，从检测数据看，九甸峡水库的化学需氧量变化范围为3.08～5.72 mg/L，平均含量是4.84 mg/L，表明九甸峡水库水质偏瘦。

（5）生物营养盐类：总磷、总氮、总铁、三态氮

氮、磷是藻类生长所必需的营养元素，在九甸峡水库中检测发现，总磷和总氮含量的变化范围分别为0.040～0.140 mg/L和4.755～7.386 mg/L，其平均含量分别为0.069 mg/L和6.431mg/L，且下游总磷含量（0.140 mg/L）明显高于上游（0.040 mg/L）和中游（0.026 mg/L）；有报道称铁的浓度在0.1～0.5 mg/L之间时有利于硅藻的生长，本次检测发现九甸峡水库总铁平均含量为0.107 mg/L，在此范围内，同时浮游植物调查结果表明，该水库浮游植物中的优势种类确为硅藻；从测定结果来看，九甸峡水库三态氮平均含量由高到低依次是硝酸盐氮（3.26 mg/L）＞氨氮（1.61 mg/L）＞亚硝酸盐氮（0.047 mg/L）。

（6）硫酸盐、氯化物

测定结果表明，九甸峡水库硫酸盐、氯化物含量变化范围分别为0.97～45.06 mg/L、49.09～67.13 mg/L，平均含量分别为19.50 mg/L、56.87 mg/L。按照苏林分类法，九甸峡水库属于氯化钙水型。

（7）重金属

在九甸峡水库中未检测出铜、镉；铅只在上游检测出，且其含量为0.0122 mg/L，符合《渔业水质标准》（≤0.05 mg/L）；锌在上、中、下游3个监测点检测出的含量分别为0.2344 mg/L、0.4740 mg/L、0.1042 mg/L，略高于《渔业水质标准》（≤0.1 mg/L）。

三、浮游生物调查结果与分析

（一）调查内容及方法

1.调查内容

本次调查中对浮游植物、浮游动物的种类、数量及生物量进行了定性及定量检测。

2.调查方法

浮游动植物采样时分别用13#和25#浮游生物网采集，在显微镜下计数。

（二）浮游生物调查结果与分析

水体中的浮游生物是大多数水生动物开口期或者长期的饵料，因此，研究清楚水库中浮游动植物的种类、数量、生物量对研究水体中的鱼产力有重要意义。本次测定时将上游、中游、下游3个采样点样品混合后测定。

1.浮游植物调查结果

九甸峡水库3个采样点共发现浮游植物7门35种，每升水体中浮游植物的总数量为5.04万个，总生物量为0.8467 mg，其中硅藻门占绝对优势，分布较多的种类有肘状针杆藻、针状菱形藻、新月形桥弯藻、帽状菱形藻、新月拟菱形藻、舟形桥弯藻、铲状菱形藻、美丽星杆藻；密度占优势的是硅藻，占总密度的60.95%，其次是甲藻、黄藻、隐藻，分别占总密度的12.38%、10.95%、10.95%；生物量占优势的是硅藻和甲藻，分别占总生物量的61.71%和36.85%。具体的浮游植物种类、分布情况见表4-6-2，其密度和生物量见表4-6-3。

表4-6-2　九甸峡水库浮游植物种类及分布情况

门类	种类	学名	分布
硅藻门	椭圆波纹藻	*C. elliptica*	+
	钝脆杆藻	*F. capucina*	+
	普通等片藻	*D. vulgare*	+
	新月形桥弯藻	*C. cymbiformis*	++
	微细异端藻	*G. parvulum*	+
	肘状针杆藻	*S. ulna*	+++
	北方羽纹藻	*P. borealis*	++
	大羽纹藻	*P. major*	+
	帽状菱形藻	*N. palea*	++
	缘花舟形藻	*N. radiosa*	+
	披针形桥弯藻	*C. lanceolata*	+
	弧形短缝藻	*E. arcus*	+
	舟形桥弯藻	*C. naviculiformis*	++
	窗格平板藻	*T. feneatrata*	+
	铲状菱形藻	*N. paleacea*	++
	尖布纹藻	*G. acuminatum*	+
	隐头舟形藻	*N. cryptocephala*	+
	偏肿桥弯藻	*C. ventricosa*	+

门类	种类	学名	分布
	针状菱形藻	*N. acicularis*	+++
	喙头舟形藻	*N. rhynchocephala*	+
	绿舟形藻	*N. viridula*	+
	巴豆叶脆杆藻	*F. crotonensis*	+
	新月拟菱形藻	*N. closterium*	++
	美丽星杆藻	*A. formosa*	++
蓝藻门	念珠藻属	*Nostoc*	+
	小型色球藻	*Ch. minor*	+
	微小色球藻	*Ch. minutus*	+
	小席藻	*P. tenue*	+
黄藻门	近缘黄丝藻	*T. affine*	+++
甲藻门	飞燕角藻	*C. hirundinella*	+++
绿藻门	斜生栅藻	*S. obliquus*	+
	双列栅藻	*S. bijugatus*	+
隐藻门	尖尾蓝隐藻	*C. acuta*	+++
	卵形隐藻	*C. ovata*	++
金藻门	具尾鱼鳞藻	*M. candata*	+

注："+"表示有分布，"++"表示分布较多，"+++"表示分布很多。

表4-6-3 九甸峡水库浮游植物密度和生物量

门类	密度（万个/升）	生物量（mg/L）	密度占总密度的比例（%）	生物量占总生物量的比例（%）
蓝藻	0.096	0.0001	1.90	0.01
硅藻	3.072	0.5225	60.95	61.71
绿藻	0.048	0.000024	0.95	0.0028
甲藻	0.624	0.312	12.38	36.85
黄藻	0.552	0.0055	10.95	0.65
隐藻	0.552	0.0037	10.95	0.44
金藻	0.096	0.0029	1.90	0.34
合计	5.04	0.8467	100	100

2.浮游动物调查结果

九甸峡水库3个采样点共发现浮游动物3类3种，每升水中浮游动物的总密度为330个，总生物量为3.53 mg，其中密度相对占优势的是轮虫和桡足类，分别占到总密度的63.64%和27.27%；

生物量占优势的种类是枝角类和桡足类，分别占到总生物量的42.49%和56.09%。具体的浮游动物种类、分布情况见表4-6-4，其密度和生物量见表4-6-5。

表4-6-4 九甸峡水库浮游动物种类及分布情况

门类	种类	学名	分布
轮虫	圆形臂尾轮虫	*B. rotundiformis*	++
枝角类	隆线溞	*D. carinata*	+
桡足类	台湾温剑水溞	*T. taihokuensis*	++

注："+"表示有分布，"++"表示分布较多，"+++"表示分布很多。

表4-6-5 九甸峡水库浮游动物密度和生物量

门类	密度(个/升)	生物量(mg/L)	密度占总密度的比例(%)	生物量占总生物量的比例(%)
轮虫	210	0.05	63.64	1.43
枝角类	30	1.50	9.09	42.49
桡足类	90	1.98	27.27	56.09
合计	330	3.53	100	100

四、底栖动物调查结果与分析

（一）调查内容与方法

本次调查中对底栖动物的种类、数量及生物量进行了分析。采集底栖动物样品时，利用1/16 m^2 彼得逊采泥器采集，用甲醛固定，滤洗计数。

（二）底栖动物调查结果

本次调查中共观察到底栖动物2类2种，种类比较单一，但数量相对比较丰富。底栖动物密度为3168个/米^2，总生物量为10.56 g/m^2，其中寡毛类在密度上占优势，所占比例为88.89%；在生物量上寡毛类和水生昆虫相差不明显，分别占到总生物量的53.33%和46.67%。具体的种类及分布情况见表4-6-6，密度和生物量见表4-6-7。

表4-6-6 九甸峡水库底栖动物种类及分布情况

类群	名称	学名	分布
环节动物门寡毛纲	水丝蚓属	*Limnodrilus*	+++
水生昆虫	羽摇蚊幼虫	*C. plumosus*	++

注："+"表示有分布，"++"表示分布较多，"+++"表示分布很多。

表 4-6-7　九甸峡水库底栖动物密度和生物量

类群	密度(个/米²)	密度所占比例(%)	生物量(g/m²)	生物量所占比例(%)
寡毛纲	2816	88.89	5.632	53.33
水生昆虫	352	11.11	4.928	46.67
合计	3168	100	10.56	100

五、饵料生物资源与鱼产潜力分析

水体中的浮游生物、底栖动物是大多数鱼类良好的天然饵料，本次调查中粗略估算了九甸峡水库中由浮游生物和底栖动物所提供的天然鱼产力。

（一）浮游生物与鲢鱼、鳙鱼产量的关系

以浮游动植物为食的鲢鱼、鳙鱼在其生长期内可以利用的浮游动植物量可粗略按下式计算：

①每公顷水体中浮游植物现存量=浮游植物生物量×667×15（1亩=667 m²=1/15 hm²）×平均水深（m）×1000（1 m³=1000 L）÷1000（1 g=1000 mg）÷1000（1 kg=1000 g）。其中，平均水深取5 m（大部分浮游生物主要集中在水面以下5 m内）。

②每公顷水体中浮游动物现存量=浮游动物生物量×667×15（1亩=667 m²=1/15 hm²）×平均水深（m）×1000（1 m³=1000 L）÷1000（1 g=1000 mg）÷1000（1 kg=1000 g）。其中，平均水深取5 m（大部分浮游生物主要集中在水面以下5 m内）。

③根据浮游生物重量法，年鲢鱼生产力=浮游植物生产量×可利用率÷饵料利用率=浮游植物现存量×P/B×可利用率÷饵料利用率［根据《水库鱼产力评价标准》（SL 563—2011），其中，P/B系数一般取50，鲢鱼对浮游植物的利用率为25%，饵料利用率一般为30］

④年鳙鱼生产力=浮游动物生产量×可利用率÷饵料利用率=浮游动物现存量×P'/B×可利用率÷饵料利用率［根据《水库鱼产力评价标准》（SL 563—2011），其中，P'/B系数一般取20，鳙鱼对浮游动物的利用率为30%，饵料利用率一般为20］

其中，P为浮游植物生产量，P'为浮游动物生产量，B为浮游动植物平均生产量。

根据以上公式可知，九甸峡水库年鲢鱼生产力是30.31 t，年鳙鱼生产力是90.97 t。

因此，九甸峡水库中由浮游生物所提供的年鲢鳙鱼生产力理论上为121.28 t。

（二）底栖动物与鲤鱼、鲫鱼产量的关系

常见底栖鱼类主要为鲤鱼和鲫鱼，根据调查结果，九甸峡水库底栖动物中寡毛类较多，底栖动物生物量较大，具有一定的鱼产潜力。现将九甸峡水库底栖动物的年鱼产力做一简单估算，计算方式如下：

①底栖动物的年鱼产力=腐屑、细菌提供的鱼产力的一半（F）+底栖动物提供的鱼产力（G）。

②F（kg/hm²）=浮游生物提供的鱼产力的一半，即：（年鲢鱼生产力+年鳙鱼生产力）÷2。

③G（kg/hm²）=[底栖动物生物量（g/m²）×667×15÷1000]·a·（P/B）·S/K

其中：a为鱼类对底栖动物的最大利用率（一般为25%）；

P/B为底栖动物年生产量与年平均生产量之比（一般为3）；

S 为养殖面积（hm²）；

K 为鱼类对底栖动物的利用系数（一般为5）。

由上式可知，九甸峡水库中由底栖动物所提供的年鱼产力为106.04 t。

六、九甸峡水库渔业资源可开发潜力分析

（一）九甸峡水库水质状况分析

调查结果表明，九甸峡水库pH在8.26～8.34之间，水质呈弱碱性，弱碱性水质不仅能提高鱼类的食欲，还有预防疾病的效果；将九甸峡水库各项水质理化指标与相关水产养殖用水水质标准进行比较分析，发现九甸峡水库库水完全符合养殖用水标准，水质没有异色、异味、异臭，水面没有明显的油膜或浮沫，主要的离子和营养盐含量均符合标准要求，库水溶解氧丰富，平均含量达7.34 mg/L，各水层分布差异不明显，底层略低，水体溶解氧环境良好。一般饲养鱼类对溶解氧的要求为 > 3 mg/L，冷水性鲑鱼、鳟鱼及鲟鱼的要求为 > 5 mg/L。此外，丰富的溶解氧有利于有机物的分解和营养盐类的再生，为鱼类及其天然饵料生物的生长提供了条件。因此，九甸峡水库的溶解氧条件对鱼类养殖来说比较理想。

氮和磷是所有藻类都必需的重要营养元素，也是浮游生物生长的限制性营养元素，对水生生物的生长十分重要。但氮、磷含量比例只有在适宜范围内才能被浮游植物光合作用有效利用，一般认为我国大水库无机总氮（包括氨氮、亚硝酸氮和硝酸氮）与磷含量的比值大致在10～15之间，而九甸峡水库总氮（6.431 mg/L）与总磷（0.069 mg/L）的比值为93.2，可见，九甸峡水库氮、磷含量比例严重失衡，缺磷现象严重，磷对该水库养殖鱼类具有更大的重要性。因此，如果要在九甸峡水库进行大水面放养，则需适量施磷肥，以缓解水库中严重缺磷现象，保证鱼类正常生长。

化学需氧量（COD）往往作为衡量水中有机物质含量多少的指标，化学需氧量越大，说明水体受有机物的污染越严重。九甸峡水库COD均值为4.84 mg/L，表明九甸峡水库的水质略偏瘦。

水中所含营养物质的多少直接影响到水生植物的生长繁殖。九甸峡水库中生物营养盐类总磷和总氮平均含量分别为0.069 mg/L和6.431 mg/L；硝态氮、氨氮、亚硝酸盐氮平均含量分别为3.26 mg/L、1.61 mg/L、0.047 mg/L。由此可见，九甸峡水库生物营养盐类处于中等水平，能够为浮游植物等的生长提供一些营养物质，但不足以使其大量繁殖生长，以致水库能为滤食性鱼类提供的饵料生物量有限。因此，九甸峡水库更适合发展设施养殖，首选网箱养鱼，以放牧式养殖鲢鱼、鳙鱼、鲤鱼、鲫鱼等为辅。

（二）九甸峡水库渔业资源可开发潜力分析

①九甸峡水库水质良好，溶解氧含量高，营养元素丰富，符合养殖水域水质标准，适合进行水产养殖，具有巨大的渔业发展潜力。

②浮游生物是滤食性鲢鱼、鳙鱼良好的天然饵料，可以提供一定数量的天然鱼产力。根据浮游生物生物量调查结果，对九甸峡水库浮游生物所提供的鲢鱼、鳙鱼鱼产力做一粗略估算。九甸峡水库面积1717 hm²，估算得出：该水库浮游生物所提供的年鱼产力理论上为121.28 t，其中鲢鱼生产力为30.31 t，鳙鱼生产力为90.97 t。然而由于受养殖规模、鱼苗投放、管理等各方面因素的

影响，实际上九甸峡水库年产滤食性鱼类数量远不及理论数据，还有着很大的开发潜力。

③底栖动物是水库生态系统的重要组成部分，也是鲤鱼、鲫鱼等底层鱼类重要的天然饵料。根据底栖动物生物量调查结果，对九甸峡水库底栖动物的鱼产力做一简单估算。九甸峡水库面积1717 hm²，估算得出：该水库底栖动物所提供的鱼产力为106.04 t。由此可见，九甸峡水库底栖动物鱼产潜力很大，具有可开发的价值。

④九甸峡水库营养盐类丰富、水温低，加之水域面积大，适宜发展网箱养殖冷水性鱼类。近年来，该水库网箱养殖鲑鱼、鳟鱼、鲟鱼发展迅速，取得了很好的经济效益，并不断带动周边农户和个体在水库进行网箱养殖，具有较大的渔业发展空间。

七、九甸峡水库渔业资源利用及开发建议

（一）合理放养苗种，做好水库渔业的可持续发展

九甸峡水库浮游生物比较丰富，能够提供可观的天然鱼产力，但由于其自然产卵孵出的鱼苗数量理论上达不到水库能够提供的鱼产力水平，因此，可以以粗略估算出的鱼产力为参考，适当投放能够适应该水库自然条件的苗种。根据国内相关资料，苗种投放比例一般为鲢鱼、鳙鱼等滤食性鱼类占65%～70%，其他经济鱼类占30%～35%，其中鲢鱼与鳙鱼的比例一般维持在1：2.5左右为宜。

（二）加强库区渔业资源调查，探索合理的管理模式

由于九甸峡水库为新型养殖水体，近年来才开始渔业生产，此前未对该水库的鱼类资源进行过调查，因此，在以后的工作中，要加强对九甸峡水库渔业资源的调查工作，以掌握鱼类资源的变化情况，及时提出针对性的保护措施和方案；定期调查监测水库的水质以及浮游动植物和底栖动物的数量，适时为渔业生产提供理论参考数据。

（三）因地制宜，科学规划，确保水产品质量安全和水质安全

由于九甸峡水库水质良好，溶解氧含量高，营养元素丰富，适宜进行网箱养殖，因此，在九甸峡水库发展网箱养鱼有很好的前景，特别是网箱养殖冷水性鲑鱼、鳟鱼及鲟鱼等品种。但由于九甸峡水库也是灌溉饮用水水源地，所以在发展网箱养殖时，要控制网箱规模，同时要严格按照无公害标准进行科学养鱼，并对饲料、鱼药等投入品的应用进行严格监管，确保水产品质量安全和水质安全。

八、总结

综合以上分析，九甸峡水库水质好，无污染，溶解氧含量高，营养元素丰富，各种理化指标均符合渔业养殖用水标准，适宜发展网箱养殖，具有较大的渔业发展潜力。

第七节 黄河白银区段特有鱼类国家级水产 种质资源保护区渔业资源调查报告

　　水产种质资源是水生生物资源的重要组成部分和渔业发展的物质基础，水产种质资源保护区的建设是保护和合理利用水产种质资源的重要措施之一。黄河白银区段特有鱼类国家级水产种质资源保护区的建设，对保护水产种质资源、促进渔业可持续发展具有重要的现实和历史意义。

　　甘肃省渔业技术推广总站组成考察组，对黄河白银区段特有鱼类国家级水产种质资源保护区做了实地综合考察。考察组沿着黄河自下而上，通过实地查看、采集样本、调查访问等方式重点对沿河两岸的地势地貌、植被、河道拐点、水域生态及环境保护现状、工程设施、旅游业、农林业、渔业等做了详细的考察。对重点的区域选点采样，本着真实反映保护区水体情况的实际需要，选择了5个重要点采集了水体样品测定了理化指标，选择了7个重要点采集了浮游生物、底栖生物等样品送至具有CMA资质的甘肃省水生动物防疫检疫中心实验室检测。同时，还做了采集和鉴别水生植物，捕捞鱼类并鉴别、询问当地农民捕捞情况等工作。

　　本报告根据实地考察情况和水质、浮游生物、底栖生物检测结果，对该保护区的生态、生物多样性做出了科学的评价，根据重点保护对象产卵场、索饵场和越冬场的分布范围，确定了2个实验区、2个核心区。

一、自然地理环境

（一）地理位置

　　黄河白银区段特有鱼类国家级水产种质资源保护区位于白银市白银区。白银区位于甘肃中部、白银市西部，位于黄河上游中段，地理坐标介于103°54′24″E～104°24′55″E、36°14′38″N～36°47′29″N之间。白银区西与兰州市皋兰县接壤；南临黄河，与榆中县青城乡及靖远县平堡乡以河为界；东与靖远县刘川乡毗邻；北与景泰县中泉乡为邻。辖区东西长约47 km，南北宽约60 km，总面积1372 km²。地处陇西黄土高原西北边缘，地形总趋势为西北高、东南低，平均海拔1946.5 m。黄河从兰州皋兰县什川镇小峡进入白银大峡，使得白银区与榆中青城镇隔河相望，途经白银区水川镇、四龙镇，最终在靖远中堡乡进入靖远。

　　黄河白银区段特有鱼类国家级水产种质资源保护区属于黄河上游干流段，介于104°23′20″E～104°07′37″E、36°24′36″N～36°15′03″N之间，总长度38 km，总面积692 hm²，是黄河白银区和榆中县的共管水域，经白银区和榆中县相关部门协商，保护区的归属权划归到白银区，包括黄河大峡段、水川段、乌金峡段和四龙段。保护区涉及白银区水川、四龙和榆中县青城等3个乡镇、20个行政村，包括白银大峡、乌金峡2个水电站及库区。保护区是由起点、终点及7个拐点坐标连线围成的水域，起点终点及拐点坐标分别为：104°07′37″E，36°14′52″N；104°07′56″E，36°15′33″N；104°09′06″E，36°18′01″N；104°11′13″E，36°20′41″N；104°17′02″E，

36°21′22″N；104°23′53″E，36°23′56″N；104°23′25″E，36°24′29″N；104°23′30″E，36°25′41″N；104°24′21″E，36°26′00″N。

保护区的水川段，河流平缓，有两个河心岛，岛上树木茂密，由于河心岛的存在，该区段形成了浅滩、洄水湾。水电站至平堡桥段，水流较缓，河湾较多，并且有多处静水区，周边有众多礁石，适合鱼类藏身，经考察，该区域是兰州鲇、圆筒吻和似鲇高原鳅的产卵场、索饵场，因此，保护区设置了2个核心区，核心区总面积275 hm²，占保护区总面积的39.74%。核心区1位于水川段，水川镇张庄村至顺安村，地理坐标介于104°13′01″E～104°17′56″E、36°21′10″N～36°21′28″N之间；核心区2位于四龙段，乌金峡大坝以下至平堡桥，地理坐标介于104°24′03″E～104°24′20″E、36°23′24″N～36°24′36″N之间。保护区设置了2个实验区，实验区1位于大峡水库库区，地理坐标介于104°07′37″E～104°09′00″E、36°15′03″N～36°17′56″N之间；实验区2位于乌金峡库区，地理坐标介于104°20′38″E～104°24′03″E、36°22′30″N～36°23′20″N之间。实验区总面积163 hm²，占保护区总面积的23.55%。这两个库区水流稳定，非汛期水质清澈，对开展关于保护对象的科学研究十分有利。

（二）地貌特征

白银区地形西北高、东南低，地貌特征以基岩山地和山间盆地为主，地面基岩裸露，山势陡峻。大部分地面被黄土覆盖，起伏平缓，土质松软，易被冲刷；境内有丰富的自然资源，已探明的金属和非金属矿藏有铜、铅、锌、金、银、锰、石灰石、石英石、长石、芒硝、沸石、麦饭石等30多种。

保护区属黄河上游，处于黄河河谷地带，海拔1420～1500 m，黄河宽谷与峡谷曲流在白银区西部和北部。地形可分为中低山地、洪积冲积倾斜平原、石质剥蚀丘陵和风沙地这4种地貌类型。该河段地形复杂，土壤种类繁多，主要由粗黄绵土、黑黄土、麻土、大白土组成。黄绵土有机质含量稍低，一般不超过1%，含氮量在0.02%～0.09%之间，pH在7.8～8.3之间。这些条件充分保证了水中营养物质的供给，满足了兰州鲇、圆筒吻和似鲇高原鳅等在此生存的水质需要。

该段黄河时有浅滩露出，尤其在冬季枯水期，有众多浅滩、沙洲。整个保护区内有大小河湾十多处，水川段有几个小岛，岛上植被茂密，岛周围水生植物众多，该区域是当地特有鱼类主要的产卵、索饵和越冬场所。

（三）气候及水文气象

白银区地处大陆腹地，远离海洋，地势较高，属典型的温带大陆性气候，属中温带大陆性干旱、半荒漠气候区，具有干旱、半干旱温暖气候的特征，总的气候特点是四季分明，光照充足，干旱多风，降雨稀少。受大气环流、蒙新高原气候、青藏高原气候和秦岭屏障的影响，该区域东南暖流不易到达，降水少，蒸发大，气候干燥。多年平均气温8.07 ℃，日极端最高气温37.3 ℃，最低气温-26 ℃。降水多集中于6—9月，年平均降水量204.3 mm，年平均水面蒸发量2004.1 mm，干旱指数10.0，年平均太阳辐射量590 kJ/cm²。最多风向为北风，主要出现在春季3—5月，平均3～20天，最大风速21.2 m/s，年平均大风日数51.6天，年平均无霜期183.8天。干旱是区域农业生产的主要自然灾害，霜冻仅次于干旱，风沙、冰雹、春季沙尘暴等灾害并列。洪涝灾害时有发生，自1981年以来有多次报道称白银区境内黄河水位持续上涨，其中2012年入境最高流量达 3700 m³/s，连续 3000 m³/s 以上的流量长达 30 多天，造成黄河堤防工程淘刷严重、险情频发。

黄河白银区段水电资源充足，黄河流经境内 38 km，其中装机容量 30 万 kW 的大峡水电站和总装机容量 14 万 kW 的乌金峡水电站建成并网发电，与皋兰境内小峡水电站统称为"黄河小三峡"。大峡水电站于 1991 年开建，历经 6.5 年建成后投入使用，混凝土重力坝挡水前沿总长 257.88 m，最大坝高 72 m，正常蓄水位 1480 m，总库容 0.9 亿 m³，是一座以发电为主、兼顾灌溉等综合效益的大 II 型水电站。乌金峡水电站于 2003 年年底开始正式筹建，2006 年年底前实现截流，2008 年底前首台机组发电，2009 年工程全部完工，整个工期 52 个月左右，水库正常蓄水位 1436 m，总库容 2368 万 m³，是一个典型的河道型水库。水电站的建设限制了兰州鲇、圆筒吻和似鲇高原鳅的活动区域，这也是造成主要保护对象濒危的原因之一。

黄河经兰州皋兰入境，途经大峡、水川、乌金峡、四龙等地，从四龙出境，流入靖远县中堡乡。黄河在白银区境内流程全长 38 km，流域面积 692 hm²，平均流量 993～1040 m³/s，年径流总量 315 亿～328 亿 m³，其中可利用水资源流量 3.92 亿 m³，最大流量 6700 m³/s。据测定，水体的总硬度 264.29 mg/L，溶解氧含量 5.66 mg/L，COD 4.51 mg/L，pH 8.3，钙离子含量 75.02 mg/L，镁离子含量 18.67 mg/L，总磷含量 0.077 mg/L，总盐度 0.42‰，平均透明度 10.3 cm，鱼类生长期 170～220 天，鱼类生长期平均水温 20.5 ℃。

（四）环境生物

考察组对 7 个采样点的浮游生物、底栖生物做了定性、定量分析，结合近两年的检测结果，统计到保护区内黄河水体中浮游植物有 7 门 35 种，组成主要有硅藻、甲藻、绿藻、隐藻、裸藻、蓝藻、金藻等，如肘状针杆藻、针状菱形藻、新月形桥弯藻、帽状菱形藻、新月拟菱形藻、舟形桥弯藻、铲状菱形藻、美丽星杆藻等；浮游动物有 3 类 5 种，组成主要有轮虫类、枝角类和桡足类等，如钩状狭甲轮虫、圆形臂尾轮虫、细巧华哲水蚤、隆线溞、台湾温剑水溞等；底栖生物有 4 类 4 种，组成主要有水生昆虫、寡毛类、等足类和螺类，如羽摇蚊幼虫、水丝蚓、钩虾、萝卜螺属等。保护区内的水生维管束植物有 6 科 6 种，组成主要有金鱼藻科、伞形科、香蒲科、浮萍科、莎草科、禾本科等，如香蒲、芦苇、水芹、蘸草、浮萍、金鱼藻、芦苇等。

在实地考察过程中，捕捞到的鱼类有兰州鲇、黄河鲤、圆筒吻鮈、似鲇高原鳅和黄河鮈等，查阅资料获知，该段黄河流域还存在大鼻吻鮈、刺鮈、麦穗鱼、棒花鱼、黄河高原鳅、大鳞副泥鳅、北方花鳅、泥鳅、鲢鱼、鳙鱼、草鱼、鲤鱼、鲫鱼等鱼类。

二、社会经济发展状况

（一）社会经济及人口状况

白银区的综合经济实力位居全省前列，现代城市产业体系框架基本形成，多元化的开放型经济体系基本形成，以人为本，全面、协调、可持续发展的格局基本形成，已全面实现小康社会并向宽裕型小康迈进。

白银区下辖 2 乡、3 镇和 5 街道，有 45 个行政村、35 个社区。该区是以汉族聚居、少数民族散杂居的地区，有汉、回、满、蒙、土家、苗等 22 个民族。根据第七次人口普查数据，截至 2020

年11月1日，白银区常住人口337645人。

（二）基础设施状况

1.交通状况

白银区交通便利，南邻兰州，北通宁夏、内蒙古，西经河西走廊直达新疆，东连陇东。包兰铁路贯穿境内，3条国家级公路、2条省级公路和数条乡村公路纵横交错。白兰高速公路建成通车，市区距兰州中川机场仅70 km。

2.保护区内工程状况

目前，保护区内的大峡水电站、乌金峡水电站都已竣工投入使用。

（三）旅游业

白银区具有得天独厚的区位优势，黄河流经境内38 km，沿线自然条件优越，黄河风景、田园风情、民俗文化交相辉映，旅游资源丰富，主要有黄河假日城（湿地公园）、黄河大峡奇观、乌金峡旅游风景区、水川镇大峡沿黄风景旅游区、水川镇黄河玉兔岛、大峡库区、大峡电厂、四龙黄河航运码头、蒋家湾码头等。自然景观与人文景观相互衬托、相映生辉，特色浓郁，构成了山水结合的景观带，传承着历史悠久的黄河文化。目前保护区内交通、通信和接待设施等条件有待完善，旅游资源开发程度较低，前来观光的游客有限，对保护区内渔业资源的影响相对较小。

（四）农林业

白银区立足城郊型农业的特点，加快主导产业开发建设和优势农产品区域布局，突出建好"两个园区"，舞好"四个龙头"，形成了以日光温室蔬菜和果品为主，肉、蛋、奶、种子和花卉等多业发展的特色农业产业新格局。在沿黄两岸的水川、四龙，坚持高标准、高起点，建设了水川重坪、四龙北坪两个万亩级农业科技示范园。重坪园区被中国科协命名为"全国农村科普示范基地"，被科技部认定为第一批"国家星火计划农村区域科技成果转化中心"；北坪园区建成反季节果品基地420亩，引进的油桃、李子通过国家绿色食品认证。

（五）渔业

白银区是白银市的重要商品鱼基地，也是甘肃省渔业起步较早的县区之一，是白银市近30万居民大宗淡水鱼生产供应基地。黄河流经该区水川、四龙两镇，全长38 km，该区有连片湿地5000余亩，其中已开发池塘养鱼水面1030余亩。养殖品种以草鱼、鲤鱼、鲢鱼、鳙鱼、鲫鱼、武昌鱼等为主，年产鲜鱼718 t，平均亩产690 kg。为了提升白银区渔业发展水平，增加农民收入，该区按照大宗淡水鱼类产业技术体系建设项目总体要求，狠抓技术服务工作，落实项目建设具体任务，取得了较好的工作成效；加大了新品种引进与推广力度，每年引进异育银鲫"中科3号"夏花200万尾、福瑞鲤3000万尾、长丰鲢2000万尾、黄金鲫2000万尾，投放到各渔场进行试验示范；通过采取苗种适期分塘套养、病害防控等措施，总结出了成熟的苗种高效培育模式，"中科3号"成活率71.2%，福瑞鲤成活率82.2%，长丰鲢成活率70.3%；推广了池塘高效健康养殖技术，以水质调控为主要手段，及时进行池塘消毒，使用优质微生物制剂调节水质，建立了一套草鱼高效健康养殖模式；确定的500亩池塘示范区内，水质在整个养殖过程中始终保持肥、活、嫩、爽；水产品质量经农业农村部、甘肃省、白银市质检部门多次抽检，均达到合格标准，发挥了辐射带动作用。

三、水生生物环境与水生生物

（一）水环境状况

1.水环境概况

黄河白银区段位于黄河上游中段，是白银市人畜饮水和灌溉水的保护地，也是白银区资源富集、农业发展最活跃的地区。为了保护黄河白银区段生态环境，为白银市区及沿黄乡镇提供洁净水源，白银区制定了"发展绿色产业、建设绿色白银"的产业发展战略，限制高耗能、高污染工业的发展，沿黄乡镇建设了水务站、污水处理厂和垃圾填埋处理场，农村实施了清洁工程，减少了污染源排放，多年来黄河白银段水质均达到三类标准。目前，保护区所在区域工业欠发达，旅游资源开发程度较低，前来观光的游客有限，河谷沿岸地带地形陡峭，耕地面积少，农药、化肥施用量低，对水质污染轻微。

保护区流域地处半温带，气温适宜，日照充足，鱼类生长期较长（5个月左右），水资源丰富，水体理化性质良好，水质符合《渔业水质标准》（GB 11607—89）的规定，适宜温水性鱼类及冷水性鱼类的生长繁殖。

2.水质理化指标检测结果与分析

（1）调查内容、方法及检测方法

①调查内容：本次现场考察选取了5个点作为监测点，采样点分别是B3点（乌金峡水电站库区，104°23′53″E，36°23′56″N）、B4点（大峡水库上游，104°07′37″E，36°14′52″N）、B5点（大峡水库中游，104°07′56″E，36°15′33″N）、B6点（大峡水库下游，104°09′06″E，36°18′01″N）、B7点（桦皮川与蒋家湾交界处，104°17′02″E，36°21′22″N），对温度、pH、电导率、透明度、溶解氧、总盐度、化学需氧量、总磷、总硬度、钙、镁、总碱度、重碳酸盐、氨氮、硝酸盐氮、亚硝酸盐氮、铜、锌、铅、镉等21个水质理化指标进行了检测分析。

②调查方法：采样方法按照《内陆水域渔业自然资源调查手册》和《水库渔业资源调查规范》（SL 167—2014）的规定。

③检测方法：水质检测由甘肃省水生动物防疫检疫中心实验室检测，该实验室取得了CMA计量认证证书，按照《渔业水质标准》（GB 11607—89）要求对水质各项理化指标进行检测。

（2）检测结果与分析

1）检测结果统计

保护区不同断面处水质各理化指标检测结果见表4-7-1。

表4-7-1 黄河白银区段不同断面处水质理化指标检测结果

指标	采样点					平均值
	B3	B4	B5	B6	B7	
温度(℃)	22.6	21.4	21.3	21.4	21.9	21.5
pH	9.44	8.05	8.02	7.93	8.03	8.30
电导率	0.65	0.58	0.58	0.56	0.62	0.60
透明度(cm)	15	10	10	12	5	10.4
溶解氧(mg/L)	7.20	8.50	3.45	3.47	5.70	5.66
总盐度(‰)	0.5	0.3	0.3	0.5	0.5	0.4
钙(mg/L)	73.00	75.99	77.84	72.28	75.99	75.02
镁(mg/L)	20.24	17.43	15.74	16.87	23.05	18.67
总硬度(mg/L)	266.15	261.51	259.20	249.95	284.66	264.29
总磷(mg/L)	0.026	0.042	0.113	0.101	0.105	0.077
总碱度(mg/L)	172.87	171.67	169.67	168.67	167.17	170.01
重碳酸盐(mg/L)	172.87	171.67	169.67	168.67	167.17	170.01
碳酸盐(mg/L)	未检出	未检出	未检出	未检出	未检出	—
氨氮(mg/L)	1.20	0.28	0.70	0.57	1.93	0.94
硝酸盐氮(mg/L)	0.53	0.10	0.10	0.21	0.10	0.21
亚硝酸盐氮(mg/L)	0.06	0.01	0.02	0.06	0.05	0.04
化学需氧量(mg/L)	5.11	3.66	4.97	3.81	4.97	4.51
铜(mg/L)	未检出	未检出	未检出	未检出	未检出	—
锌(mg/L)	0.1373	0.1367	0.1378	0.1382	0.1377	0.1375
铅(mg/L)	未检出	未检出	未检出	未检出	未检出	—
镉(mg/L)	未检出	未检出	未检出	未检出	未检出	—

2）检测结果分析

①物理特性分析：保护区水域5个监测点透明度变幅为5～15 cm。到了汛期，黄河水质含泥沙量比较大，水体较浑浊，透明度很低。整个水面无漂浮物，无臭味，无油膜。

②化学特性分析：

a.溶解氧（mg/L）：水中的溶解氧含量与水温、水循环或流动、有机物的分解以及生物呼吸有密切的关系。保护区内水域水生植物贫乏，其溶解氧含量主要由水温、水体流动来决定，含量在3.45～7.20 mg/L之间。一般鱼类生存需要溶解氧含量大于3 mg/L，由此看来，保护区内水体溶解氧条件对鱼类生存来说比较理想。

b.化学需氧量（mg/L）：化学需氧量在3.66～5.11 mg/L之间，平均值为4.51 mg/L。化学需氧量越大，表明水体的污染情况越严重。在饮用水的标准中，Ⅰ类和Ⅱ类水化学需氧量≤15 mg/L，所以保护区水体符合饮用水Ⅰ类和Ⅱ类中化学需氧量的要求。

c.总硬度（mg/L）：保护区水域总硬度在249.95～284.66 mg/L之间，平均值为264.29 mg/L。

d.总碱度（mg/L）：保护区水域总碱度在167.17～172.87 mg/L之间，平均值为170.01 mg/L。

e.主要离子：重碳酸盐检测值在167.17～172.87 mg/L之间，水库水体的重碳酸盐含量略高于流水水体。碳酸盐在各监测点均未检出。钙和镁是初级生产力不可缺少的因子，调查发现，保护区水域中这两种阳离子均不缺乏，且各监测点钙、镁离子含量基本均等。钙平均含量为75.02 mg/L，镁平均含量为18.67 mg/L。

f.生物营养盐类：水中所含营养物质的多少直接影响到水生植物的生长繁殖。三态氮：氨氮含量在0.28～1.93 mg/L之间，平均值为0.94 mg/L；硝酸盐氮含量在0.10～0.53 mg/L之间，平均值为0.21 mg/L；亚硝酸盐氮含量在0.01～0.06 mg/L之间，平均值为0.04 mg/L。总磷：磷是一切藻类必需的营养元素。保护区水域总磷含量在0.026～0.113 mg/L之间，平均值为0.077 mg/L。

g.重金属离子（铜、锌、铅、镉）：保护区水域各监测点中，铜、铅、镉这三种离子均未检测出。锌在各监测点均检出，含量在0.1367～0.1382 mg/L之间，平均值为0.1375 mg/L。

（3）与《渔业水质标准》（GB 11607-89）比较

将保护区水域水质与《渔业水质标准》（GB 11607-89）比较，发现保护区水域水质符合其要求，水质没有异色、异味、异臭，水面没有明显的油膜或浮沫；溶解氧含量平均值为5.66 mg/L，水产养殖需要溶解氧大于3 mg/L；主要的离子和营养盐含量均符合标准要求，重金属离子符合《无公害食品 淡水养殖用水标准》。由此看来，保护区水域溶解氧等水质条件对水生动物的生存、繁育来说比较理想。

（4）与《生活饮用水卫生标准》（GB 5749—2006）比较

《生活饮用水卫生标准》（GB 5749—2006）要求，饮用水应该无异味、无异臭、无肉眼可见物。化学需氧量符合Ⅰ类和Ⅱ类水≤15 mg/L的要求；保护区水域硝酸盐氮含量在0.10～0.53 mg/L之间，平均值为0.21 mg/L，远小于标准值（10 mg/L）；保护区水域总硬度在249.95～284.66 mg/L之间，平均值为264.29 mg/L，低于要求总硬度（450 mg/L）；保护区水域中铜、铅、镉均未检出，锌含量在0.1367～0.1382 mg/L之间，平均值为0.1375 mg/L，高于标准。可见，保护区水域水质就此次调查来说，锌含量高于《生活饮用水卫生标准》，其余指标完全符合该标准。

综上所述，保护区水域水质良好，溶解氧含量高，营养元素丰富，年平均径流量和交换量大，符合《渔业水质标准》（GB 11607—89），基本上符合《生活饮用水卫生标准》（GB 5749—2006），适合水生生物生存、生长和繁育。

（二）浮游生物情况

鱼类的鱼苗阶段以浮游生物为饵，鲢鱼、鳙鱼终生都摄食浮游生物，浮游生物对水生生物生长繁育及渔业生产有很重要的意义。

1.浮游植物情况

保护区7个采样点共发现浮游植物7门35种（名录见附表1），水中浮游植物的密度为15.46万个/升，生物量为0.8586 mg/L。其中，硅藻门24种，占总藻类种数的68.57%，优势种为肘状针杆藻、针状菱形藻、新月形桥弯藻、帽状菱形藻、新月拟菱形藻、舟形桥弯藻、铲状菱形藻、美丽星杆藻；蓝藻门4种，占总藻类种数的11.43%，优势种为微小平裂藻和卷曲鱼腥藻；隐藻门和绿藻门各2种；黄藻门、金藻门和甲藻门各1种。密度上占优势的是硅藻（占总密度的60.95%），其次是甲藻、黄藻、隐藻，分别占总密度的12.38%、10.95%、10.95%；生物量上占优势的是硅藻和甲藻，分别占总生物量的61.71%和36.85%。

由于保护区河道较长，不同河段浮游植物的种类和数量有差异，故根据实际考察情况在核心区、实验区共选取7个点检测浮游植物的数量、种类及其分布，检测结果见表4-7-2至表4-7-15。

表4-7-2　四龙段（104°24′21″E，36°26′00″N）浮游植物种类、分布情况

门类	种类	学名	分布
蓝藻门	不定微囊藻	*M. incerta*	++
	类颤藻鱼腥藻	*A. oscillarioides*	+++
	颤藻属	*Oscillatoria*	+
	尖头藻属	*Raphidiopsis*	+
	念珠藻属	*Nostoc*	+
	小席藻	*P. tenue*	++
硅藻门	牟氏角毛藻	*C. muelleri*	+
	细柱藻属	*Leptocylindrus*	+
	颗粒直链藻	*M. granulata*	+
绿藻门	短棘盘星藻长角变种	*P. boryanum var. longicorne*	+
	整齐盘星藻	*P. integrum*	+++
	二角盘星藻纤细变种	*P. duplex var. gracillimum*	+

注："+"表示有分布，"++"表示分布较多，"+++"表示分布很多。

表4-7-3　四龙段浮游植物密度和生物量

门类	密度（万个/升）	生物量（mg/L）	密度占总密度的比例（%）	生物量占总生物量的比例（%）
蓝藻	4.0	0.3308	43.96	86.82
硅藻	0.1	0.0030	1.10	0.79
裸藻	1.4	0.0112	15.38	2.94
绿藻	3.6	0.0360	39.56	9.45
总数	9.1	0.3810	100	100

从表4-7-3看，四龙段浮游植物种类少，在密度上的优势种类为蓝藻和绿藻，分别占到总密度的43.96%和39.56%；在生物量上的优势种类为蓝藻，占到总生物量的86.82%。

表4-7-4 平堡吊桥处（104°23′30″E，36°25′41″N）浮游植物种类、分布情况

门类	种类	学名	分布
蓝藻门	念珠藻属	*Nostoc*	+++
	卷曲鱼腥藻	*A. circinalis*	+++
	拟鱼腥藻属	*Anabaenopsis*	+
	为首螺旋藻	*S. princeps*	+
	类颤藻鱼腥藻	*A. oscillarioides*	+
	窝形席藻	*P. foveolarum*	+
	尖头藻属	*Raphidiopsis*	+
	不定微囊藻	*M. incerta*	+
	小席藻	*P. tenue*	+++
硅藻门	细柱藻属	*Leptocylindrus*	+
	新月拟菱形藻	*N. closterium*	++
绿藻门	双射盘星藻	*P. biradiatum*	+
	水绵属	*Spirogyra*	+
	端尖月牙藻	*S. westii*	+
	整齐盘星藻	*P. integrum*	+
	弓形藻	*S. setigera*	+
	二角盘星藻纤细变种	*P. duplex var. gracillimum*	+

注："+"表示有分布，"++"表示分布较多，"+++"表示分布很多。

表4-7-5 平堡吊桥处浮游植物密度和生物量

门类	密度（万个/升）	生物量（mg/L）	密度占总密度的比例(%)	生物量占总生物量的比例(%)
蓝藻	35.6	0.09488	83.96	58.25
硅藻	4	0.0400	9.43	24.56
绿藻	2.8	0.02800	6.61	17.19
总数	42.4	0.16288	100	100

从表4-7-5看，平堡吊桥处浮游植物种类相对较少，在密度上的优势种类为蓝藻，占到总密度的83.96%；在生物量上的优势种类为蓝藻，占到总生物量的58.25%。

表4-7-6 乌金峡水电站库区（104°23′53″E，36°23′56″N）浮游植物种类、分布情况

门类	种类	学名	分布
蓝藻门	微小平裂藻	*M. tenuissima*	+++
	鱼腥藻属	*Anabaena*	++
	隐球藻属	*Aphanocapsa*	+
	念珠藻属	*Nostoc*	++
	钝顶螺旋藻	*S. platensis*	+
	大螺旋藻	*S. major*	+
	小席藻	*P. tenue*	+
	小型色球藻	*Ch. minor*	++
硅藻门	肘状针杆藻	*S. ulna*	+++
	新月形桥弯藻	*C. cymbiformis*	+++
	绿舟形藻	*N. viridula*	+++
	绿羽纹藻	*P. viridis*	+++
	肿胀桥弯藻	*C. tumida*	++
	缘花舟形藻	*N. radiosa*	+++
	钝脆杆藻	*F. capucina*	+++
	喙头舟形藻	*F. capucina*	+++
	针状菱形藻	*N. acicularis*	+++
	窗格平板藻	*T. feneatrata*	+++
	舟形桥弯藻	*C. naviculiformis*	+++
	偏肿桥弯藻	*C. ventricosa*	+++
	披针形桥弯藻	*C. lanceolata*	++
	隐头舟形藻	*N. cryptocephala*	+++
	北方羽纹藻	*P. borealis*	+++
	普通等片藻	*D. vulgare*	+++
	微细异端藻	*G. parvulum*	++
	著名羽纹藻	*P. pinnulatia*	++
	椭圆月形藻	*A. ovalis*	+++
	巴豆叶脆杆藻	*F. crotonensis*	+
	大羽纹藻	*P. major*	++
绿藻门	四尾栅藻	*S. quadricauda*	+++
	双列栅藻	*S. bijugatus*	+++
	椭圆小球藻	*C. ellipsoidea*	+++
	新月藻属	*Closterium*	++
	椭圆卵囊藻	*O. elliptica*	+
	双射盘星藻	*P. biradiatum*	++
甲藻门	飞燕角藻	*C. hirundinella*	+++
金藻门	圆筒锥囊藻	*D. cylindricum*	+++

注："+"表示有分布，"++"表示分布较多，"+++"表示分布很多。

表4-7-7 乌金峡水电站库区浮游植物密度和生物量

门类	密度(万个/升)	生物量(mg/L)	密度占总密度的比例(%)	生物量占总生物量的比例(%)
蓝藻	1.36	0.00087	10.15	0.089
硅藻	7.96	0.74388	59.40	76.09
绿藻	3.16	0.00902	23.58	0.93
甲藻	0.44	0.22000	3.28	22.50
金藻	0.48	0.00384	3.58	0.39
总数	13.40	0.97761	100	100

从表4-7-7看，乌金峡水电站库区浮游植物种类比较多，在密度上的优势种类为硅藻和绿藻，分别占到总密度的59.40%和23.58%；在生物量上的优势种类为硅藻和甲藻，分别占到总生物量的76.09%和22.50%。蓝藻的密度占到总密度的10.15%，但是因湿重较小，故生物量占比很小。

表4-7-8 大峡水库上游（104°07′37″E，36°14′52″N）浮游植物种类、分布情况

门类	种类	学名	分布
蓝藻门	微小平裂藻	*M. tenuissima*	+
	小席藻	*P. tenue*	+
硅藻门	肘状针杆藻	*S. ulna*	+++
	新月形桥弯藻	*C. cymbiformis*	++
	缘花舟形藻	*N. radiosa*	+
	钝脆杆藻	*F. capucina*	+
	喙头舟形藻	*N. rhynchocephala*	+
	针状菱形藻	*N. acicularis*	+
	窗格平板藻	*T. feneatrata*	+
	舟形桥弯藻	*C. naviculiformis*	+
	偏肿桥弯藻	*C. ventricosa*	+
	披针形桥弯藻	*C. lanceolata*	+
	隐头舟形藻	*N. cryptocephala*	++
	尖针杆藻	*S. acus*	+
	北方羽纹藻	*P. borealis*	+++
	普通等片藻	*D. vulgare*	++
	微细异端藻	*G. parvulum*	+++
	椭圆月形藻	*A. ovalis*	+
	大羽纹藻	*P. major*	+
	帽形菱形藻	*N. palea*	+++
	近缘针杆藻	*C. elliptica*	+
	铲状菱形藻	*N. paleacea*	+
	丹麦细柱藻	*L. danicus*	+
	肿胀桥弯藻	*C. tumida*	+
	尖布纹藻	*G. acuminatum*	+++
	新月拟菱形藻	*N. closterium*	+
绿藻门	双列栅藻	*S. bijugatus*	+
甲藻门	飞燕角藻	*C. hirundinella*	+

注："+"表示有分布，"++"表示分布较多，"+++"表示分布很多。

表4-7-9　大峡水库上游浮游植物密度和生物量

门类	密度（万个/升）	生物量（mg/L）	密度占总密度的比例（%）	生物量占总生物量的比例（%）
蓝藻	0.1200	0.00016	2.55	0.045
硅藻	4.4800	0.32248	95.19	90.10
绿藻	0.0360	0.000018	0.76	0.02
甲藻	0.0704	0.0352	1.50	9.84
总数	4.7064	0.3579	100	100

从表4-7-9看，大峡水库上游浮游植物种类比较多，在密度上的优势种类为硅藻，占到总密度的95.19%；在生物量上的优势种类为硅藻和甲藻，分别占到总生物量的90.10%和9.84%。蓝藻和绿藻的密度占比都很小，由于湿重较小，生物量占比更小。

表4-7-10　大峡水库中游（104°07′56″E，36°15′33″N）浮游植物种类、分布情况

门类	种类	学名	分布
蓝藻门	念珠藻属	*Nostoc*	+++
硅藻门	肿胀桥弯藻	*C. tumida*	++
	缘花舟形藻	*N. radiosa*	++
	钝脆杆藻	*F. capucina*	+++
	喙头舟形藻	*N. rhynchocephala*	+++
	针状菱形藻	*N. acicularis*	+++
	窗格平板藻	*T. feneatrata*	+++
	舟形桥弯藻	*C. naviculiformis*	+++
	偏肿桥弯藻	*C. ventricosa*	+++
	普通等片藻	*D. vulgare*	+++
	微细异端藻	*G. parvulum*	+++
	尖布纹藻	*G. acuminatum*	++
	椭圆月形藻	*C. elliptica*	+++
	巴豆叶脆杆藻	*F. crotonensis*	+++
	大羽纹藻	*P. major*	+++
	帽状菱形藻	*N. palea*	+++
	铲状菱形藻	*N. paleacea*	+++
绿藻门	双列栅藻	*S. bijugatus*	+
	双射盘星藻	*P. biradiatum*	+
黄藻门	近缘黄丝藻	*T. affine*	+++

注："+"表示有分布，"++"表示分布较多，"+++"表示分布很多。

表4-7-11　大峡水库中游浮游植物密度和生物量

门类	密度(万个/升)	生物量(mg/L)	密度占总密度的比例(%)	生物量占总生物量的比例(%)
蓝藻	0.20	0.0001	0.68	0.001
硅藻	28.76	2.5011	97.96	99.85
绿藻	0.12	0.0009	0.41	0.036
黄藻	0.28	0.0028	0.95	0.112
总数	29.36	2.5049	100	100

从表4-7-11看，大峡水库中游浮游植物在密度上的优势种类为硅藻，占到总密度的97.96%，在生物量上的优势种类为硅藻，占到总生物量的99.85%。其他藻类在密度上基本相同，因湿重不同，生物量差别显著。

表4-7-12　大峡水库下游（104°09′06″E，36°18′01″N）浮游植物种类、分布情况

门类	种类	学名	分布
硅藻门	椭圆波纹藻	*C. elliptica*	+
	钝脆杆藻	*F. capucina*	+
	普通等片藻	*D. vulgare*	+
	新月形桥弯藻	*C. cymbiformis*	++
	微细异端藻	*G. parvulum*	+
	肘状针杆藻	*S. ulna*	++
	北方羽纹藻	*P.borealis*	++
	帽状菱形藻	*N. palea*	++
	缘花舟形藻	*N. radiosa*	+
	披针形桥弯藻	*C. lanceolata*	+
	弧形短缝藻	*E. pectinalis*	+
	舟形桥弯藻	*C. naviculiformis*	++
	窗格平板藻	*T. feneatrata*	+
	铲状菱形藻	*N. paleacea*	++
	尖布纹藻	*G. acuminatum*	+
	隐头舟形藻	*N. cryptocephala*	+
	偏肿桥弯藻	*C. ventricosa*	+
	针状菱形藻	*N. acicularis*	++
	绿舟形藻	*N. viridula*	+
	巴豆叶脆杆藻	*F. crotonensis*	+
	新月拟菱形藻	*N. closterium*	++
	美丽星杆藻	*A. formosa*	++

门类	种类	学名	分布
蓝藻门	念珠藻属	*Nostoc*	+
	小型色球藻	*Ch. minor*	+
	微小色球藻	*Ch. minutus*	+
	小席藻	*P. tenue*	+
黄藻门	近缘黄丝藻	*T. affine*	++
甲藻门	飞燕角藻	*C. hirundinella*	++
绿藻门	斜生栅藻	*S. obliquus*	+
	双列栅藻	*S. bijugatus*	+
隐藻门	尖尾蓝隐藻	*C. acuta*	++
	卵形隐藻	*C. ovata*	++
金藻门	具有尾鱼鳞藻	*M. candata*	+

注："+"表示有分布，"++"表示分布较多，"+++"表示分布很多。

表4-7-13　大峡水库下游浮游植物密度和生物量

门类	密度(万个/升)	生物量(mg/L)	密度占总密度的比例(%)	生物量占总生物量的比例(%)
蓝藻	0.096	0.0001	1.90	0.01
硅藻	3.072	0.5225	60.95	61.71
绿藻	0.048	0.000024	0.95	0.0028
甲藻	0.624	0.3120	12.38	36.85
黄藻	0.552	0.0055	10.95	0.65
隐藻	0.552	0.0037	10.95	0.44
金藻	0.096	0.0029	1.90	0.34
合计	5.04	0.8467	100	100

从表4-7-13看，大峡水库下游浮游植物在密度上的优势种类为硅藻和甲藻，分别占到总密度的60.95%和12.38%；在生物量上的优势种类也为硅藻和甲藻，分别占到总生物量的61.71%和36.85%。蓝藻和绿藻相对较少，密度和生物量占比很小。

表4-7-14 桦皮川与蒋家湾交界处（104°17′02″E，36°21′22″）浮游植物种类、分布情况

门类	种类	学名	分布
硅藻门	肘状针杆藻	*S. ulna*	++
	缘花舟形藻	*N. radiosa*	+
	钝脆杆藻	*F. capucina*	+
	披针形桥弯藻	*C. lanceolata*	+
	铲状菱形藻	*N. paleacea*	++
	隐头舟形藻	*N. cryptocephala*	+
	北方羽纹藻	*P. borealis*	++
	普通等片藻	*D. vulgare*	++
	帽状菱形藻	*N. palea*	++
绿藻门	双列栅藻	*S. bijugatus*	+
	空星藻属	*Coelastrum*	+

注："+"表示有分布，"++"表示分布较多，"+++"表示分布很多。

表4-7-15 桦皮川与蒋家湾交界处浮游植物密度和生物量

门类	密度（万个/升）	生物量（mg/L）	密度占总密度的比例（%）	生物量占总生物量的比例（%）
硅藻	4.12	0.3135	98.10	99.99
绿藻	0.08	0.000028	1.90	0.01
总数	4.20	0.3136	100	100

从表4-7-15看，桦皮川与蒋家湾交界处浮游植物种类只有硅藻和绿藻，分别占到总密度的98.10%和1.90%；在生物量上的优势种类为硅藻，占到总生物量的99.99%。绿藻较少，密度和生物量占比均很小。

2.浮游动物情况

保护区7个采样点共检测出浮游动物3门5种（名录见附表2），包括轮虫、枝角类、桡足类。水中浮游动物的密度为394个/升，生物量为0.501 mg/L。其中，轮虫2种，占总浮游动物种数的40%，优势种为圆形臂尾轮虫、钩状狭甲轮虫；桡足类2种，占总浮游动物种数的40%，优势种为隆线溞、台湾温剑水溞；枝角类1种，为细巧华哲水蚤。

在不同的季节，每个采样点浮游动物的种类、数量差异很大，优势种也不同，所以每个点的浮游动物种类、分布情况都按照采样点分别统计，见表4-7-16至4-7-29。

表4-7-16 四龙段（104°24′21″E，36°26′00″N）浮游动物种类、分布情况

门类	种类	学名	分布
轮虫	圆形臂尾轮虫	*B. rotundiformis*	+++

注："+"表示有分布，"++"表示分布较多，"+++"表示分布很多。

表4-7-17　四龙段浮游动物密度和生物量

门类	密度（万个/升）	生物量（mg/L）	密度占总密度的比例（%）	生物量占总生物量的比例（%）
轮虫	550	0.132	100	100
总数	550	0.132	100	100

从表4-7-17看，四龙段采样点浮游动物只有轮虫，且密度较大。

表4-7-18　平堡吊桥处（104°23′30″E，36°25′41″N）浮游动物种类、分布情况

门类	种类	学名	分布
轮虫	圆形臂尾轮虫	*B. rotundiformis*	++
枝角类	隆线溞	*D. carinata*	+

注："+"表示有分布，"++"表示分布较多，"+++"表示分布很多。

表4-7-19　平堡吊桥处浮游动物密度和生物量

门类	密度（万个/升）	生物量（mg/L）	密度占总密度的比例（%）	生物量占总生物量的比例（%）
轮虫	150	0.036	96.77	3.47
枝角类	5	1.000	3.23	96.53
总数	155	1.036	100	100

从表4-7-19看，平堡吊桥处浮游动物在密度上的优势种类为轮虫，占到总密度的96.77%，在生物量上的优势种类为枝角类，占到总生物量的96.53%。

表4-7-20　乌金峡水电站库区（104°23′53″E，36°23′56″N）浮游动物种类、分布情况

门类	种类	学名	分布
轮虫	钩状狭甲轮虫	*C. uncinata*	++
	圆形臂尾轮虫	*B. rotundiformis*	+++
桡足类	细巧华哲水蚤	*S. tenellus*	++

注："+"表示有分布，"++"表示分布较多，"+++"表示分布很多。

表4-7-21　乌金峡水电站库区浮游动物密度和生物量

门类	密度（万个/升）	生物量（mg/L）	密度占总密度的比例（%）	生物量占总生物量的比例（%）
轮虫	1250	0.27075	99.76	22.43
桡足类	3	0.93600	0.24	77.57
总数	1253	1.20675	100	100

从表4-7-21看，乌金峡水电站库区浮游动物在密度上的优势种类为轮虫，占到总密度的99.76%；在生物量上的优势种类为桡足类，占到总生物量的77.57%。

表4-7-22 大峡水库上游（104°07′37″E，36°14′52″N）浮游动物种类、分布情况

门类	种类	学名	分布
轮虫	圆形臂尾轮虫	*B. rotundiformis*	++

注："+"表示有分布，"++"表示分布较多，"+++"表示分布很多。

表4-7-23 大峡水库上游浮游动物密度和生物量

门类	密度（万个/升）	生物量（mg/L）	密度占总密度的比例（%）	生物量占总生物量的比例（%）
轮虫	272	0.06528	100	100
总数	272	0.06528	100	100

从表4-7-23看，大峡水库上游浮游动物只有轮虫，且数量较多。

表4-7-24 大峡水库中游（104°07′56″E，36°15′33″N）浮游动物种类、分布情况

门类	种类	学名	分布
轮虫	圆形臂尾轮虫	*B. rotundiformis*	++

注："+"表示有分布，"++"表示分布较多，"+++"表示分布很多。

表4-7-25 大峡水库中游浮游动物密度和生物量

门类	密度（万个/升）	生物量（mg/L）	密度占总密度的比例（%）	生物量占总生物量的比例（%）
轮虫	150	0.036	100	100
总数	150	0.036	100	100

从表4-7-25看，大峡水库中游采样点浮游动物只有轮虫。

表4-7-26 大峡水库下游（104°09′06″E，36°18′01″N）浮游动物种类、分布情况

门类	种类	学名	分布
轮虫	圆形臂尾轮虫	*B. rotundiformis*	++
枝角类	隆线溞	*D. carinata*	+
桡足类	台湾温剑水溞	*T. taihokuensis*	++

注："+"表示有分布，"++"表示分布较多，"+++"表示分布很多。

表4-7-27 大峡水库下游浮游动物密度和生物量

门类	密度（万个/升）	生物量（mg/L）	密度占总密度的比例（%）	生物量占总生物量的比例（%）
轮虫	210	0.0504	94.59	12.65
枝角类	3	0.1500	1.35	37.65
桡足类	9	0.1980	4.05	49.69
合计	222	0.3984	100	100

从表4-7-27看，大峡水库下游浮游动物密度相对占优势的是轮虫，占到总密度的94.59%；生物量占优势的种类是枝角类和桡足类，分别占到总生物量的37.65%和49.69%。

表4-7-28　桦皮川与蒋家湾交界处（104°17′02″E，36°21′22″）浮游动物种类、分布情况

门类	种类	学名	分布
轮虫	圆形臂尾轮虫	*B. rotundiformis*	++
枝角类	隆线溞	*D. carinata*	+

注："+"表示有分布，"++"表示分布较多，"+++"表示分布很多。

表4-7-29　桦皮川与蒋家湾交界处浮游动物密度和生物量

门类	密度（万个/升）	生物量（mg/L）	密度占总密度的比例（%）	生物量占总生物量的比例（%）
轮虫	150	0.036	98.04	5.66
枝角类	3	0.600	1.96	94.34
总数	153	0.636	100	100

从表4-7-29看，桦皮川与蒋家湾交界处采样点浮游动物在密度上的优势种类为轮虫，占到总密度的98.04%；在生物量上的优势种类为枝角类，占到总生物量的94.34%。

（三）底栖生物情况

底栖动物是河流、湖泊、水库生态系统的重要组成部分，也是鱼类重要的天然饵料。保护区采样点检测到底栖动物4类4种（名录见附表3），包括等足类、寡毛类、水生昆虫、螺类。各采样点的种类与分布情况有所不同，所以每个点的底栖生物的种类、分布情况都按照采样点分别统计，统计结果见表4-7-30至4-7-39。

表4-7-30　四龙段（104°24′21″E，36°26′00″N）底栖动物种类、分布情况

类群	种类	学名	分布
等足类	钩虾属	*Gammarus*	++
寡毛类	水丝蚓属	*Limnodrilus*	++

注："+"表示有分布，"++"表示分布较多，"+++"表示分布很多。

表4-7-31　四龙段底栖动物密度和生物量

类群	密度（个/米²）	密度所占比例（%）	生物量（g/m²）	生物量所占比例（%）
等足类	16	16.67	25.600	99.29
寡毛类	80	83.33	0.184	0.71
合计	96	100	25.784	100

从表4-7-31看，保护区四龙段采样点底栖动物主要是寡毛类，占到总密度的83.33%；按照生物量统计，主要是等足类，占到总生物量的99.29%。

表4-7-32 平堡吊桥处（104°23′30″E，36°25′41″N）底栖动物种类、分布情况

类群	种类	学名	分布
水生昆虫	羽摇蚊幼虫	*C. plumosus*	+
寡毛类	水丝蚓属	*Limnodrilus*	+++

注："+"表示有分布，"++"表示分布较多，"+++"表示分布很多。

表4-7-33 平堡吊桥处底栖动物密度和生物量

类群	密度（个/米²）	密度所占比例（%）	生物量（g/m²）	生物量所占比例（%）
水生昆虫	16	4.76	0.216	22.69
寡毛类	320	95.24	0.736	77.31
合计	336	100	0.952	100

从表4-7-33看，保护区平堡吊桥处采样点底栖动物主要是寡毛类，所占比例为95.24%，密度达到320个/米²，生物量占总生物量的77.31%。

表4-7-34 大峡水库中游（104°07′56″E，36°15′33″N）底栖动物种类组成及分布

类群	种类	学名	分布
寡毛类	水丝蚓属	*Limnodrilus*	+++
水生昆虫	羽摇蚊幼虫	*C. plumosus*	++

注："+"表示有分布，"++"表示分布较多，"+++"表示分布很多。

表4-7-35 大峡水库中游底栖动物密度和生物量

类群	密度（个/米²）	密度所占比例（%）	生物量（g/m²）	生物量所占比例（%）
寡毛类	2816	88.89	5.632	53.33
水生昆虫	352	11.11	4.928	46.67
合计	3168	100	10.56	100

从表4-7-35看，保护区大峡水库中游采样点底栖动物中的优势种是寡毛类，所占比例为88.89%，密度达到2816个/米²。生物量上寡毛类和水生昆虫相差不明显，分别占到总生物量的53.33%和46.67%。

表4-7-36 大峡水库下游（104°09′06″E，36°18′01″N）底栖动物种类组成与分布

类群	种类	学名	分布
寡毛类	水丝蚓属	*Limnodrilus*	++
螺类	萝卜螺属	*Radix*	+++

注："+"表示有分布，"++"表示分布较多，"+++"表示分布很多。

表4-7-37 大峡水库下游底栖动物密度和生物量

类群	密度(个/米²)	密度所占比例(%)	生物量(g/m²)	生物量所占比例(%)
寡毛类	865	98.64	1.73	7.82
螺类	12	1.36	20.40	92.18
合计	877	100	22.13	100

从表4-7-37看,保护区大峡水库下游采样点底栖动物是寡毛类、螺类,优势种是寡毛类,所占比例为98.64%;按照生物量统计,寡毛类和螺类分别占到总生物量的7.82%和92.18%。

表4-7-38 桦皮川与蒋家湾交界处(104°17′02″E,36°21′22″)底栖动物、分布情况

类群	种类	学名	分布
寡毛类	水丝蚓属	*Limnodrilus*	+

注:"+"表示有分布,"++"表示分布较多,"+++"表示分布很多。

表4-7-39 桦皮川与蒋家湾交界处底栖动物密度和生物量

类群	密度(个/米²)	密度所占比例(%)	生物量(g/m²)	生物量所占比例(%)
寡毛类	48	100	0.096	100
合计	48	100	0.096	100

从表4-7-39看,保护区桦皮川与蒋家湾交界处采样点底栖动物只有寡毛类,且数量不多。

(四)水生动物情况

1.主要保护和重点保护对象

经现场考察和查阅相关资料获知,保护区内分布的鱼类主要有:兰州鲇、平鳍鳅鮀、圆筒吻鮈、大鼻吻鮈、刺鮈、棒花鱼、麦穗鱼、黄河鮈、黄河高原鳅、似鲇高原鳅、大鳞副泥鳅、北方花鳅、黄河鲇、泥鳅、鲢鱼、鳙鱼、草鱼、鲤鱼、鲫鱼等(名录见附表4)。重点保护对象为兰州鲇、圆筒吻鮈、似鲇高原鳅。其他保护对象有:黄河鲤、黄河鮈、平鳍鳅鮀、大鼻吻鮈、刺鮈、黄河高原鳅、大鳞副泥鳅、北方花鳅、泥鳅、鲫鱼等。

2.主要保护鱼类概况

(1)兰州鲇(*Silurus lanzhouensis*)

①种属关系及地方名:兰州鲇又称为黄河鲇鱼、石板鱼、绵鱼。隶属于鲇形目鲇科鲇属,别名鲇鱼、土鲇。

②生物学特性:体长,头较为扁平,体后部侧扁。体表光滑无鳞,皮肤富于黏液,侧线上有一行黏液孔。眼小,口横宽而大,口裂末端与眼前缘相对,下颌突出,须2对,颌须长超过胸鳍基部。体背部及侧面灰黄色,背鳍、臀鳍和尾鳍灰黑色,胸鳍和腹鳍灰白色。背鳍小,第二根鳍条最长,位于腹鳍的前上方;胸鳍具硬刺,前缘有一排很微弱呈锯齿状的突起;腹鳍末端椭圆;臀鳍长,与尾鳍相连,臀鳍条数在78以上;尾鳍平截或稍内凹,上下等长。

③濒危等级：濒危，特种保护。

④地理分布：黄河上游段是兰州鲇的原产地和集聚栖息水域，甘肃省内见于黄河干流沿岸各县及洮河支流。

⑤生态和食性：常见于河流及其支流的深潭，或潜于水底，或隐于大石旁。喜食腐蚀的鱼类尸体及其他小动物、昆虫尸体，偶食水草。

⑥经济意义：个体较大，肉质鲜嫩，口感较好，也是甘肃省重要的土著经济鱼类。

⑦保护价值：兰州鲇是以黄河上游干流（兰州至白银段）为主要栖息地的鱼类，被列入《甘肃省重点保护野生动物名录》（第二批）。

⑧资源状况：

a.资源变化：20世纪80年代前，黄河甘肃段至宁夏中卫段的天然水域中有一定的捕捞量，兰州鲇由于肉嫩、味鲜，而成为天然水域中重要的经济鱼类。近十年来，由于人口增长、气候变暖、环境污染、非法捕捞及涉渔工程建设等，捕捞量显著下降，一些地方比较少见，个别地方甚至绝迹。

保护区在20世纪80～90年代兰州鲇的产量较大，从那时起，经常有捕鱼者将其采捕到的兰州鲇运往内蒙古、宁夏等地贩卖，使保护区兰州鲇的资源量大幅度降低。随着经济的发展，采矿、水电站修建、道路的修筑，除了直接对水质造成影响，还破坏植被，造成水土流失、淤塞河道，以及影响水源涵养能力，威胁到了兰州鲇的生存。

b.保护区内的资源量：兰州鲇是黄河上游重要的经济鱼类之一。在保护区水川段时有捕捞到，因是非法捕捞，捕捞量很难统计。

⑨保护现状：保护区水川段建立了兰州鲇保种场；兰州鲇人工繁育取得成功，人工驯饲取得成功；重点区域进行人工增殖放流。

（2）似鲇高原鳅（*Triplophysa siluroides*）

①种属关系及地方名：属鲤形目鳅科高原鳅属，俗称土鲇鱼、石板头。

②生物学特性：头部及体前躯平扁，后躯近圆柱形。眼小，口裂大，唇窄，唇面常有乳突或浅皱褶，须中等长。体无鳞，头部及躯体具有许多短杆状皮质棱突。侧线完全，鳔后室退化。

③濒危等级：濒危。

④地理分布：分布于甘肃省靖远到青海省贵德一带的黄河上游干支流。国内见于黄河青海干流；甘肃省内见于黄河干流、洮河河口。

⑤生态和食性：常喜潜伏于水深湍急的砾石底质的干流、大支流等河段，也栖息于冲积淤泥、多水草的缓流和静水水体中，营底栖生活。一种适宜于生活在较高海拔高原河流中的肉食性鱼类，成鱼以捕食鱼类为主。

⑥经济意义：似鲇高原鳅属高原水域特有鱼类，生长十分缓慢，是黄河上游的主要经济鱼类之一。

⑦保护价值：被列入《甘肃省重点保护野生动物名录》（第二批），是高海拔水域的特有鱼类。

⑧资源状况：据当地群众反映，捕捞量较小。

⑨保护现状：黄河上游已建设部分保护区，似鲇高原鳅被列入其中；各级渔业部门十分重视对似鲇高原鳅的保护，正在大力宣传，加强保护力度。

⑩环境胁迫因素分析：资源量减少的主要原因如下。a.河水水量减少，栖息环境破坏严重；人口增加，污染物排放增加，水生环境恶化。b.人类活动的干扰，尤其是不法分子在河流内电鱼、毒鱼、炸鱼、使用地笼等非法捕捞。

（3）圆筒吻鮈（*Rhinogobio cylindricus*）

①种属关系及地方名：圆筒吻鮈为鲤形目鲤科吻鮈属的鱼类，俗名尖脑壳、粗鳞黄嘴子鱼。

②生物学特性：体细长，呈筒形，腹部稍平，尾柄长，稍侧扁。头较长，呈锥形，其长度较体高为大。吻长而尖，向前突出。口下位，略呈马蹄形。唇较厚，无乳突，上唇厚，下唇在口角处稍宽厚，唇后沟中断，其间距较宽。口角须1对，较粗壮，其长度超过眼径。眼小，位于头侧上方，眼前缘距吻端较距鳃盖后缘稍近，眼间宽平。鼻孔比眼小，离眼前缘较近。鳃膜连于鳃峡，其间距较小，鳃耙短小，排列较稀。下咽齿较弱，主行齿侧扁，末端稍呈钩状。背鳍无硬刺，外缘凹形，其起点距吻端较距尾鳍基为近。胸鳍末端稍尖，后伸不达腹鳍起点。腹鳍起点在背鳍起点之后，约与背鳍第一、二根分枝鳍条基部相对，其末端不达臀鳍起点。臀鳍稍短，其起点距腹鳍基较至尾鳍基部为近。尾鳍分叉深，上、下叶末端尖。尾柄较细长。肛门位于腹鳍基部后端至臀鳍起点的中点。鳞片细小，稍呈椭圆形，胸部鳞片变小，埋于皮下。侧线完全，平直。体背部棕黑色，腹部灰色，背鳍和尾鳍灰黑色，其余各鳍灰白色。幼鱼体色浅，体侧上部有5个较大的灰黑色斑块，吻背部为黑色，吻侧有一黑色条纹。

③濒危等级：濒危。

④地理分布：分布于黄河上游，甘肃省内多见于兰州市和白银市的白银区、靖远等地。

⑤生态和食性：栖息于江河的底层，主要食物是底栖无脊椎动物（如摇蚊幼虫等水生昆虫）或藻类。

⑥经济意义：个体不大，一般在250 g以下，肉可食，是产地的经济鱼类。

⑦保护价值：被列入《甘肃省重点保护野生动物名录》（第二批）。

⑧资源状况：保护区内数量有限，处于濒危，须进一步加强种质资源保护。

⑨环境胁迫因素分析：人为大量采集、捕捞；外来物种的侵袭，外来物种不仅掠食个体，而且吃卵；气候变暖、河流水量减少、产卵场遭人类活动破坏等也是水生野生鱼类资源减少的重要原因。

⑩保护现状：黄河上游已建设部分保护区，圆筒吻鮈被列入其中；省、市、县区三级渔业部门重视其保护，正在大力宣传，加强保护力度。

3.其他保护对象

（1）平鳍鳅鮀（*Gobiobotia homalopteroidea*）

①种属关系及地方名：平鳍鳅鮀属鲤形目鲤科鳅鮀属，俗名长不大、八根胡子鱼。

②生物学特性：体长、圆筒形，头胸部宽，略平扁，腹部平，尾柄侧扁，细长。头大而宽，头宽大于头高，头背具有细小皮质棱脊。吻钝圆。口大，下位，宽弧形。上唇具有皱褶，下唇光滑。须4对，1对口角须，3对颏须，稍长。眼小。侧线鳞41～42个，背部及体侧鳞片大多具有棱脊，腹面裸露，并扩展至部分体侧。背鳍、腹鳍起点相对，位于体正中；胸鳍宽短，第三鳍条最长且突出；尾鳍深叉状。体背侧灰褐色，腹部灰白色，侧线上方具有一黑纵纹，背鳍微黑色，其他鳍灰白色。

③濒危等级：濒危。

④地理分布：分布于甘肃兰州至陇中一带的黄河干支流、洮河。

⑤生态和食性：生活在底质多砂和砾石的流水中，在水体下层活动，常匍伏于水底营底栖生活。食底栖无脊椎动物。

⑥经济意义：数量极少，具有一定的保种价值。

⑦保护价值：个体较大，肉味鲜美，为甘肃省重点保护野生动物，也是黄河中珍贵特有鱼类，对科研、生态有一定价值。

⑧资源状况：保护区内数量很少，近乎灭绝。

⑨保护价值：黄河上游已建设部分保护区，平鳍鳅鮀被列入其中；各级渔业部门正在大力宣传，加强保护力度。

（2）黄河高原鳅（*Triplophysa pappenheimi*）

①种属关系及地方名：黄河高原鳅隶属鲤形目鳅科高原鳅属，俗名狗鱼。

②生物学特性：黄河高原鳅是一种体形较大的鳅科鱼类。头及体前躯较平扁，尾柄低而长，口裂大，唇狭窄，唇面光滑或具有浅皱褶，须中等长。背鳍末根不分枝鳍条的下半部变硬。体无鳞，皮肤具有短杆状皮质棱突。

③濒危等级：濒危。

④地理分布：分布于黄河上游干流、洮河支流。

⑤生态和食性：生活于砾石底质急流河段，肉食性。每年4—5月逆水上溯产卵繁殖。

⑥经济意义：个体较大，肉可食，有一定的经济价值。

⑦保护价值：个体相对较大，含肉率高，肉味鲜美，为黄河珍贵特有鱼类，对科研、生态有一定价值。

⑧资源状况：由于环境变化、水电站修建，黄河高原鳅洄游产卵受阻，数量在逐步减少，须进一步加强种质资源保护。

⑨保护现状：黄河上游已建设部分保护区，黄河高原鳅被列入其中；各级渔业部门正在加强野生物种的保护力度。

（3）大鼻吻鮈（*Rhinogobio nasutus*）

①种属关系及地方名：大鼻吻鮈属鲤形目鲤科吻鮈属，地方名细鳞黄嘴子鱼。

②生物学特性：体长，前段圆筒形，后部侧扁，腹部圆，头长，呈锥形，其长大于体高，吻长，口角须1对。臀鳍无硬刺，分枝鳍条6根。背鳍无硬刺，起点距吻端较其基底后端距尾鳍基为近。下咽齿2行，侧线鳞48～49枚。口前吻端较长，口唇结构简单，下颌无角质。体长为体高的5.2～5.7倍。头长为眼径的8.6～13.4倍。

③濒危等级：濒危。

④地理分布：分布于黄河干流。甘肃省内见于兰州、靖远、刘家峡。

⑤生态和食性：生活于水体底层，喜流水，以底栖动物、毛翅目幼虫为食。

⑥经济意义：生长较慢，体形较大，为产地的经济鱼类。

⑦保护价值：个体较大，肉味鲜美，为甘肃省重点保护野生动物，也是黄河中珍贵特有鱼类，对科研、生态有一定价值。

⑧资源状况：保护区内数量很少，近乎灭绝。

⑨保护现状：黄河上游已建设部分保护区，大鼻吻鮈被列入其中；各级渔业部门重视对其的保护，正在大力宣传，加强保护力度。

（4）黄河鮈（*Gobio huanghensis*）

①种属关系及地方名：黄河鮈为鲤形目鲤科鮈属的鱼类，是中国的特有物种。俗名船钉。

②生物学特性：眼小，侧上位。口下位，弧形。口角须1对，粗而长。鳞较小，圆形。胸部裸露无鳞。背鳍无硬刺。体背灰黑色，腹部灰白。吻部两侧从眼上前缘至口角处有一黑色条纹。体长，背部稍隆起，体较宽，前段略呈圆筒形，尾柄稍侧扁，腹部较平坦，吻长大于眼后头长，鼻孔前方无显著凹陷。鳃耙不发达，主行下咽齿末端呈钩状，鳞较小，圆形，胸部裸露无鳞。侧线平直、完全。背鳍无硬刺，尾鳍分叉，上下叶末端尖，肛门约位于腹鳍基部和臀鳍起点间的中点。鳔2室，长圆形，后室长为前室长的1.7~2.0倍。腹膜白色，体背灰黑色，腹部灰白，体侧无明显斑点。吻部两侧从眼上前缘至口角处有一黑色条纹。背鳍和尾鳍上有许多零星黑色斑点，其他各鳍灰白色。

③濒危等级：产地数量较少，濒危。

④地理分布：分布于黄河水系，甘肃省内见于兰州、白银、永靖、临洮、临潭等地。

⑤生态和食性：流水中生活。繁殖期在5月中旬至6月上旬，选择水流缓慢的宽阔河段为产卵场。

⑥经济意义：体形大，数量少，是黄河特有鱼类之一，有一定的经济价值。

⑦保护价值：黄河鮈为甘肃省重点保护野生动物，也是黄河珍贵特有鱼类，对科研、生态有一定价值。

⑧资源状况：由于资源量锐减，采集到的个体不大，大多在8~12 cm之间。

⑨保护现状：黄河上游已建设部分保护区，黄河鮈被列入其中；各级渔业部门重视对其的保护，正在大力宣传，加强保护力度。

（五）水生植物

保护区有6种水生植物，隶属于6科6属（见附表5），其中，金鱼藻科1属1种，为金鱼藻；伞形科1属1种，为水芹；香蒲科1种，为香蒲；浮萍科1属1种，为浮萍；莎草科1属1种，为藨草；禾本科1属1种，为芦苇。

四、生物多样性评价

（一）生态评价

1.水文状况评价

保护区属于黄河干流段，总长度38 km，总面积692 hm²，具体包括：黄河白银大峡段、水川段、乌金峡段和四龙段。保护区涉及白银区水川、四龙和榆中青城等3乡镇，包含白银大峡、乌金峡2个水电站及库区。大峡水库、乌金峡水库是典型的河道型水库。

黄河白银区段位于黄河上游中段，是白银区人饮水和灌溉水的水源保护地，属典型温带大陆性气候，干旱多风，降雨稀少，多年平均气温8.07 ℃，日极端最高气温37.3 ℃，最低气温−26 ℃。降雨多集中于6—9月，多年平均降水量204.3 mm，多年平均水面蒸发量2004.1 mm，干旱指数

10.0，但年内分配不均，5—10月径流量占全年75%左右，年际变化较大。

黄河白银段水域生态环境良好，黄河白银区段水产种质资源保护区的建立有利于水生生物特别是珍稀鱼类的繁衍生息，有利于湿地生态系统的恢复，为水禽栖息提供良好的环境，丰富生物多样性，功在当代、利在千秋。该保护区的建立直接关系着黄河中上游生态环境的改善和优化，是白银市实施可持续发展战略的重要基础条件。

2. 水质现状评价

白银市环境保护局根据《地表水环境质量标准》（GB 3838—2002）Ⅲ类标准，现场采样检测分析，结果显示该河段水型属于碳酸盐类型，水质偏碱性，pH8.3左右，总硬度264.29 mg/L，总碱度170.01 mg/L，水质良好。

前几年该河段水质受到了轻微的污染，由于兰州市及白银市部分工业废水的排入。近年来，沿黄城市大力整治排废企业，据近年监测资料，该河段的水质污染得到了一定程度的改善，部分水质指标已经符合《渔业水质标准》，还有部分指标超标。再加上该河段植被覆盖率低，水土流失严重，水中泥沙含量高，已威胁到鱼类的生存环境。

3. 生物栖息地评价

保护区地貌特征以基岩山地和山间盆地为主，地面基岩裸露，山势陡峻。地面被黄土覆盖，起伏平缓，土性松软，易被冲刷。植被覆盖率很低，植物区系组成单一，周边无大型工业企业，环境污染相对少。河流水质符合《渔业水质标准》，适宜部分水生生物生长繁殖。

保护区内黄河河道几乎呈"S"形，独特的生态环境和得天独厚的自然条件，孕育了丰富的动植物资源。该段黄河穿越了山地、峡谷、平原等地势，时宽时窄，时有浅滩露出，水流时缓时急，在大峡段、水川段有几个小岛，岛上植物丰富，岛周围水生植物众多，是土著鱼类的产卵场和主要越冬场所；四龙段、水川段的部分河段河面较宽、水流湍急，适宜于急流中产卵的鱼类。整个保护区共有河湾十多处和小岛数处，浮游生物饵料相对丰富，这里为特有鱼类的索饵场，保护区内自然形成了许多洄水湾，为适宜于静水中生活和底栖生活的鱼类创造了天然的生存环境，也为洄游性鱼类产卵、繁殖及越冬创造了条件。

核心区1地处水川段，由于下游乌金峡水库蓄水，此段河流比较平缓，所以在此段河道形成了多处河湾、深水区，还有多个小岛，周边水草密集，浮游生物比较多，适合兰州鲇等保护对象产卵、越冬和索饵；核心区2地处四龙段，为乌金峡电站出水口下游，此段河流平坦，礁石多，水流缓慢，并且有河湾、静水区，浮游生物、底栖生物丰富，适合鱼类摄食、产卵等。实验区设在大峡电站、乌金峡电站的库区，库区水位高，周年水温变化幅度相对小，水流平缓，水生植物分布多，饵料生物量大，适合鱼类生存、洄游、越冬。

4. 生物物种评价

保护区内有藻类7门35种（包括变种），游浮植物中浮游性的、着生性的、不定性的藻类都有分布，为各层鱼类提供了较为丰富的饵料生物资源。浮游动物共3类5种，浮游动物种类较少，生物量较少，个体密度较低，浮游动物资源相对贫乏。底栖动物有4类4种，底栖动物是许多鱼类的饵料基础，与鱼类的生态类群和区系组成密切相关，但受到当地气候条件和水质影响，该河段底栖动物种类和生物量较低。水生植物有6科6种。

黄河白银区段分布的鱼类有16种，隶属2目3科，占黄河甘肃段水系鱼类48种的33.33%。保护区分布有鱼类天然产卵场10余处，主要的有两处，黄河水川段两个河心岛周边是主要产卵场、索饵场，河心岛南北水域水流急，形成的洄水湾是鱼类的越冬场所。

保护区沿岸植被分布不均匀，有荒山、荒漠、悬崖、山坡等，局部区域满山遍野的山榆，野椿、苄条、野葡萄、枣树、沙枣树、红柳、白刺、野枸杞等乔灌次生林参差生长，有的通身是刺，有的遍体光滑，有的匍匐向上，不同植被相互竞秀，各具情趣。两岸部分山坡、山谷等地生长有黄芪、百合、玉竹、茵陈、荆芥等几十种名贵药材。其中，大峡段绝情谷的药材荆芥是烹饪白银名吃"靖远羊羔肉"的主打佐料。

保护区物种丰富，这些物种都是遗传信息的载体，每一个物种便是一个基因库，包含有该物种的全部遗传信息，是其他物种所不能取代的，如果某种物种灭绝，它所含有的遗传物质也将不复存在。保护区内珍稀鱼类也是大自然遗存下来的宝贵种质资源。因此，建立水产种质资源保护区不仅可以保护这些物种及其生境，而且对保护黄河上游水域生态环境具有重要的意义。

（二）物种多样性评价

1. 水生植物

保护区有6种水生植物，隶属于6科6属。这些植物在水域生态系统中发挥着重要作用，可以改善水温、涵养水源、降低风速，还可以吸收富集水中营养物质，抑制有害藻类繁殖，遏止底泥中营养盐向水中的再释放，有利于水体生态平衡。此外，还有部分种类是鱼类的天然饵料。

保护区的河段水体中一般无大片水生维管束植物分布，水生维管束植物在水域中一般不形成产量，渔业饵料价值不大。

2. 水生动物

保护区内分布有鱼类18种，隶属2目3科，这些物种是白银市乃至全省渔业发展的资源宝库。保护区内分布有鱼类天然产卵场10余处，每年可产经济鱼类种苗20余万尾。

保护区河段内鱼类资源种类较多，适宜于流水和静水中生活的鱼类在保护区内均有分布，主要为硬骨鱼纲辐鳍亚纲鲤形目的鳅科和鲤科鱼类。鳅科有黄河高原鳅、似鲇高原鳅、大鳞副泥鳅、北方花鳅、泥鳅等；鲤科有黄河鲤、平鳍鳅鮀、黄河鮈、圆筒吻鮈、大鼻吻鮈、刺鮈、麦穗鱼、棒花鱼、鲫鱼等。其中，似鲇高原鳅被列入《中国濒危动物红皮书》之中，似鲇高原鳅、平鳍鳅鮀、黄河鮈、圆筒吻鮈、大鼻吻鮈、兰州鲇被列入《甘肃省重点保护野生动物名录》。

（1）科学价值评价

物种的分布特征是地理地质学、遗传学和生物进化等科学研究的重要材料，现代的生物地理学和系统发育学等学科常以水生动物为研究对象。黄河白银区段分布的这些珍稀鱼类，丰富了该流域水生生物的多样性，不但在动物分类学研究中具有重要价值，还具有较大的其他科学研究价值。

水生动物是自然生态系统的重要组成部分。水生动物中的每一物种在生态系统中都具有重要的地位，与生态系统中其他生物和非生物互为依赖，共同维持生态平衡。一个物种的消失，将导致若干物种的灭绝和生态系统平衡的改变。水生动物对环境变化的反应比陆生动物更为敏感，某些水生动物的异常和灭绝表明生态环境已经恶化，人类生存受到威胁。水生动物不但是宝贵的自然资源，而且具有重要的科研价值，特别是许多水生野生动物在生物学、仿生学、生理学、地质学以及军事科学等方面都具有重要的科学研究价值。保护区内有鱼类天然产卵场多处，一些经济鱼类种质资源具有良好的遗传性，具有重要的保护和开发价值，是水产养殖种苗的重要来源，对促进全市渔业发展发挥着重要作用。因此，建立水产种质资源保护区，最大限度地保护好水产种质资源及其赖以生存的自然生态环境，对保护渔业水域生态环境、促进渔业可持续发展具有重要作用。

（2）人文价值评价

保护区内丰富的水生动物资源和复杂的自然生态环境，是对广大群众和中学生进行自然科学教育、自然保护教育的理想场所，有利于提高公众对自然环境的保护意识，促进社会主义精神文明建设。保护区的自然生态环境和自然资源，还可为各专业院校、科研单位提供科学研究和教学实习基地，有利于提高保护区的科研水平、保护管理水平，扩大保护区的社会影响，发挥科学研究的社会效益。

保护区内的自然景观和人文景观，给开展生态旅游业提供了有利的先天条件。白银沿黄公路和兰白黄河风情线的开通，为保护区的生态旅游提供了更加便利的交通保障，在保护环境和生物多样性的前提下，适度地开展旅游业，必然带动第三产业的发展，促进社会就业和社会稳定，提高人民生活水平。

（3）经济价值评价

除了进行水产种质资源保护，保护区还具有巨大的潜在经济价值，主要体现在以下几个方面：

一是种质资源持续利用所产生的经济价值。种质资源是重要的自然资源，保护区的建设使种质资源得到保护或保存，生态系统趋向平衡，从而为人类持续利用，最大限度地发挥其经济价值。黄河白银区段分布着的珍稀水生野生动物和鱼类是大自然遗存下来的宝贵种质资源，在长期的进化过程中，这些水生野生动物和鱼类对栖息地的特殊环境产生了高度的适应性，并且含有大量特异的遗传物质，是其他物种所无法取代的。一些目前尚不能有效利用的种质资源，随着科学技术的完善和发展，也将逐渐发挥其潜在经济价值。

二是保护区自身产生的经济价值。保护区水域栖息有多种保护鱼类和大量其他经济鱼类，保护区的建设有利于这些鱼类的栖息、繁殖和生长，使保护区水域的多种鱼类资源得到保护和恢复，在加强管理的情况下，合理的捕捞可以增加当地农民的经济收入。保护区水域栖息的水生野生动物和多种珍稀鱼类具有潜在的养殖价值。对于一些肉质好、生长快和体形大的种类，可将其驯化为人工养殖对象，并进行人工繁殖，如兰州鲇通过人工驯化和繁殖，成为主要养殖品种，对渔业结构调整和渔民经济收入产生很大的帮助。

五、保护区建设现状

（一）基础设施建设

1.保护区基础设施现状

保护区交通便利，水、电、路配套，大峡水电站和乌金峡水电站均已完成建设。

2.保护区管理基础

近年来，白银区农业农村局坚持以科学发展观为指导，加强渔业法律、法规宣传，加大渔业生态环境和水产资源保护力度，积极开展水生生物资源增殖放流活动，认真查处非法捕捞鱼、非法买卖鱼、炸鱼、毒鱼和电捕鱼等违法行为，着力落实禁渔工作，通过一系列工作的开展，白银区农业农村局管理水平逐年提升。

（二）水生生物保护现状

1.水域生态环境现状

黄河白银区段是白银区人饮水和灌溉水的保护地，也是白银区资源富集、农业发展最活跃的地区。为了保护黄河白银区段生态环境，为白银市区及沿黄乡镇提供洁净水源，白银区制定了"发展绿色产业、建设绿色白银"的产业发展战略，限制高耗能、高污染工业的发展，沿黄乡镇建设了水务站、污水处理厂和垃圾填埋处理场，广大农村实施了清洁工程，减少了污染源排放，多年来黄河白银段水质均达到Ⅲ类标准。保护区所在区域工业不发达，旅游资源现有开发程度较低，前来观光的游客有限，河谷沿岸地带地形陡峭，耕地面积少，农药、化肥施用量低，对水质污染轻微。近年来，沿黄城市大力整治排废企业，据近年监测资料，水质污染得到了一定程度的改善，部分水质指标已经符合《渔业水质标准》，还有部分指标超标。

保护区地貌特征以基岩山地和山间盆地为主，地面基岩裸露，山势陡峻。地面被黄土覆盖，起伏平缓，土质松软，易被冲刷。植被覆盖率很低，植物区系组成单一，水土流失严重，水中泥沙含量高，矿产资源丰富，周边无大型工业企业，环境污染相对少。河流水质基本符合《渔业水质标准》，适宜部分水生生物生长。

保护区内有一些岛屿和湿地。湿地被人们誉为"地球之肾"，是介于陆地和水体之间，兼有水、陆特征的生态类型，具有极高的生物生产力。它不但拥有丰富的资源，具有蓄洪防旱、控制土壤侵蚀、促淤造陆等多种功能，还是天然蓄水库，在调节气候、补充地下水、降解环境污染等方面均有重要作用。湿地是重要的自然资源，具有生物多样性富集的特点，其中生长栖息着众多的植物、动物，湿地是这些动植物（尤其是珍稀水禽）的繁殖地和越冬地，是重要的物种基因库。

从总体上来看，保护区水域生态环境基本良好，浮游植物、浮游动物、底栖生物均有分布，水域水质基本符合《渔业水质标准》，适宜野生鱼类的生存和繁衍。但由于受自然环境和外源物质污染，保护区内水域生态环境受到一定威胁，特有的似鲇高原鳅接近灭绝，兰州鲇、黄河鲤种群数量呈逐年下降趋势，迫切需要采取强有力的措施，从人为活动影响、资源综合管理、人工驯养繁殖和增殖放流等多方面加强对水域环境的保护。

2.水域生态环境保护现状

白银区农业农村局负责保护区内物种的保护、监管、资源增殖工作，对黄河白银段重新进行了资源调查，全面摸清了区域内特种鱼类种群数量及生存状况，并开展了大量的物种拯救与保护工作。此外，还对保护区河流的水质、水温、pH、溶解氧、氨氮等理化指标进行了监测，并记录了相关数据。近年来，白银区农业农村局通过新闻媒体、标语、培训等多种形式，将甘肃省有关渔业、水生野生动物的法律法规及规范性文件进行广泛宣传，得到了社会各界对保护区建设的理解和支持，并把保护意识转化为了保护行动。经过多年来持续努力的工作，沿黄村庄群众保护水域生态环境的意识有了明显增强，通过连续几年的增殖放流活动，水域生态环境基本趋于稳定。

附名录：

附表1. 保护区浮游植物名录

附表2. 保护区浮游动物名录

附表3. 保护区底栖动物名录

附表4. 保护区野生鱼类名录

附表5. 保护区水生维管束植物名录

附表6. 甘肃省重点保护野生动物名录（第二批）

附表1 保护区浮游植物名录

门类	序号	中文名	拉丁学名
硅藻门	1	椭圆波纹藻	*C. elliptica*
	2	钝脆杆藻	*F. capucina*
	3	普通等片藻	*D. vulgare*
	4	新月形桥弯藻	*C. cymbiformis*
	5	微细异端藻	*G. parvulum*
	6	肘状针杆藻	*S. ulna*
	7	北方羽纹藻	*P. borealis*
	8	大羽纹藻	*P. major*
	9	帽状菱形藻	*N. palea*
	10	缘花舟形藻	*N. radiosa*
	11	披针形桥弯藻	*C. lanceolata*
	12	弧形短缝藻	*E. pectinalis*
	13	舟形桥弯藻	*C. naviculiformis*
	14	窗格平板藻	*T. feneatrata*
	15	铲状菱形藻	*N. paleacea*
	16	尖布纹藻	*G. acuminatum*
	17	隐头舟形藻	*N. cryptocephala*
	18	偏肿桥弯藻	*C. ventricosa*
	19	针状菱形藻	*N. acicularis*
	20	喙头舟形藻	*N. rhynchocephala*
	21	绿舟形藻	*N. viridula*
	22	巴豆叶脆杆藻	*F. crotonensis*
	23	新月拟菱形藻	*N. closterium*
	24	美丽星杆藻	*B. formosa*
蓝藻门	25	念珠藻属	*Nostoc*
	26	小型色球藻	*Ch. minor*
	27	微小色球藻	*Ch. minutus*

续附表1

门类	序号	中文名	拉丁学名
	28	小席藻	*P. tenue*
黄藻门	29	近缘黄丝藻	*T. affine*
甲藻门	30	飞燕角藻	*C. hirundinella*
绿藻门	31	斜生栅藻	*S. obliquus*
	32	双列栅藻	*S. bijugatus*
隐藻门	33	尖尾蓝隐藻	*C. acuta*
	34	卵形隐藻	*C. ovata*
金藻门	35	具尾鱼鳞藻	*M. candata*

附表2　保护区浮游动物名录

门类	序号	中文名	拉丁学名
轮虫	1	钩状狭甲轮虫	*C. uncinata*
	2	圆形臂尾轮虫	*B. rotundiformis*
桡足类	3	细巧华哲水蚤	*S. tenellus*
枝角类	4	隆线溞	*D. carinata*
	5	台湾温剑水溞	*T. taihokuensis*

附表3　保护区底栖动物名录

类群	序号	中文名	拉丁学名
水生昆虫	1	羽摇蚊幼虫	*C. plumosus*
寡毛类	2	水丝蚓属	*Limnodrilus*
等足类	3	钩虾属	*Gammarus*
螺类	4	萝卜螺属	*Radix*

附表4　保护区野生鱼类名录

目次	科别	序号	中文名	拉丁学名
鲤形目	鲤科	1	大鼻吻鮈	*Rhinogobio nasutus*
		2	圆筒吻鮈	*Rhinogobio cylindricus*
		3	平鳍鳅鮀	*Gobiobotia homalopteroidea*
		4	黄河鲤	*Cyprinus carpio*
		5	鲫鱼	*Carassius auratus*
		6	刺鮈	*Acanthogobio guentheri*
		7	黄河鮈	*Gobio huanghensis*
		8	棒花鱼	*Abbottina rivularis*
		9	麦穗鱼	*Pseudorasbora parva*

续附表4

目次	科别	序号	中文名	拉丁学名
	鳅科	10	黄河高原鳅	*Triplophysa pappenheimi*
		11	似鲇高原鳅	*Triplophysa siluroides*
		12	大鳞副泥鳅	*Paramisgurnus dabryanus*
		13	北方花鳅	*Cobitis granoei*
		14	泥鳅	*Oriental weatherfish*
鲇形目	鲇科	15	兰州鲇	*Silurus lanzhouensis*
		16	鲇鱼	*Silurus asotus*

附表5　保护区水生维管束植物名录

分类	序号	中文名	拉丁学名
金鱼藻科金鱼藻属（*Cerarophyllum*）	1	金鱼藻	*C. demersum*
伞形科水芹属（*Oenanthe*）	2	水芹	*O. jauanica*
香蒲科香蒲属（*Typha*）	3	香蒲	*T. orientalis*
浮萍科	4	浮萍	*L. minor*
莎草科	5	蔗草	*Scirpus triqueter*
禾本科芦苇属	6	芦苇	*Phragmites australis*

附表6　甘肃省重点保护野生动物名录（第二批）

分类	中文名(地方名)	拉丁学名
硬骨鱼纲 鲤形目 鲤　科	齐口裂腹鱼 （细鳞鱼、雅鱼）	*Schizothorax prenanti*
	重口裂腹鱼 （重口鱼、细鳞鱼）	*Schizothorax davidi*
	厚唇(裸)重唇鱼 （石花鱼、重口鱼）	*Gymnodiptychus pachycheilus*
	黄河裸裂尻鱼(绵鱼)	*Schizopygopsis pylzovi*
	嘉陵裸裂尻鱼 （无鳞鱼）	*Schizopygopsis kialingensis*
	(极边)扁咽齿鱼 （草生鱼、湟鱼）	*Platypharodon extremus*

分类	中文名(地方名)	拉丁学名
	花斑裸鲤 (大嘴巴鱼、大嘴花鱼)	*Gymnocypris eckloni*
	祁连山裸鲤 (土鲇鱼、湟鱼)	*Gymnocypris chilianesis*
	黄河雅罗鱼 (白鱼)	*Leuciscus chuanchicus*
	赤眼鳟 (麻郎鱼、红眼棒)	*Squaliobarbus curriculus*
	多鳞铲颌鱼 (多鳞白甲鱼、梢白甲)	*Varicorhinus(Seaphesthes) macrolepis*
	大鼻吻鮈 (细鳞黄嘴子鱼)	*Rhinogobio nasutus*
	圆筒吻鮈 (粗鳞黄嘴子鱼)	*Rhinogobio cylindricus*
	平鳍鳅鮀(长不大)	*Gobiobotia homalopteroidea*
硬骨鱼纲 鲤形目 鳅科	似鲇高原鳅 (狗鱼、土鲇鱼)	*Triplophysa siluroides*
	黄河高原鳅(狗鱼)	*Triplophysa pappenheimi*
硬骨鱼纲 鲇形目 鲇科	兰州鲇(鲇鱼、绵鱼)	*Silurus lanzhouensis*
硬骨鱼纲 鲇形目 鮡科	前臀鮡(地爬子)	*Pareuchiloglanis anteanalis*
两栖纲 无尾目 蟾蜍科	岷山大蟾蜍(癞蛤蟆)	*Bufob minshanicus*
爬行纲 龟鳖目 鳖科	中华鳖(甲鱼、王八)	*Trionyx sinensis*

第八节　长江流域甘肃康县大鲵省级
自然保护区水生生物资源调查报告

　　甘肃康县大鲵省级自然保护区于2009年10月21日由甘肃省人民政府以甘政函〔2009〕89号文件批复建立，属野生动物类型自然保护区，主要保护对象为国家二级重点保护野生动物大鲵。2011年5月12日，为了支持国家重大项目中卫—贵阳联络线天然气管道工程建设，甘肃省人民政府以甘政函〔2011〕68号文件对康县大鲵省级自然保护区的功能区划进行了调整，将中卫—贵阳联络线天然气管道工程穿越该保护区核心区和缓冲区的区域调整为实验区，确保了国家重大项目的如期开工建设。

　　保护区位于东经105°27′38″~105°54′07″、北纬33°01′30″~33°14′51″，分布在康县南部的清河、秧田河、三河河、阳坝河、火烧沟河、岸门口河等6条河流的干流及其支流。保护区总面积5093 hm²，保护区核心区以各河流平水年丰水期最大水位接路线分别向两侧外延50 m为界，核心区面积1008 hm²；保护区缓冲区以各河流平水年丰水期最大水位接路线分别向两侧外延30 m为界，缓冲区面积1013 hm²；保护区实验区以各河流平水年丰水期最大水位接路线分别向两侧外延30 m为界，实验区面积3072 hm²。

　　康县大鲵自然保护区内水源充足，植被覆盖率较高的流经阳坝、铜钱、三河坝、两河、店子和白杨等乡镇的嘉陵江流域，自古至今都是大鲵主要的生活、栖息、繁殖区域。良好的水质资源和充足的水资源为其提供了极佳的水生环境，丰富的水生生物资源为其提供了充足的饵料资源，陆生动植物的多样性不仅保证了水生生态环境的良性发展，而且也为其在陆生环境中的生存提供了天然的保护伞。保护区内脊椎动物丰富，鱼类共有28种，其中嘉陵裸裂尻鱼、前臀鮡、赤眼鳟、多鳞铲颌鱼为省级重点保护的水生野生动物。国家二级保护的水生野生动物大鲵、细痣疣螈（*Tylototriton asperrimus*）及省级重点保护的水生野生动物山溪鲵（*Batrachuperus pinchonii*）、中华鳖（*Trionyx sinensis*）在保护区均有一定的资源量。保护区内的主要保护对象大鲵及其伴生生物山溪鲵和中华鳖都是十分珍稀名贵的水生野生动物，嘉陵裸裂尻鱼、赤眼鳟和鳜鱼是非常名贵的土著经济冷水鱼类，白甲鱼为半洄游性鱼类，而洄游性鱼类通常都是较为名贵的经济鱼类，经济价值非常高。

　　大鲵是世界上现存最大的也是最珍贵的两栖动物，它的叫声像婴儿的哭声，因此人们又叫它娃娃鱼。在国内，野生大鲵被列入《国家重点保护野生动物名录》，保护级别为国家二级重点保护，《中国濒危动物红皮书》中大鲵被列入极危级；在国际上，大鲵被列入世界自然保护联盟（IUCN）《濒危物种红色名录》中的极危（CR）级和《濒危野生动植物种国际贸易公约》（CITES）。

　　为了贯彻落实习近平生态文明思想，深入推进长江"十年禁渔"行动，按照甘肃省境内长江流域禁捕工作领导小组办公室制定的《2021年度甘肃省长江流域重点水域水生生物资源监测调查年度工作方案》要求，甘肃省渔业技术推广总站承担2021年度康县大鲵省级自然保护区水生生物资源监测调查工作，在康县大鲵省级自然保护区秧田河的缓冲区、实验区各设置1个监测站点。

甘肃省渔业技术推广总站组织相关技术人员于2021年9月至11月，在陇南市渔业技术推广站、康县大鲵省级自然保护区管理局的大力支持和协助下，对康县大鲵省级自然保护区秧田河监测点进行了重点调查监测，开展了水生生物资源监测调查工作，根据调查监测结果对保护区水生生物资源状况进行了评价。现将监测调查结果和评价汇总如下：

一、水生生物资源调查监测方法和采样

（一）技术规范

本次现状调查技术规范主要依据《内陆水域渔业资源调查手册》（张觉敏、何志辉等主编，1991年10月中国农业出版社出版）、《河流水生生物调查指南》（陈大庆主编，2014年1月科学出版社出版）、《水库渔业资源调查规范》（SL 167—96）、《渔业生态环境监测规范》（SC/T 9102.3—2007）、《淡水浮游生物调查技术规范》（SC/T 9402—2010）。

（二）调查监测断面布置

根据康县大鲵省级自然保护区主要保护对象及其他鱼类的生活习性和食性等特征，现场在康县大鲵省级自然保护区秧田河的缓冲区、实验区2个断面捕捞鱼类标本，并在上述断面布设2个具有代表性的点位采集浮游生物水样和底栖动物泥样。主要保护对象和其他鱼类调查捕捞断面地理坐标见表4-8-1，浮游生物和底栖动物采样点位地理坐标见表4-8-2。

表4-8-1　主要保护对象和其他鱼类调查捕捞断面地理坐标

采样点位	经度	纬度
秧田河缓冲区 （秧田坝村麻地子河坝）	105°63′71″～105°63′75″	33°18′92″～33°18′93″
秧田河实验区 （松树村松树坝沟）	105°57′90″～105°57′92″	33°21′28″～33°21′30″

表4-8-2　浮游生物和底栖动物采样点位地理坐标

采样点位	经度	纬度	海拔（m）
秧田河缓冲区 （秧田坝村麻地子河坝）	106°03′71″	33°18′92″	906
秧田河实验区 （松树村松树坝沟）	105°57′90″	33°21′28″	1129

（三）调查监测的内容

①大鲵自然繁殖群体的数量，自然繁殖发生的点位、范围和规模，幼鲵的数量等。

②大鲵自然繁殖区域的非生物因子：水温、溶解氧、透明度、水深、电导率等。

③大鲵自然繁殖区域的生物因子：浮游生物、底栖动物种类及密度，水生植物种类及密度，小型鱼类的种类组成、年龄结构等。

（四）调查监测的方法

1.浮游植物的调查方法

（1）采集、固定及沉淀

浮游植物的采集包括定性采集和定量采集。定性采集使用25号筛绢制成的浮游生物网在水中拖曳采集。定量采集则使用2500 mL采水器取上、中、下层水样，经充分混合后，取2000 mL水样（根据河水泥沙含量、浮游植物数量等实际情况决定取样量，并采用泥沙分离的方法），加入鲁哥氏液固定，经过48小时静置沉淀，浓缩至约30 mL，保存待检。一般将同断面的浮游植物与原生动物、轮虫作为一份定性、定量样品。

（2）样品观察及数据处理

室内先将样品浓缩、定量至约30 mL，摇匀后吸取0.1 mL样品置于0.1 mL计数框内，在显微镜下按视野法计数，数量较少时全片计数，每个样品计数2次，取其平均值，每次计数结果与平均值之差应在15%以内，否则增加计数次数。

每升水样中浮游植物数量的计算公式如下：

$$N = \frac{C_s}{F_s \times F_n} \times \frac{V}{v} \times P_n$$

式中：N——每升水样中浮游植物的数量（个）；

C_s——计数框的面积（mm^2）；

F_s——视野面积（mm^2）；

F_n——每片计数过的视野数；

V——每升水样经浓缩后的体积（mL）；

v——计数框的容积（mL）；

P_n——计数所得个数（个）。

2.浮游动物的调查方法

（1）采集、固定及沉淀

原生动物和轮虫的采集包括定性采集和定量采集。定性采集使用25号筛绢制成的浮游生物网在水中拖曳采集，将网头中的样品放入50 mL样品瓶中，加福尔马林液2.5 mL进行固定。定量采集则使用2500 mL采水器在不同水层中采集一定量的水样，经充分混合后，取2000 mL的水样，然后加入鲁哥氏液固定，经过48小时以上的静置沉淀，浓缩为标准样。一般将同断面的浮游植物与原生动物、轮虫作为一份定性、定量样品。

（2）鉴定

将采集的原生动物定量样品在室内继续浓缩到30 mL，摇匀后取0.1 mL置于0.1 mL计数框内，盖上盖玻片后在20×10倍的显微镜下全片计数，每个样品计数2片；同一样品的计数结果与均值之差不得大于15%，否则增加计数次数。将定性样品摇匀后取2滴于载玻片上，盖上盖玻片后用显微镜检测种类。

（3）浮游动物的现存量计算

单位水体中浮游动物数量的计算公式如下：

$$N = \frac{nV_1}{CV}$$

式中：N——每升水样中浮游动物的数量（个）；

V_1——样品浓缩后的体积（mL）；

V——采样体积（L）；

C——计数样品的体积（mL）；

n——计数所获得的个数（个）。

原生动物和轮虫生物量的计算采用体积换算法，根据不同种类的体形，按其最近似的几何形测量其体积。计算枝角类和桡足类的生物量时，测量不同种类的体长，用回归方程式求其体重。

3.底栖动物的调查方法

用改良的彼德生采泥器在布样点采集泥样，采泥器的开口面积为 1/16 m²，每个布样点采两个泥样，共 1/8 m²。将采到的两个泥样用 40 目分样筛分批筛选，为防止特小的底栖动物被漏掉，于 40 目筛下再套一个 60 目的筛。将筛选后的样品倒入塑料袋内，放入标签，扎紧口袋，放入广口保温瓶，带回实验室检测，在实验室将塑料袋内的残渣全部洗入白瓷盘中，借助放大镜按大类仔细检出全部底栖动物，寡毛类用 5% 的福尔马林固定，摇蚊科的幼虫用 75% 酒精和 5% 的福尔马林混合液固定，记录其数量并称重。称重时将标本移入自来水中浸泡 3 分钟，然后用吸水纸吸干表面水分，再用 1/100 扭力天平称量。

4.鱼类资源的调查方法

在各监测站点不同的生境类型中设置三层刺网（1指和3指）和底置地笼（密眼 2 a=0.8），24 小时后捕捞，放入诱饵进行诱捕，黄昏下网、清晨起网捕捞鱼类标本。每天早晨8点定时收取渔获物1次，并通过查阅历史资料、图片辨认、形状描述等方法，走访当地干部群众和牧民、保护区管理机构等，调查鱼类的区系组成、种群数量、种群结构、优势种群、优势度等。

5.水生维管束植物的调查方法

定性采集：采集水深 2 m 以内的物种及优势种，对生长在岸边的挺水植物和漂浮植物直接用手采集，对浮叶植物和沉水植物则用钉耙将它们连根拔起，选择完整的植株，擦去表面水分，夹入植物标本夹内压干，制成腊叶标本，带回实验室鉴定保存。标本按《中国水生高等植物图说》《中国水生维管束植物图谱》进行鉴定。

二、主要保护对象、鱼类资源及水生生物现状调查监测结果及分析

（一）浮游植物现状监测结果及分析

1.浮游植物种类组成

对所采到的浮游植物样品进行镜检分析，共鉴定到藻类37种属，隶属于硅藻门、绿藻门2个门类。硅藻门最多，有32种属，占浮游植物总种类的86.5%；绿藻门有5种属，占浮游植物总种类的13.5%。浮游植物名录见表4-8-3。

2.浮游植物定量结果

对浮游植物的定量分析显示，缓冲区采样断面浮游植物的生物量为 0.8880 mg/L，密度为 36.560×10⁴个/升；实验区采样断面浮游植物的生物量为 0.2149 mg/L，密度为 10.070×10⁴个/升；平

均生物量为0.5515 mg/L，平均密度为23.315×10⁴个/升。浮游植物定量分析见表4-8-4。

表4-8-3 浮游植物名录

门类	种属	秧田河	
		缓冲区	实验区
硅藻门 Bacillariophyta	弯楔藻 *Rhoicosphenia*	+	+
	短缝藻 *Eunotia*		+
	小环藻 *Cyclotella*	+	++
	曲壳藻 *Achnanthes*	+++	++
	卵形藻 *Cocconeis*	+	++
	双眉藻 *Amphora*	++	
	脆杆藻 *Fragilaria*	++	+
	菱形藻 *Nitzschia*	+++	++
	碎片菱形藻 *Nitzschia frustulum*	+	
	线形菱形藻 *Nitzschia linearis*	++	
	普通等片藻 *Diatoma vulgare*	+	
	羽纹藻 *Pinnularia*	+	
	细条羽纹藻 *Pinnularia microstauron*	+	
	舟形藻 *Navicula*	+++	++
	简单舟形藻 *Navicula simples*	+	+
	双头舟形藻 *Navicula dicephala*	+	
	瞳孔舟形藻 *Navicula pupula*	++	
	卡里舟形藻 *Navicula cari*		++
	针杆藻 *Synedra*	+++	++
	肘状针杆藻 *Synedra ulna*	++	+
	桥弯藻 *Cymbella*	++	+
	小桥弯藻 *Cymbella pusilla*	++	
	偏肿桥弯藻 *Cymbella ventricosa*	++	+
	箱形桥弯藻 *Cymbella cistula*		+
	近缘桥弯藻 *Cymbella affinis*	++	
	优美桥弯藻 *Cymbella delicatula*		+
	异极藻 *Gomphonema*	++	++
	窄异极藻 *Gomphonema angustatum*	++	+
	短纹异极藻 *Gomphonema abbreviatum*		++

门类	种属	秧田河	
		缓冲区	实验区
	橄榄绿异极藻 *Gomphonema olivaceum*		+
	双头辐节藻 *Stauroneis smithii*	++	
	变异直链藻 *Melosira varians*	+++	+
绿藻门 Chlorophyta	小球藻 *Chlorella vulgaris*		++
	空球藻 *Eudorina elegans*	++	
	卵囊藻 *Oocystis*		++
	钝鼓藻 *Cosmarium obtusatum*	+	
	丝藻 *Ulothrix*	+++	

注："+"表示少量,"++"表示一般,"+++"表示多。

表4-8-4 浮游植物定量分析表

河流	采样断面	密度和生物量	浮游植物总量	各门浮游植物总量	
				硅藻门	绿藻门
秧田河	缓冲区	密度(×10⁴个/升)	36.560	32.810	3.750
		生物量(mg/L)	0.8880	0.8867	0.0013
	实验区	密度(×10⁴个/升)	10.070	9.890	0.180
		生物量(mg/L)	0.2149	0.2142	0.0007
平均		密度(×10⁴个/升)	23.315	21.350	1.965
		生物量(mg/L)	0.5515	0.5505	0.0010

(二)浮游动物现状监测结果及分析

1.浮游动物种类组成

对各采样断面的浮游动物进行定性分析,共检出浮游动物原生动物和轮虫类2大类11种属,其中轮虫6种属,占总种类数的54.5%,原生动物5种属,占总种类数的45.5%。浮游动物名录见表4-8-5。

2.浮游动物定量结果

调查结果显示,缓冲区浮游动物的密度为12.8767个/升,生物量为0.01029 mg/L;实验区浮游动物的密度为15.3333个/升,生物量为0.00901 mg/L;浮游动物的平均密度为28.2104个/升,平均生物量为0.01930 mg/L。浮游动物定量分析见表4-8-6。

表4-8-5　浮游动物名录

门类	种属	秧田河	
		缓冲区	实验区
原生动物 Protozoa	冠砂壳虫 *Difflugia corona*		+
	球形砂壳虫 *Difflugia globulosa*	+	+
	盘状匣壳虫 *Centropyxis discoides*	+	+
	表壳虫 *Arcella* sp.		+
	微红套泡虫 *Pompholyxophrys punicea*		+
轮虫类 Rotifera	轮虫 *Rotifera* sp.		+
	卵形鞍甲轮虫 *Lepadella ovalis*	+	+
	单趾轮虫 *Monostyla* sp.		+
	月形腔轮虫 *Lecane luna*	+	
	蹄形腔轮虫 *Lecane ungulata*	+	+
	凸背巨头轮虫 *Cephalodella gibba*	+	

注："+"表示少量，"++"表示一般，"+++"表示多。

表4-8-6　浮游动物定量分析表

河流名称	采样断面	密度和生物量	浮游动物总量	各门浮游动物总量	
				原生动物	轮虫
秧田河	缓冲区	密度(个/升)	12.8767	3.2100	9.6667
		生物量(mg/L)	0.01029	0.00018	0.01011
	实验区	密度(个/升)	15.3333	11.6667	3.6667
		生物量(mg/L)	0.00901	0.00051	0.00850
平均		密度(个/升)	28.2104	7.4383	13.3334
		生物量(mg/L)	0.01930	0.00069	0.01861

（三）底栖动物现状监测结果及分析

1.底栖动物种类组成

本次调查共鉴定出底栖动物20种，隶属于3门，其中节肢动物门18种，为绝对优势门类，占比85.7%；扁形动物门和环节动物门各1种，占比5.56%。底栖动物名录见表4-8-7。

2.底栖动物定量结果

对底栖动物的定量分析显示，缓冲区底栖动物的密度226.45个/米^2，生物量1.33318 g/m^2；实验区底栖动物的密度235.36个/米^2，生物量1.12366 g/m^2。平均密度为230.905个/米^2，平均生物量为1.22842 g/m^2。底栖动物定量分析见表4-8-8。

表 4-8-7　底栖动物名录

门	纲、科	属	秧田河 缓冲区	秧田河 实验区
节肢动物门 Arthropod	四节蜉科 Baetidae		+++	+++
	小蜉科 Ephemerellidae	小蜉属 Ephemerella	+	+
		弯握蜉属 Drunella	+	+
	细裳蜉科 Leptophlebiidae		++	
	蜉蝣科 Ephemeridae		+	
	扁蜉科 Heptageniidae		+++	++
	纹石蚕科 Hydropsychidae			+
	沼石蚕科 Limnephilidae		+	+
	原石蚕科 Rhyacophilidae			+
	角石蚕科 Stenopsychidae			+
	绿襀科 Chloroperlidae		++	
	箭蜓科 Gomphidae		+	
	龙虱科 Dytiscidae		+	
	摇蚊科 Chironomidae	拟刚毛突摇蚊属 Parachaetocladius	++	++
	大蚊科 Tipulidae	大蚊属 Tipula	+	
		朝大蚊属 Antocha	+	+
		花翅大蚊属 Hexatoma		
		细大蚊属 Dicranomyia	+	
		茸大蚊属 Pilaria		+
	蚊科 Culicidae		+	
	虻科 Tabanidae			+
	蚋科 Simuliidae			+
	蠓科 Ceratopogonidae			+
扁形动物门 Platyhelminthes	涡虫纲 Turbellaria		+	
环节动物门 Annelida	颤蚓科 Tubificidae		+	

表 4-8-8　底栖动物定量分析表

采样断面	密度和生物量	底栖动物总量	各纲底栖动物总量			
			昆虫纲	软甲纲	腹足纲	其他纲
缓冲区	密度(个/米²)	226.45	223.60	2.00	0.85	0
	生物量(g/m²)	1.33318	1.32350	0.00956	0.00012	0
实验区	密度(个/米²)	235.36	235.36	0	0	0
	生物量(g/m²)	1.12366	1.12366	0	0	0
平均	密度(个/米²)	230.905	229.480	1	0.425	0
	生物量(g/m²)	1.22842	1.22358	0.00478	0.00478	0

（四）水生维管束植物现状监测结果及分析

保护区秧田河段水生维管束植物有芦苇（*Phragmites australis* Trin）、水香蒲（*Typha minima* Funk）、金鱼藻（*Ceratophyllum demersum* L.）、眼子菜（*P. distinctus* A.Benn）等，季节分布以夏、秋季节较多，冬季较少，这与气温、水温和季节的变化以及水生维管束植物的生活习性等有直接的关系。

（五）鱼类资源现状监测结果及分析

1.渔获物种类组成

本次在调查范围内共调查采集到鱼类1目2科7种，其中鲤科鱼类最多，有5种，占比71.43%，鳅科2种，占比28.57%。鲤科鱼类为短须颌须鮈、宽鳍鱲、拉氏鲅、多鳞铲颌鱼、似鳍，鳅科鱼类为中华花鳅、红尾副鳅。走访调查到，保护区有分布的鱼类有：平鳍鳅科1种，姚科1种，鳜1种，优势种类为拉氏鲅和宽鳍鱲等。渔获物名录见表4-8-9。

表4-8-9　渔获物名录

目	科	种	学名	秧田河 缓冲区	秧田河 实验区
鲤形目	鲤科	似鳍	*Belligobio nummifer*	√	√
		多鳞铲颌鱼	*Onychostoma macrolepis*	√	
		拉氏鲅	*Rhynchocypris lagowskii lagowskii*	√	√
		宽鳍鱲	*Zacco platypus*	√	
		短须颌须鮈	*Gnathopogon imberbis*	√	
	鳅科	中华花鳅	*Cobitis sinensis*	√	
		红尾副鳅	*Paracobitis variegatus*	√	√

注："√"表示有分布。

2.渔获物结构组成

在调查范围内共捕获渔获物357尾，总重量为3.024 kg，其中，短须颌须鮈捕获93尾，重量0.465 kg，数量占比26.05%，重量占比15.38%；宽鳍鱲捕获68尾，重量0.340 kg，数量占比19.05%，重量占比11.24%；多鳞铲颌鱼捕获53尾，重量1.325 kg，数量占比14.85%，重量占比43.82%；拉氏鲅捕获56尾，重量0.168 kg，数量占比15.69%，重量占比5.56%；似鳍捕获32尾，重量0.160 kg，数量占比8.96%，重量占比5.29%；中华花鳅捕获37尾，重量0.296 kg，数量占比10.36%，重量占比9.79%；红尾副鳅捕获18尾，重量0.270 kg，数量占比5.04%，重量占比8.93%。渔获物群落结构总体表明，调查河段范围内鱼类资源量以小型鱼类为主，大型鱼类资源量少。渔获物结构统计见表4-8-10。

表4-8-10　渔获物结构统计表

种名	尾数	总重(g)	体长范围(cm)	体重范围(g)	均重(g)	数量占比(%)	重量占比(%)
短须颌须鮈	93	465	1.3～3.2	0.89～6.85	5	26.05%	15.38%
宽鳍鱲	68	340.01	7.1～8.7	1.3～8.85	5.0002	19.05%	11.24%
多鳞铲颌鱼	53	1325	3.9～13.2	3.2～67.8	25	14.85%	43.82%
拉氏鲅	56	168.01	1.4～6.3	1.1～4.43	3.0002	15.69%	5.56%
似鮈	32	160.02	1.4～8.8	1.29～34.84	5.006	8.96%	5.29%
中华花鳅	37	296	5～12.1	4.6～12.9	8	10.36%	9.79%
红尾副鳅	18	270.02	3.5～13.6	4.8～14.1	15.001	5.04%	8.93%
合计	357	3024.06	—	—	—	100%	100%

3.保护区秧田河段内伴生动物和省级重点保护水生野生动物的生物学特征

保护区秧田河段内伴生动物和省级重点保护的水生野生动物有短须颌须鮈、宽鳍鱲、拉氏鲅、多鳞铲颌鱼、似鮈、中华花鳅、红尾副鳅、前臀鮡、山溪鲵等，其生物学特征如下：

（1）短须颌须鮈

属鲤科颌须鮈属。地方名：麻点子鱼。吻钝圆。口端位。唇细狭。眼径小于吻长。须一对，极短。侧线鳞39～40 cm。背鳍起点距吻端的距离与至尾鳍基的距离相等。肛门紧靠臀鳍起点，尾柄粗短。体背灰黑色，腹部灰白色。背鳍中段具有黑色纹，其余各鳍均灰白色。栖息于峡谷溪流、清澈缓流的河段、支流、河湾等处。底栖性，主要捕食昆虫，亦吃藻类和水生高等植物。分布于长江水系，国内见于陕西凤县、洛阳等地，甘肃省内见于徽县、成县、康县、两当等地。小型鱼类，肉可食，在自然界中常为水域肉食性鱼类和水禽的食饵，在食物链中有一定的作用。产地多用作饲喂家禽，有一定的经济价值。

（2）宽鳍鱲

属鲤科鱲属。俗称：桃花鱼，双尾鱼，红车公，红翅子，白糯鱼，快鱼，石鲫鱼。体长，较高，腹部圆，腹部无腹棱。头高而短，前端钝。吻短，其长小于眼后头长。口端位，口裂向上倾斜。上颌比下颌稍长，上下颌无凹凸，向后延伸可达眼后缘下方。唇较薄，光滑。无触须。眼稍大，位于头侧上方近吻端处。鼻孔位于眼前上方，离眼前缘较近。喜欢嬉游于水流较急、底质为砂石的浅滩。江河的支流中较多，而深水湖泊中则少见。以浮游甲壳类为食，兼食一些藻类、小鱼及水底的腐殖物质。分布于黑龙江、黄河、长江、珠江、澜沧江及东部沿海各溪流，尤以山区溪流中常见。其个体虽小，但较肥壮，含脂量高，产量也较高，为普通食用杂鱼之一。其肉可入药，若将其除去内脏和鳞片后鲜用，则具有解毒、杀虫之功效，主治疮疖、疥癣等症。

（3）拉氏鲅

属鲤科鲅属。体低而长，稍侧扁，腹部圆，尾柄长而低。头近锥形，头长显著大于体高。吻尖，有时向前突出。口亚下位，口裂稍斜，上颌长于下颌。眼中等大，位于头侧的前上方。鳃孔中等大，向前伸延至前鳃盖骨后缘的下方，有膜与峡部相连。背鳍位于腹鳍的上方，外缘平直。臀鳍与背鳍同形，位于背鳍的后下方。胸鳍短，末端钝。鳃耙短小，排列稀。肠短，呈前后弯曲，其长短于体长，腹膜黑色。体背侧灰黑色，腹侧浅色，体侧常有疏散的黑色小点，背部正中自头后至尾鳍基有一黑色纵带，体侧自鳃孔上角至尾鳍基有一黑色纵带，尾部较为显著。尾鳍基部有一黑点，背鳍、尾鳍、胸鳍浅灰色，臀鳍、腹鳍浅色。主要生活于水温偏低、水质澄清的河流中。春末夏初，当雨水增多河水上涨时，一些冬、春季干涸的溪沟中又有了水流，这时它们集小群繁殖摄食，从较大的小河、山溪逆流进入这些时断时流的溪泉中摄食，并可上溯到很远的源头，成为这些水沟中的优势种。食性较杂，仔鱼、稚鱼主要以小型浮游动物为食，幼鱼、成鱼摄食水生昆虫及其幼虫，也食鱼卵和其他小鱼，肠含物中也有植物碎片和藻类。主要分布于鸭绿江、辽河、大凌河、小凌河、辽东半岛诸河、图们江、黑龙江水系及内蒙古东部的内流性湖泊；在黄河、淮河、海河水系的天津、北京、河北、河南、山东、山西、陕西以及长江中上游支流、钱塘江水系等地也有分布。属高蛋白、低脂肪鱼类，肉味鲜美，营养丰富，不但是良好的催乳食品，也是可以和谷物合理搭配食用的极佳菜肴。此外，拉氏鳄因其可作为栖息地环境指示生物而成为研究热点。

（4）多鳞铲颌鱼

属鲤科白甲鱼属。地方名：钱鱼，梢白甲，赤鳞鱼，石口鱼。体长，稍侧扁，背稍隆起，腹部圆。头短，吻钝，口下位，横裂，口角伸至头腹面的侧缘。下颌边缘具有锐利角质；须2对，上颌须极细小，口角须也很短。背鳍无硬刺，外缘稍内凹。胸部鳞片较小，埋于皮下。体背黑褐色，腹部灰白。体侧每个鳞片的基部都有新月形黑斑，背鳍和尾鳍灰黑色，其他各鳍灰黄色，外缘金黄色，背鳍和臀鳍都有一条橘红色斑纹。栖息在河道为砾石底质、水清澈低温、流速较大、海拔高程为300～1500 m的河流中，常借助河道中溶岩裂缝与溶洞的泉水发育，秋后入泉越冬。4月中旬出泉，出泉多集中于夜半三更，头部朝内，尾部向外，集群而出，一般在8～10日内出完。雄性性成熟一般在3龄以上，雌性为4～5龄，怀卵量为0.6万～1.2万粒，生殖季节为5月下旬至7月下旬。以水生无脊椎动物及着生在砾石表层的藻类为食，取食时用下颌猛铲，进而将体翻转，把食物掰入口中，取食后的石块上可见白斑点点。分布于嘉陵江水系和汉水水系的中上游、淮河上游、渭河水系、伊河、洛河、海河上游的滹沱河和山东泰山，国内见于宜昌、陕西、四川、河南、安徽等地，甘肃省内见于文县、两当、武都、康县、岷县等地。其因独特的地理分布和对生态环境的适应性，而被称为"活化石"。多鳞铲颌鱼肉嫩味鲜，有滋补明目下乳之功效，所以具有药用价值，是一种经济价值较高的鱼类。

（5）似鳕

属鲤科似鳕属，是中国的特有物种。体长形，侧扁，腹部圆，头后背部稍隆起。头略长，呈锥形，其长度大于体高。吻较长，稍尖。口亚下位，略呈马蹄形。上颌稍长于下颌，下颌无角质边缘。下唇两侧叶较狭长，颏部中央具有一个三角形小突起。颌须1对，较短小，其长度约等于眼径。鼻孔位于眼前稍上方，至眼前缘较至吻端为近。眼中等大，位于头侧上方。鳃耙短小，排列较稀疏。背鳍短小，外缘平截，其起点至吻端较至尾鳍基为近，最后一根不分枝鳍条较细软，且分节。胸鳍短小，末端略尖，后伸不达腹鳍起点。腹鳍较短，末端不达臀鳍起点，其起点位于背鳍起点之后，约与背鳍第一分枝鳍条基部相对。臀鳍一般不达尾鳍基，但性成熟的雌鱼常达到或超过尾鳍基。尾鳍叉形，下叶稍长于上叶。肛门紧靠臀鳍起点。鳞片中等大，侧线完全，较平直。腹鳍基部具有腋鳞。体背部青灰色，腹部灰白色。侧线下方一行鳞片以上的体侧具有黑褐色小斑点，侧线上方有6～10个黑色大斑点，背部中线也有5～8个稍小的黑色斑点。背鳍和尾鳍上有许多黑包小斑点，其余各鳍灰白色。小型鱼类，生长较缓慢，经济价值不大，但数量较多，在许多支流中均有分布。

（6）中华花鳅

属鳅科花鳅属。地方名：花泥鳅。体长而侧扁，头甚侧扁。眼中等大小，眼间距大于或小于眼径；眼下刺分叉，末端达眼中央。口下位，颏叶发达，自下唇中间分为两片，外缘各有一须状突起。须3对，腹鳍起点位于背鳍第2～3根分枝鳍条的下方，末端远不达肛门。尾柄短，尾鳍截形。侧线短而不完全，其长不超过胸鳍末端上方。体除头部无鳞外，其余概被细鳞。鳔2室，前室包于骨质囊内，后室退化仅有痕迹。肠短，其长仅为体长一半。体色棕黄，沿体侧中线具有6～15个棕黑色大斑，体背中线有7～14个棕黑色矩形或马鞍形大斑。体侧上方、头背部及颊部具有蠕虫样斑纹或不规则斑点。吻端和眼前缘具有一黑色条纹。背鳍和尾鳍具有3～5列由细斑点组成的斜行条纹。尾鳍基上侧具有一明显黑斑，体上斑点大小和数目与栖息环境有关，一般生活在急流中的个体斑点大而少，而静水中者则斑小而多。小型底栖鱼类，生活于江河水流缓慢处，以食小型底栖无脊椎动物及藻类为主。广泛分布于珠江水系，还分布于元江、海南岛、闽江、台湾、钱塘江、长江、黄河、海河中下游、嘉陵江和渠江上游，在甘肃、陕西、云南等地也有分布。小型鱼，数量也不多，可作为同水域其他食肉鱼的饵料和禽类的食饵，无经济价值。

（7）红尾副鳅

属鳅科副鳅属。地方名：巴鳅，贝氏条鳅，尖颌条鳅，红尾子。体延长，圆柱状。尾柄侧扁而长。体前半部裸露无鳞，后半部具有细鳞。上颌中央具有一齿状突起。须3对。背鳍位于体的前半部，背鳍前距为体长的43.5%～47.0%。腹鳍起点与背鳍起点相对或位于背鳍第一根分枝鳍条的下方。平时喜栖息在岩缝、石隙或多巨石的洄水湾。常以下颌发达的角质边缘在岩石上刮取食物，但肠管里食物出现较多的仍是昆虫幼虫（蜉蝣目、襀翅目、鞘翅目等幼虫）。分布于汉江支流源流、堵河、金沙江、南盘江水系、长江中上游及其附属水体支流沿渡河、渭河水系。其个体虽小，但产区的天然种群数量多，且肉质细嫩，为当地常见的小型食用鱼。

（8）前臀鮡

体长91～152 mm，为体高的6.1～7.8倍，为头长的4.3～4.8倍，为尾柄长的4.2～4.4倍。头长为吻长的1.7～1.8倍，尾柄长为高的3.9～5.4倍。分布于长江水系的武都到丽江等地。生活在多砾石的主河道和溪流中，伏居在石缝间隙，借助其平展的偶鳍和平坦裸露的胸腹部吸附在岩石或沙砾表面，多出现在底质以岩石为主的水域中。分布于甘肃武都、舟曲、文县、康县及云南盐津等地。

（9）山溪鲵

属小鲵科山溪鲵属，是中国的特有物种。俗名：白龙，杉木鱼。分布于四川、贵州、云南、甘肃等地，常见于高山山溪、湖泊石块树根下以及苔藓中或溶雪泉水碎石下。体形120～160 mm，最大200 mm；头部略扁平，躯干圆柱状或略扁，尾侧扁，底部较阔，尾梢钝圆或略尖圆。头顶较为平坦，头长宽几乎相等；吻端圆阔，鼻孔近吻端，眼大，约与吻等长或比其略短；口裂达眼后角下方，唇褶极显著，两侧的唇褶掩盖下颌的后半段。四肢适中，贴体相向时，指趾端略重叠；指趾扁平，末端钝圆，基部无蹼；指4，第2、3几乎等长，第4指略长于第一指；趾4，其序为3、4、2、1。尾长为全长之半或比其略长。雄性肛孔小而略成一短横缝，雌性的为一纵裂缝。皮肤周身光滑，头侧有浅凹痕，一端在颞部向后纵行，一端沿口角后端向下弯；弧形颈褶清晰。体色变异较大，一般为橄榄绿色，背面有深色细点纹交织成麻斑；腹面色较浅，麻斑少。液浸标本棕灰色或深棕色，麻斑清晰。生活在海拔中高山区溪流内，成鲵一般不远离水域，多栖于大石、倒木下或苔藓中，以藻类、草籽、水生昆虫等为食。5—7月为繁殖期，产卵鞘袋一对，一端黏固在石块底面，每袋有卵5～23粒。

三、大鲵自然繁殖区域的非生物因子现状监测结果及分析

（一）采样方法

采样方法和时间按照《内陆水域渔业自然资源调查手册》和《水库渔业资源调查规范》（SL 167—2014）执行。

（二）水质理化指标

水质的各项理化指标分析主要按照国家标准《渔业水质标准》（GB 11607—89）、《无公害食品 淡水养殖用水水质》（NY 5051—2001）的规定执行。

（三）检测结果分析

对秭田河的水质检测结果（表4-8-11）显示，水体中溶解氧为8.66～10.45 mg/L，pH平均为8.77；阳离子主要以钙离子为主，平均为51.51 mg/L；镁离子平均为10.05 mg/L；阴离子主要以碳酸氢根离子为主，平均为21.24 mg/L；硫酸根离子为6.95 mg/L；氯离子为35.42 mg/L；硝酸氮平均为0.05 mg/L；氨氮平均为0.13 mg/L；总磷平均为0.016 mg/L；总铁平均为0.031 mg/L。总汞、总镉、铬（六价）、挥发性酚、氰化物、石油类、硫化物、草甘膦、乐果、敌敌畏均未检出。总体而言，保护区河流水质达到《地表水环境质量Ⅱ类标准》（GB 3838—2002）和《渔业水质标准》（GB 11607—89）要求，符合保护动物的栖息要求。

表4-8-11 非生物因子检测结果

指标	采样点		平均值
	缓冲区	实验区	
温度（℃）	21.7	21.4	21.6
pH	8.76	8.77	8.77
透明度	清澈见底	清澈见底	均为河道溪流
电导率	160.20	96.70	128.45
溶解氧（mg/L）	8.66	10.45	9.56
钙（mg/L）	49.22	53.79	51.51
镁（mg/L）	8.77	11.32	10.05
重碳酸盐（mEq/L）	19.32	23.16	21.24
硫酸盐（mEq/L）	5.30	8.60	6.95
氯化物（mg/L）	37.88	32.96	35.42

指标	采样点		平均值
	缓冲区	实验区	
硝酸盐氮(mg/L)	0.04	0.06	0.05
氨氮(mg/L)	0.08	0.05	0.13
总磷(mg/L)	0.011	0.021	0.016
总铁(mg/L)	0.032	0.029	0.031
总汞(mg/L)	未检出	未检出	未检出
总镉(mg/L)	未检出	未检出	未检出
铬(六价)(mg/L)	未检出	未检出	未检出
挥发性酚(mg/L)	未检出	未检出	未检出
氰化物(mg/L)	未检出	未检出	未检出
石油类(mg/L)	未检出	未检出	未检出
硫化物(mg/L)	未检出	未检出	未检出
草甘膦(mg/L)	未检出	未检出	未检出
乐果(mg/L)	未检出	未检出	未检出
敌敌畏(mg/L)	未检出	未检出	未检出

四、主要保护对象简介和监测情况分析

（一）主要保护对象简介

康县大鲵省级自然保护区主要保护对象为大鲵。大鲵（*Andrias davidianus*），隶属于两栖纲（Amphibia）、有尾目（Caudata）、隐鳃鲵科（Cryptobrachidae）、大鲵属（*Andrias*），是我国特有的珍稀两栖动物，已被列入《国家重点保护野生动物名录》（二级），并被列入CITES公约附录Ⅰ中。大鲵因其叫声宛若婴儿哭叫，其指、趾形似人手，故又被称为娃娃鱼。

1.动物学史

大鲵是由3亿6千万年前古生代泥盆纪时期的水生鱼类演变而成的古老的两栖类动物。

2.形态特征

（1）成体

体大而扁平，一般全长582～834 mm，头长310～585 mm，最大个体全长可达200 cm以上。头大，扁平而宽阔，头长略大于头宽，头宽为头体长的1/5～1/4；吻端圆，外鼻孔小，近吻端，鼻间距为眼间距的1/3或1/2；眼很小，无眼睑，位于背侧，眼间距宽；口大，口后缘上唇唇褶清晰；犁骨齿列甚长，位于犁腭骨前缘，左右相连，相连处微凹，与上颌齿平行排列呈一弧形；舌大而圆，与口腔底部粘连，四周略游离。躯干粗壮扁平，颈褶明显，体侧有宽厚的纵行肤褶和若干圆形疣粒，腋胯部间距约为全长的1/3，有肋沟12～15条。四肢粗短，后肢略长，指、趾扁平；

前后肢贴体相对时，指、趾端间距相隔6个肋沟左右；肢体后缘有肤褶，与外侧指、趾缘膜相连；指4个，指长顺序为2、1、3、4；趾5个，趾长顺序为3、4、2、5、1；第4指及第3、4、5趾外侧有缘膜，显得极为宽扁；蹼不发达，仅趾间有微蹼。尾长约为头长的一半，尾高为尾长的1/4～1/3，尾基部略呈柱状，向后逐渐侧扁，尾背鳍褶高而厚，尾腹鳍褶在近尾梢处方始明显，尾末端钝圆。肛孔短小，呈短裂缝状；雌性的肛周皮肤光滑，雄性的沿肛裂两侧形成疣粒状；繁殖季节，雄性肛部红肿。雄性全长510 mm时，睾丸长、宽、高为66.5 mm×14.0 mm×8.5 mm，色乳黄。某条采于陕西洋县的雌鲵个体，全长465 mm，卵巢内卵的直径为4.5 mm，呈乳黄色。体表光滑湿润；头部背腹面小疣粒成对排列；眼眶周围的疣粒排列较为整齐，更为集中，头顶和咽喉中部及上下唇缘光滑无疣，眼眶下方、口角后及颈侧疣粒排列成行；体侧粗厚的纵行肤褶明显，上下方之疣粒较大；其他部位的皮肤较光滑。全长160 mm的幼鲵，体侧的肤褶及疣粒均不明显。体色变异较大，一般以棕褐色为主，其变异颜色有暗黑、红棕、浅褐、黄土、灰褐和浅棕等色。背腹面有不规则的黑色或深褐色的各种斑纹，也有斑纹不明显的。幼体与未达性成熟的次成体的体色均较淡，以浅褐色为主，且有分散的小黑斑点；腹面色较浅；四肢外侧多有浅色斑。在湖北宜昌地区发现的白化个体，体尾均为银白或金黄色。

第二性征：雄鲵肛部隆起，椭圆形，肛孔较大，内壁有乳白色小颗粒；雌鲵肛部无隆起，泄殖肛孔较小，周围向内凹入，孔内壁平滑，无乳白色小颗粒。

骨骼：头骨宽扁；前颌骨2，鼻突短，与额骨不相触；额骨不入鼻孔；鼻骨左右相触；无泪骨和隔颌骨；有前额骨；翼骨宽大，与颌骨间距小；顶骨前端与前额骨相连；有耳柱骨，无耳盖骨。下颌的隔骨与前关节骨不愈合；犁骨前缘有一横列犁骨齿，排列成长弧形，属幼体替换齿类型，靠近颌缘并与上颌齿平行排列。舌弧由角舌软骨、上舌软骨和基舌软骨构成，角舌软骨与上舌软骨不愈合；鳃弧3～4对，第一对角鳃与上鳃骨分界明显，未骨化，第二对鳃弧的角鳃和上鳃骨均骨化；第3对（第4对）细弱，远端与咽鳃软骨相连。椎体双凹形，有残留之脊索，寰椎后脊神经均从椎间孔穿出；肋骨单头；从第三或第四尾椎开始无尾肋骨；有"Y"形前耻软骨。

卵：卵呈圆球形，卵径5～8 mm，连同卵外胶膜直径15～17 mm；卵在卵带内形成念珠状，带内每两粒卵之间相隔约10～20 mm。卵刚从母体产出时为乳白色；卵外胶膜吸水后膨胀，呈透明状。

（2）幼体

受精卵在水温14～21 ℃条件下，约经38～40天孵化；水温升高后可在33～35天孵化，水温下降时可在68～84天孵化。刚孵出的幼体体长25～31.5 mm，体重0.3 g，无平衡枝，外鳃3对，呈桃红色，体背部及尾部褐色，体侧有黑色小斑点；腹面黄褐色，两眼深黑色。7～8天后体呈浅黑色，全长33～37 mm；前肢芽棒状，开始有指的分化，后肢短棒状，尖端圆球形；14天左右，体呈暗褐色，但腹面仍为黄褐色，前肢已分化出4个指，后肢开始分叉；28天时全长43 mm左右，此时卵黄消失，能游泳和摄食；全长170～220 mm时外鳃消失。观察西北大学生物系保存的30余尾幼体标本，发现全长在140 mm之内的幼鲵全部有鳃孔；一尾全长215 mm者仍有鳃孔，另一尾全长仅178 mm者鳃孔已消失，这说明大鲵幼体身体的长度与鳃孔的消失有一定的关系。

3.生活习性

成鲵一般常栖息在海拔1000 m以下的溪河深潭内的岩洞、石穴之中，以滩口上下的洞穴内较为常见，其洞口不大，进出一个口；洞的深浅不一，洞内宽敞平坦。白天常卧于洞穴内，很少外出活动，夏秋季节也有白天上岸觅食或晒太阳的习性。捕食主要在夜间进行，常守候在滩口乱石间，发现可猎动物经过时，突然张嘴捕食。大鲵适宜栖息于水温3～23 ℃的水中，个体大的多生活于深水处，中小型个体多在浅水处。成鲵多数单栖活动，幼鲵常集群在乱石缝中，其生活的最适水温为10～20 ℃。大鲵常将头部伸出水面进行呼吸，皮肤也是它进行气体交换的重要器官，在含氧量较高的水中，大鲵可较长时间伏于水底不浮出水面呼吸。在人工饲养的情况下，大鲵每6～30分钟将鼻孔伸出水面呼吸一次，吸气约几秒至数十秒。小小的牙齿又尖又密，咬肌发达，猎物一旦被其咬住就很难逃脱，但它们不能咀嚼，只会将猎物囫囵吞下。表面光滑、布满黏液的身体，在遇到危险时会放出奇特的气味，令敌人知臭而退。大鲵的视力不好，主要通过嗅觉和触觉来感知外界信息，它们还能通过皮肤上的疣来感知水中的震动，进而捕捉水中的鱼虾及昆虫。大鲵在它所处的生态系统中占据食物链顶端的位置，是生物链中重要的一环。在不同的水域中，大鲵的食物来源也略有不同，它们食量大，主要捕食水中的鱼类、甲壳类、两栖类及小型节肢动物等，此外，在大鲵的胃中也发现有少量植物组分。生活在长江流域大鲵所处栖息地内的鱼类有白甲鱼、宽口光唇鱼、马口鱼等，为大鲵提供了广泛的食物来源。大鲵喜欢捕食蟹类，曾发现一只体重1.5 kg的个体胃内有蟹6只，总重量约140 g；2.5 kg的个体一次能吞食250～300 g食物。对陕西省柞水县境内干右河上段大鲵的食性分析显示，其中，蟹占48.3%，船钉鱼占12.5%，水生昆虫幼体占7.8%，水鸟占3.1%，木片占3.1%，小石块占3.1%，大鲵幼体占1.5%，空胃者占20.3%。大鲵新陈代谢较为缓慢，就算停食半月之久，胃内仍会有未消化的食物。它的耐饥力很强，只要饲养在清洁凉爽的水中，就算数月甚至一年以上不喂食也不致饿死。

4. 自然繁殖

雌性中国大鲵会将卵产在水中的洞穴内，一次可产卵数百枚。刚出生的幼体体长只有约3 cm，在自然条件下生长至性成熟需要约15年。每年5—9月是大鲵的繁殖季节，一般7—9月是产卵盛期。大鲵的卵多以单粒排列，呈念珠状，但也有在1个胶囊内含2～7粒者。在产卵之前，雄鲵先选择产卵场所，一般在水深1 m左右有沙底或泥底的溪河洞穴处，进入洞穴后，用足、尾及头部清除洞内杂物，然后出洞，雌鲵随即入洞产卵，有的雌鲵也在浅滩石间产卵，产卵一般在夜间进行，尤其是在有雷雨的夜晚，每尾雌鲵可产卵200～1500粒。产卵之后，雌鲵即离去或被雄鲵赶走，否则雌鲵可能将其自产的卵吃掉。雄鲵独自留下护卵，以防卵被流水冲走或遭受敌害。孵卵期间，如有敌害靠近，雄鲵会张开大嘴以显示威胁，以此抵御其他敌害的侵袭，或者把身体弯曲成半圆形，将卵圈围住加以保护，待幼鲵孵出，分散独立生活后，雄鲵才离去。

5. 保护价值

大鲵是国家二级重点保护的水生野生动物，是比恐龙还早的活化石，是典型的原始过渡性动物的代表，心脏构造特殊，演化中已经出现了一些爬行类的特征，具有重要的科学研究价值。大鲵还具有极高的经济和文化价值。同时，由于大鲵新陈代谢缓慢，耐饥饿能力极强，血球大、具有核，而为医学科研的极好材料，全体可入药，可用于治疗多种疾病。大鲵是一种传统的名贵药用动物，现代临床观察发现，大鲵具有滋阴补肾、补血行气的功效，对贫血、霍乱、疟疾等有显著疗效，其皮肤分泌物具有止血的效果。

（二）主要保护对象监测情况

根据康县大鲵自然保护区管理局近年来的调查监测结果：目前保护区野生环境中大鲵约有2000尾左右，主要分布在秧田河、三河河、阳坝河、清河流域人迹罕至的河谷地带。同时，已经在梅园河、清河、三河河、燕子河流域放流大鲵种苗6400余尾，目前在清河、三河河、梅园河上游已经开始繁殖。

本次在保护区秧田河河段的监测结果如下：2021年8月13日，保护区工作人员在秧田河缓冲区巡查时捕捞到1条大鲵，体长63 cm，体重5 kg；2021年9月16日，群众在秧田河秧田坝发现1条大鲵，体长46 cm，体重3.2 kg。

（三）主要保护对象资源量、分布状况及变动趋势评价

根据调查监测结果，在调查监测的2日内未发现大鲵的活动和分布，但是查看保护区捕捞和群众发现的大鲵的照片、视频资料，发现大鲵在秧田河缓冲区有活动和分布，保护对象资源量呈递增趋势，种群趋向稳定合理。原因分析如下：一是随着保护区管理机构的成立，保护和管理力度加大，非法捕捞行为得到遏制，大鲵种群数量得以延续；二是增殖放流力度加大，野生环境中大鲵种群数量增加，繁殖数量随之增加；三是保护区生态环境越来越好，大鲵生存环境得以改善，繁殖能力增强；四是保护区内和周边群众保护大鲵的意识增强，他们自觉加入到保护大鲵的行业中来，确保了大鲵的正常生长和繁殖。

第九节　甘肃秦州珍稀水生野生动物国家级自然保护区水生生物资源调查报告

甘肃秦州珍稀水生野生动物国家级自然保护区地处长江和黄河上游、长江支流嘉陵江和黄河支流渭河流域，位于甘肃省东部的天水市秦州区，在地理位置上处于黄河、长江流域分水岭，也是秦岭山地和黄土高原的交会地带。保护区横跨长江、黄河水系，境内白家河、藉河分别为嘉陵江、渭河的支流。保护区境内属秦巴山区西秦岭北部，秦岭山脉主脉自西向东延伸，岭南高于岭北，岭北地势西高东低，岭南地势北高南低。保护区内雨量充足，多年平均降雨量为691.3 mm，地表水多年平均径流量为3.22亿 m³，山泉、溪流众多，河水清澈，水温较低，成为多种冷水性鱼类的洄游通道和栖息地，是我国珍稀冷水性鱼类的集中分布区。保护区水系包括长江、黄河两大水系的支流，其中，白家河流域属于长江水系，主要以大鲵为保护对象；藉河流域属于黄河水系，主要以秦岭细鳞鲑为保护对象；保护区生境为山区溪流型。保护区面积3010 hm²，包括望天河、庙川河、北峪河、花园河、响潭河、螃蟹河、潘家河和金家河8条河流，范围覆盖娘娘坝镇、藉口镇、关子镇、杨家寺等乡镇，地理位置介于东经105°12′17″至105°56′44″、北纬34°07′58″至34°29′09″之间。

甘肃秦州珍稀水生野生动物国家级自然保护区前身为建立于2010年的甘肃秦州大鲵省级自然保护区，于2010年7月经甘肃省人民政府批复建立。2014年12月23日，国务院办公厅印发《关

于公布内蒙古毕拉河等21处新建国家级自然保护区名单的通知》，批准新建国家级自然保护区21处，其中就包括甘肃秦州珍稀水生野生动物国家级自然保护区，主要保护对象为秦岭细鳞鲑和大鲵及其栖息地的生态环境，成为甘肃省第二个国家级水生生物自然保护区，具有重要的生态价值。

甘肃秦州珍稀水生野生动物国家级自然保护区森林覆盖率高，动植物物种资源丰富，水域内水质清澈，水生生物种类多，生物资源量丰富，水生生态系统较为完整。保护区生物类型具有分布在交会地带的过渡性特征，有着重要的生物地理学意义，具有该区生物的代表性、典型性。特殊的地理位置和气候条件造就了该地区生物的独特特征，保护区的大鲵、秦岭细鳞鲑、中国林蛙、山溪鲵等物种是用于研究我国生物地理学、生态系统学、古气候、古地理及地质变迁等极为重要的材料，具有很高的科学研究价值。

按照《2021年度甘肃省长江流域重点水域水生生物资源监测调查年度工作方案》要求，甘肃省渔业技术推广总站在天水市渔业技术推广站、秦州珍稀水生野生动物自然保护区管理局的大力支持和协助下，于2021年9月在秦州珍稀水生野生动物国家级自然保护区内北峪河（缓冲区）、北峪河（实验区）对主要保护对象大鲵进行了重点调查监测，并开展了水生生物资源监测调查工作，根据调查监测结果对保护区水生生物资源状况进行了评价。现将监测调查结果和评价汇总如下：

一、调查监测的内容、时间、范围、方法

（一）调查监测的内容

①大鲵自然繁殖群体数量，自然繁殖发生位点、范围和规模，幼鲵数量等。
②大鲵自然繁殖区域的非生物因子：水温、溶解氧、透明度、水深、电导率等。
③大鲵自然繁殖区域的生物因子：浮游生物、底栖动物种类及密度，水生植物种类及密度，小型鱼类的种类组成、年龄结构等。

（二）调查监测的时间

根据大鲵的生活习性，大鲵活动旺盛期为4—9月，调查组于2021年9月（大鲵及其他鱼类的索饵期和育肥期）开展了对大鲵资源状况的调查监测工作。

（三）调查监测的范围

根据甘肃秦州珍稀水生野生动物国家级自然保护区的水文特征，在保护区北峪河（缓冲区）、北峪河（实验区）2个区域开展水生生物资源的调查监测工作。

（四）调查监测的方法

参照《河流水生生物调查指南》（陈大庆，2014）、《渔业生态环境监测规范》（SC/T 9102.3—2007）和《内陆水域渔业自然资源调查手册》（张觉民，1991），在各监测站点不同的生境类型中设置三层刺网（1指和3指）和底置地笼（密眼2 *a*=0.8），24小时后捕捞，每天早晨8点定时收取渔获物1次。

根据大鲵的生活习性可知，野生大鲵主要栖息于石沙混合、河底不规则、人为干扰较轻的水潭、石穴中。主要采取现场采样的方法。

大鲵的调查监测方法：①洞穴调查。在保护区的北峪河缓冲区和实验区2个区域进行调查，调查方法为沿溪河寻找大鲵个体踪迹，然后以调查单元内大鲵的平均数量作为调查水域中大鲵种群密度的估计值，用该值乘以分布区内溪流总长度，可以得出资源量。②访问调查。通过查阅资料，走访相关职能部门人员、保护区周边村民，调查野生大鲵出现的地点、数量与大小。

二、调查监测结果

（一）大鲵资源现状

1.大鲵监测结果

本次调查监测中，在保护区的北峪河实验区1.0 km内的河溪石穴近距离捕获到大个体成年野生大鲵2尾（测量采集数据后放生），实验区成年野生大鲵沿北峪河及其支流的分布密度≥2尾/千米。秦州保护区野生大鲵调查监测结果见表4-9-1，2021年9月调查捕获到的野生成年大鲵个体形态学指标见表4-9-2。

表4-9-1　秦州保护区野生大鲵调查监测结果（2021年9月）

序号	时间	地点	数量	体重(kg)	体长(cm)
1	2021年9月	北峪河（实验区）	1	1.55	50
2	2021年9月	北峪河（实验区）	1	2.03	55
合计	—	—	2	3.58	—

表4-9-2　2021年9月调查捕获到的野生成年大鲵个体形态学指标

指标	大鲵1	大鲵2
全长(cm)	66	62
体长(cm)	55	50
体重(g)	2030	1550
体高(cm)	9.6	8.0
头长(cm)	10.2	9.0
眼后头长(cm)	7.6	6.5
头宽(cm)	11.6	9.8
吻长(cm)	4.0	3.3
眼径(cm)	0.50	0.45
眼间距(cm)	6.4	5.3
尾柄长(cm)	10	12
尾柄高(cm)	8.0	6.8

2.大鲵自然繁殖发生的位点、范围和规模

随着保护区内大鲵生境状况的改善和保护力度的加大，保护区内大鲵资源数量近些年得以有效恢复并逐步增加。本次重点调查了保护区北峪河实验区的大鲵自然栖息场所和自然繁殖位点，调查结果显示，北峪河上游区域水质清澈无污染，受人类活动影响极小，大鲵的天然饵料生物量充足，自然环境适合大鲵栖息和繁育。结合历年调查监测资料可知，保护区内核心区为大鲵及其伴生生物的主要生活、繁衍、栖息水域。

调查发现，大鲵喜好沿河分布在有石穴且安静的水域中栖息，这样一方面可以有效躲避天敌的侵害，另一方面可以有较丰富的食物来源。在今后的调查工作中有待进一步扩大调查范围，监测统计更翔实的数据。

3.幼鲵数量

为了保护保护区内的大鲵资源，扩大大鲵的种群数量，相关部门于2012—2021年在保护区内开展了数次大鲵增殖放流活动，累计增殖放流大鲵16611尾，规格均为25 cm左右，按照放流成活率20%及野生大鲵种群在自然繁殖估算，保护区内应有3000尾以上幼鲵。由于幼鲵个体偏小，在以往调查监测中较难发现，存在数量分析不精准的问题，今后需进一步加强对野生幼鲵和人工放流幼鲵的调查监测工作。

大鲵增殖放流活动将对恢复野生大鲵种群数量、改善保护区自然生态环境、促进当地文化旅游事业的发展、加快乡村振兴事业和生态文明建设等发挥重要作用。

（二）大鲵自然繁殖区域的非生物因子

本次现场监测的水质指标主要包括水温、溶解氧、透明度、水深、电导率等。

2021年9月，秦州珍稀水生野生动物国家级自然保护区北峪河实验区大鲵栖息生境主要水质指标见表4-9-3。

表4-9-3 北峪河实验区大鲵栖息生境主要水质指标（2021年9月）

序号	监测点	坐标	水温（℃）	溶解氧（mg/L）	透明度（cm）	水深（cm）	电导率（μs/cm）	pH
1	北峪河实验区采样点1	N：34.3108350 E：105.9051324	15.2	7.13	80	20	276	7.12
2	北峪河缓冲区采样点2	N：34.3109469 E：105.9051233	15.8	8.18	110	45	280	7.20

根据《地表水环境质量标准》（GB 3838—2002），保护区北峪河采样点2021年9月的水质检测结果符合Ⅱ类水质标准。

根据2021年9月在保护区北峪河流域的水质监测结果以及保护区管理局提供的近几年水质监测结果，保护区水系的高锰酸盐指数1.00～3.84 mg/L；化学需氧量4.00～8.18 mg/L；五日生化需氧量<0.5 mg/L；氨氮含量0.038～0.350 mg/L；总磷含量0～0.056 mg/L；总氮含量0.10～0.45 mg/L。总体而言，保护区北峪河流域水质达到了《地表水环境质量标准》（GB 3838—2002）中的Ⅱ类和《渔业水质标准》（GB 11607—89），符合保护动物的栖息要求。硒、总汞、总镉、铬（六价）、挥

发性酚、氰化物、石油类、阴离子表面活性剂、硫化物、草甘膦、乐果、敌敌畏均未检出。

水质监测结果表明，保护区内大鲵自然繁殖区域的非生物因子水质环境符合大鲵的自然生长和繁殖要求，保护区大鲵生境保护成效显著。

（三）大鲵自然繁殖区域的生物因子

1. 浮游植物现状监测结果及分析

（1）浮游植物种类组成

在保护区北峪河实验区及缓冲区内共调查到浮游植物59种，隶属于6门29属（表4-9-4）。

从浮游植物种类组成来看，硅藻门种类最多，14属38种，占浮游植物总种数的64%；绿藻门其次，有8属13种，占浮游植物总种数的22%；其余依次是蓝藻门（3属3种）、甲藻门（1属1种）、裸藻门（1属1种）、隐藻门（2属3种）。

表4-9-4　浮游植物名录

门	属	种	缓冲区	实验区
硅藻门 Bacillariophyta	针杆藻属	尺骨针杆藻 *Synedra ulna*	+++	++
		双头针杆藻 *Synedra amphicephala*	++	++
		肘状针杆藻 *Synedra ulna*	+	+
	平板藻属	窗格平板藻 *Tabellaria fenestrata*	++	++
	脆杆藻属	变异脆杆藻 *Fragilaria virescens*	+	++
		短线脆杆藻 *Fragilaria brevistriata*	+	++
		绿脆杆藻 *Fragilaria virescens*	+	−
		中型脆杆藻 *Fragilaria intermedia*	++	++
		钝顶脆杆藻 *Fragilaria capucina*	++	++
		羽纹脆杆藻 *Fragilaria pinnata*	++	−
	等片藻属	普通等片藻 *Diatoma vulgare*	++	++
	辐节藻属	尖辐节藻 *Stauroneis acuta*	−	++
		双头辐节藻 *Stauroneis smithii*	++	++
	布纹藻属	尖布纹藻 *Gyrosigma acuminatum*	++	++
	根管藻属	脆根管藻 *Rhizosolenia fragilissima*	++	+++
	菱形藻属	披针菱形藻 *Nitzschia lanceolata*	++	+++
		新月菱形藻 *Nitzschia closterium*	++	+++
		膜片菱形藻 *Nitzschia palea*	++	+++
	桥弯藻属	肿胀桥弯藻 *Cymbella tumida*	+++	+++
		偏肿桥弯藻 *Cymbella ventricosa*	++	+++
		近亲桥弯藻 *Cymbella affinis*	++	++
		优美桥弯藻 *Cymbella delicatula*	++	++
	羽纹藻属	同种羽纹藻 *Pinnularia gentilis*	++	+++
		绿羽纹藻 *Pinnularia viridis*	++	−

门	属	种	缓冲区	实验区
		大羽纹藻 *Pinnularia major*	++	+++
		短肋羽纹藻 *Pinnularia brevicostala*	−	+++
		布氏羽纹藻 *Pinnularia braunii*	++	++
	直链藻属	颗粒直链藻 *Melosira gramulata*	++	++
	舟形藻属	细小舟形藻 *Navicula gracilis*	+	++
		喙头舟形藻 *Navicula rhynchocephala*	++	+++
		长圆舟形藻 *Navicula oblonga*	++	+++
		椭圆舟形藻 *Navicula sclonfellii*	+++	+++
		简单舟形藻 *Navicula simplex*	++++	+++
		淡绿舟形藻 *Navicula viridula*	++	+++
		杆状舟形藻 *Navicula bacillum*	++	+++
	卵形藻属	扁圆卵形藻 *Cocconeis placentula*	++	+++
		细条卵形藻 *Cocconeis versicolor*	+	++
	双菱藻属	二列双菱藻 *Surirella biseriata*	+	++
绿藻门 Chlorophyta	鼓藻属	月形鼓藻 *Closterium lunula*	++	++
		小新月鼓藻 *Closterium parvulum*	+	+
	绿球藻属	绿球藻属一种 *Chlorococcum* sp.	+	+
	盘星藻	单角盘星藻 *Pediastrum simplex*	+	++
		包氏盘星藻 *Pediastrum boryanum*	++	+
		双突盘星藻 *Pediastrum duplex*	++	++
	实球藻	实球藻 *Pandorina morum*	++	++
	四星藻属	四星藻属一种 *Tetrastrum* sp.	−	++
	团藻属	球团藻 *Volvox globator*	++	++
	小球藻属	普通小球藻 *Chlorella vulgaris*	++	+++
		小球藻属一种 *Chlorella* sp.	++	+++
	栅列藻	柱状栅列藻 *Scenedesmus bijuga*	++	++
		斜生栅列藻 *Scenedesmus obliquus*	++	++
蓝藻门 Cyanophyta	颤藻属	细颤藻 *Oscillatoria tenuis*	+	+
	色球藻属	色球藻属一种 *Chroococcus* sp.	+	+
	平裂藻属	微小平裂藻 *Merismopedia elegans*	−	+
甲藻门 Pyrrophyta	角藻属	飞燕角藻 *Ceratium hirundinella*	+	++
裸藻门 Euglenophyta	裸藻属	裸藻属一种 *Euglena* sp.	+	+
隐藻门 Cryptophyta	隐藻属	卵形隐藻 *Cryptomons ovata*	+	++
		啮蚀隐藻 *Cryptomonas erosa*	+	−
	蓝隐藻属	蓝隐藻属一种 *Chroomonas* sp.	+	++

注:"+"表示少量,"++"表示一般,"+++"表示多,"-"表示无。

（2）浮游植物定量结果

对浮游植物的定量分析显示，实验区采样断面浮游植物的生物量为0.174 mg/L，密度为8.500×10⁴个/升；缓冲区采样断面浮游植物的生物量为0.095 mg/L，密度为2.428×10⁴个/升；平均生物量为0.1345 mg/L；平均密度为5.464×10⁴个/升。浮游植物的定量分析见表4-9-5。

表4-9-5　浮游植物定量分析表

河流	采样点	密度和生物量		浮游植物总量
北峪河	实验区	密度(×10⁴个/升)		8.500
		生物量(mg/L)		0.174
	缓冲区	密度(×10⁴个/升)		2.428
		生物量(mg/L)		0.095
平均值		密度(×10⁴个/升)		5.464
		生物量(mg/L)		0.1345

2.浮游动物现状监测结果及分析

（1）浮游动物种类组成

通过对各采样断面的浮游动物进行定性分析，共检出原生动物和轮虫类2大类10种属，其中原生动物5种，轮虫5种，各占总种类数的50%。浮游动物名录见表4-9-6。

表4-9-6　浮游动物名录

类别	种属	北峪河	
		实验区	缓冲区
原生动物 Protozoa	长圆沙壳虫 *Difflugia oblonga*	+	+
	变形虫属一种 *Amoeba* sp.	+	
	大草履虫 *Paramecium caudatum*	+	+
	表壳虫 *Arcella* sp.		+
	月形刺胞虫 *Acanthocystis brevicirrhis*	+	+
轮虫类 Rotifera	长三肢轮虫 *Filinia longiseta*		+
	萼花臂尾轮虫 *Brachionus calyciflorus*	+	+
	壶状臂尾轮虫 *Brachionus urceus*		+
	晶囊轮虫属一种 *Asplanchna* sp.	+	
	矩形龟甲轮虫 *Keratella quadrala*	+	+

注："+"表示少量，"++"表示一般，"+++"表示多。

（2）浮游动物定量结果

调查结果显示，保护区北峪河实验区、缓冲区采样点浮游动物生物量偏低。保护区北峪河实验区浮游动物的密度为268个/升，生物量为1.230 mg/L；缓冲区浮游动物的密度为103个/升，生物量为0.478 mg/L；浮游动物的平均密度为185.5个/升，平均生物量为0.854 mg/L。浮游动物的定量分析见表4-9-7。

表4-9-7　浮游动物定量分析表

河流	采样点	密度和生物量	浮游动物总量	各类浮游动物总量	
				原生动物	轮虫类
北峪河	实验区	密度(个/升)	268	108	160
		生物量(mg/L)	1.230	0.430	0.800
	缓冲区	密度(个/升)	103	28	75
		生物量(mg/L)	0.478	0.128	0.350
平均值		密度(个/升)	185.5	136	117.5
		生物量(mg/L)	0.854	0.279	0.575

3.底栖动物种类及密度

（1）底栖动物种类组成

本次调查到底栖动物18种（表4-9-8），包括环节动物、软体动物、节肢动物等类群。

表4-9-8　底栖动物名录

门	科	种属	北峪河	
			实验区	缓冲区
节肢动物门 Arthropod	钩虾科	钩虾 *Gammarus* sp.	+	+
	蜉蝣科	蜉蝣属 *Ephemera* sp.	+	+
	石蝇科	石蝇科一种 *Perlidae* sp.	+	+
	大石蝇科	大石蝇属一种 *Pteronarcus* sp.	++	++
	原石蝇科	原石蝇科一种 *Eustheniidae*		+
	管石蛾科	管石蛾科一种 *Psychomyiidae*	+	+
	鳞石蛾科	鳞石蛾一种 *Lepidostoma* sp.		+
	拟石蛾科	拟石蛾一种 *Phryganopsyche* sp.	+	+
	虻科	虻科一种 *Tabanidae* sp.	+	
	流虻科	流虻科一种 *Athericidae* sp.	+	
	大蚊科	大蚊属一种 *Tipula* sp.	+	
	细蚊科	细蚊科一种 *Dixa* sp.	+	
	蚊科	蚊科一种 *Culicidae*	+++	++
		隐摇蚊一种 *Cryptochironomus* sp.	+++	++
		直突摇蚊属一种 *Orthocladius* sp.	++	++
软体动物门 Mollusca	膀胱螺科/膀胱螺属	尖膀胱螺 *Physa acuta*	+	+
	蚌科	河蚌 *Unionidae*	+	+
环节动物门 Annelida	颤蚓科	水丝蚓 *Limnodrilus*	+++	+++

（2）底栖动物定量结果

调查结果显示，北峪河实验区底栖动物的密度为1012个/米²，生物量为10.06 g/m²；北峪河缓冲区底栖动物的密度为1559个/米²，生物量为19.90 g/m²；平均密度为1286个/米²，平均生物量为14.98 g/m²。底栖动物的定量分析见表4-9-9。

表4-9-9 底栖动物定量分析表

河流	采样点	密度和生物量	底栖动物总量	环节动物总量	软体动物总量	节肢动物总量
北峪河	实验区	密度（个/米²）	1012	480	112	420
		生物量（g/m²）	10.06	4.06	2.40	3.60
	缓冲区	密度（个/米²）	1559	889	140	530
		生物量（g/m²）	19.90	12.30	3.50	4.10
平均值		密度（个/米²）	1286	685	126	475
		生物量（g/m²）	14.98	8.18	2.95	3.85

4.水生植物种类及密度

保护区水生维管束植物比较贫乏。根据历史资料记载，再结合近年来的调查结果可知，保护区水生维管束植物仅有芦苇（Phragmites australis）、水香蒲（Typha minima）、金鱼藻（Ceratophyllum demersum）、眼子菜（Potamogeton distinctus）等几种分布。本次调查监测过程中未发现水生维管束植物。

5.小型鱼类的结构组成

本次调查监测过程中未捕获到其他小型鱼类。

三、调查监测结果综合分析与评价

（一）秦州保护区生态环境状况

秦州珍稀水生野生动物国家级自然保护区是以保护大鲵、秦岭细鳞鲑及其生境为主的野生生物类型自然保护区，是国家二级水生野生保护动物大鲵、秦岭细鳞鲑等珍稀濒危物种的集中分布区，具有秦岭北坡、长江与黄河水系交汇地区珍稀濒危物种的代表性，以及生境的重要性和自然性，在国内外具有重要的保护和科学研究价值。

秦州保护区森林覆盖率高，动植物物种资源丰富，水域内水质清澈，水生生物种类多，生物资源量丰富，水生生态系统较为完整，保护区内交通闭塞、人口稀少，密度低于10人/千米²，人类经济活动对生态环境的干扰甚少，基本维持着原始面貌。和大鲵生存环境相关的非生物因子主要为水质，调查结果表明，保护区河流水质达到《地表水环境质量标准》（GB 3838—2002）中的Ⅱ类和《渔业水质标准》（GB 11607—89），符合保护动物的栖息要求。

保护区内大鲵自然繁殖区域的生物因子包括浮游植物、浮游动物、底栖动物、水生植物、小型鱼类，调查监测结果显示，保护区内大鲵自然繁殖区域的浮游植物、浮游动物、底栖动物和水生植物的种类、生物量均在正常范围内，符合主要保护动物的生存和栖息地生物环境因子的要求。小型鱼类与大鲵的生长繁殖呈正相关，因为在保护区范围内，大鲵的天然饵料主要为小型鱼类，调查监测显示，保护区各河流中的小型鱼类资源稳定，足以满足大鲵的需求。

综合分析秦州保护区内大鲵生长繁育的非生物因子和生物因子条件，当地生态环境受外界影响较小，保持了很高的自然性。保护区主要保护物种栖息生境适宜，大鲵栖息环境持续改善，在社会各层面的共同努力下，可实现大鲵等主要保护物种的种质资源恢复，并实现珍稀水生动物的可持续高质量发展。

（二）大鲵资源状况

保护区自古以来是秦岭北坡大鲵、秦岭细鳞鲑的主要栖息、繁殖区域。历史研究调查资料显示，2012年之前，由于持续干旱及人为破坏等原因，2种珍稀动物野生资源数量均急剧下降。如1976年秦州区林业部门在调查时发现白家河干流及其支流中野生大鲵随处可见，其成体种群数量至少在4000～5000尾之间，但是目前秦州野生大鲵主要分布于白家河流域的庙川河、花园河、望天河、螃蟹河、北峪河等少数几条支流之中。2012年9月保护区管理局联合中国水产科学研究院长江水产研究所对该区域进行调查估算，野生大鲵的种群数量约为343～379尾，保护区2种珍稀动物物种均遇到了极大的生存压力，亟待进行保护。令人欣慰的是，自保护区成立以来，随着保护和宣传工作力度加大，大鲵栖息生态环境有效改善，大鲵的人工增殖放流活动成效逐步突显，近十年内的调查监测结果显示，秦州保护区野生大鲵种群数量正在走向逐步恢复并有发展壮大的趋势。通过近十年的保护和生态环境的持续改善，保护区内野生大鲵数量已超过1200尾，实现了大鲵资源的逐步恢复。

（三）大鲵自然繁殖状况

保护区在地理位置上属于秦岭地槽，其中大鲵保护片区最低海拔1464 m，最高海拔2128 m，平均海拔1770 m。目前，国内海拔在1200 m以下地区大鲵的驯养与繁殖已取得成功，但在1400 m以上高海拔地区大鲵驯养与繁殖成功的报道极少见。国内专家目前对高海拔地区大鲵的繁殖持有两种观点：一种观点是，在海拔1400 m以上的地区大鲵根本不可能繁殖；另一种观点是，在海拔如此高的地区大鲵也可以繁殖，但由于受有效积温不足的影响，大鲵的雌雄发育不同步现象会更突出，其繁殖率和幼鲵成活率均不高。但白家河流域自古以来就一直有大鲵自然栖息繁衍，此为大鲵在高海拔区域分布的一个特例，具有独特性和重要性。

对大鲵在各省份的主要栖息地进行调查后发现，大鲵的栖息主要有两类：①主要栖息在深山溪涧之中岸边较小的洞穴或石头缝隙及水潭石块下，如甘肃、陕西等省份的大鲵。②主要栖息于河边较深的喀斯特溶洞及与之相通的地下阴河中，如湖南、贵州等省份的大鲵。保护区内大鲵栖息地的生境是大鲵栖息生境类型的一种典型代表，较为重要。

（四）主要保护对象资源状况评价

根据2011—2021年连续11年的调查监测结果，碧口水库、汉坪咀水库、苗家坝水库、曲水湾均未发现大鲵的活动和分布，调查到的大鲵资源全部分布在碧峰沟，由此可见，碧口水库、汉坪咀水库、苗家坝水库、曲水湾已经不具备主要保护对象大鲵的生存环境，已失去保护价值。同时，碧峰沟主要保护对象资源量呈递增趋势，种群趋向稳定合理。原因分析如下：一是随着保护区管理机构的成立，保护和管理力度加大，非法捕捞行为得到遏制，大鲵种群数量得以延续；二是增殖放流力度加大，野生环境中大鲵种群数量增加，大鲵繁殖数量随之增加；三是保护区生态环境越来越好，大鲵生存环境得以改善，繁殖能力增强；四是保护区内和周边群众保护大鲵的意识增强，自觉加入到保护大鲵的行业中来，确保了大鲵的正常生长和繁殖。

（五）主要保护对象动态变化评价

根据2021年对保护区主要保护对象秦岭细鳞鲑和大鲵的调查，保护区内大鲵的数量有所增加，秦岭细鳞鲑的数量稍有下降。建立保护区后，由于保护力度的加大及调查工作的不断开展，相关部门对主要保护对象的分布情况掌握得越来越全面。大鲵的数量明显增加，一是保护、宣传工作做得好，偷捕行为逐渐减少，群众自觉保护意识增强；二是从2012年开始，保护区每年进行大鲵人工增殖放流活动，加上放流之后管护到位，使得增殖放流取得明显成效。秦岭细鳞鲑种群数量有所下降，这可能是近年来水流量减小、水温升高，栖息地萎缩和种群结构不合理所导致的。保护区管理局已于2017年12月在保护片区放流秦岭细鳞鲑幼鱼4000尾，之后也在连续开展秦岭细鳞鲑增殖放流工作。

四、保护区生态、社会和经济效益

（一）生态效益

1.涵养水源

保护区流域河谷深幽，狭窄弯曲，水质清新，两岸森林茂密，生境维持在良好的自然状态，保留了河流生态系统的自然生境，如洞、潭、滩、岸等的原始性。保护区地形的复杂性、气候植被的过渡性造就了其生态系统的敏感性和脆弱性。由于该区域植物生长期短，有效积温小，有机质分解缓慢，植被顺向演替时间漫长，河床以上林区是经过多年形成的最稳定的原生级植物群落，起到很好的保持水土作用，对保护长江流域和黄河流域上游的生态环境及水源具有积极影响。

2.维护了保护区生物多样性稳定

保护区内栖息着国家二级保护动物大鲵和秦岭细鳞鲑，以及其他多种鱼类和两栖类，物种资源较为丰富。该保护区的建设，将有效地保护这块宝地，保护这些珍贵的生物物种，加强了对生物多样性、遗传资源的保护，将进一步促进保护区内的自然环境保护和科学管理，提高保护区管理、科研及自身发展的能力，改进宣传教育和培训手段，最大限度减少人为干扰，维护该地区的生物多样性，促进大鲵、秦岭细鳞鲑种群的稳定，在保护大鲵和秦岭细鳞鲑的宝贵资源和保护区生态系统方面具有重大的生态效益。

（二）社会和经济效益

1.水生生物保护意识深入人心

保护区成立以来，积极采取了一系列宣传措施，群众对大鲵和秦岭细鳞鲑的保护意识逐年增强，非法捕捞大鲵和秦岭细鳞鲑的现象逐年减少。例如，在发现受伤或生病的大鲵时，群众都能及时报告并将其送到保护区管理局，让伤病的大鲵能够将到及时的救治。

2.发挥科学教育示范作用

秦州珍稀水生野生动物国家级自然保护区是一座天然的自然博物馆，是能进行大鲵和秦岭细鳞鲑科研和教学的天然实验室，也是能用于开展环境保护宣传教育、科普教育的大课堂。通过宣传，鼓励和吸引保护区及周边地区群众主动参与到保护区的资源管护和管理工作中来，有助于大鲵、秦岭细鳞鲑等珍稀水生动物的物种保护和资源恢复，能提高全民保护意识，促进"人水和谐"，激发人们热爱自然的良好愿望，使保护区充分发挥其科普宣教基地功能。保护区的自然生态环境和自然资源，为高等院校、科研单位提供了科学研究和教学实习的基地，有利于提高保护区的科研水平、保护管理水平，扩大保护区的社会影响，发挥科学研究的社会效益。

随着保护区建设更加规范化，保护区在管理、科研和展示水平等方面都将不断跃升到新的台阶，保护区工作的开展，将提高我国在环境保护和生物多样性保护领域的地位，具有巨大的社会效益。保护区能提供就业机会，增加社区群众收入，改善区域基础设施和生态环境质量，增强人们的环保意识和生态文明观念。保护区是一个较好的宣传品牌，可促进区域合作与交流，树立良好社会形象，促进社会和谐发展。

保护区旅游资源丰富，特别是生物景观，在秦岭山脉中具有代表性和独特性，保护区正在进一步合理开发并利用这些资源，例如，开展生态旅游、科研考察、教学实习、摄像摄影等活动，这些活动可为保护区和周边地区带来一定的经济效益。

综上所述，秦州珍稀水生野生动物国家级自然保护区的建设和发展，在保护秦岭生态系统和生物多样性、调节改善区域气候、涵养水源、保持水土、净化空气以及促进人类健康和社区经济发展等方面发挥着重要作用。保护区主要保护对象大鲵的数量逐步得到恢复和提升，种质资源实现了可持续发展。目前，保护区用科学发展观统领建设管理工作，有计划、有步骤地按国家级自然保护区的规范化建设标准分期分批实施，保护管理、科研监测和教育培训水平正在不断提高，推动了社区的发展、繁荣和进步。保护环境、爱护水生生物已成为当地居民的一种自觉行为，保护区的自然资源可持续发展并将造福于子孙后代，为人类自然保护事业和自然科学研究事业做出更大的贡献。

第十节 长江流域甘肃文县白龙江大鲵省级 自然保护区水生生物资源调查报告

为了贯彻落实习近平生态文明思想，深入推进长江"十年禁渔"行动，根据甘肃省境内长江流域禁捕工作领导小组办公室关于长江流域重点水域水生生物资源监测调查工作进展的安排部署，甘肃省渔业技术推广总站于2021年9月上旬对文县大鲵省级自然保护区主要保护物种大鲵及其生境进行了调查，现将调查情况汇总如下：

一、调查方法

（一）调查监测点

调查监测点位于文县白龙江大鲵省级自然保护区玉垒，在其缓冲区和实验区分别设立一个站点。站点分布如表4-10-1所示。

表4-10-1 监测站点分布

监测保护区	站点	经纬度
文县白龙江大鲵省级自然保护区	玉垒(缓冲区)	N:32°46′10″ S:105°12′20″
	玉垒(实验区)	N:32°46′13″ S:105°51′28″

（二）大鲵及其生境因子调查监测方法

1.调查监测技术规范

本次现状调查技术规范主要参考《内陆水域渔业资源调查手册》（张觉敏、何志辉等主编，1991年10月中国农业出版社出版）、《河流水生生物调查指南》（陈大庆主编，2014年1月科学出版社出版）、《渔业生态环境监测规范》（SC/T 9102.3—2007）、《淡水浮游生物调查技术规范》（SC/T 9402—2010），资源量估算依据《鱼类种群生物统计量的计算和解析》（里克著，1984年4月科学出版社出版）进行。

2.调查监测的内容

①大鲵自然繁殖群体数量，自然繁殖发生位点、范围和规模，幼鲵数量等。

②大鲵自然繁殖区域的非生物因子：水温、溶解氧、透明度、水深、电导率等。

③大鲵自然繁殖区域的生物因子：浮游生物、底栖动物种类及密度，水生植物种类及密度，小型鱼类的种类组成、年龄结构等。

3.调查监测的方法

（1）水质状况的调查方法

水质的各项理化指标分析主要按照国家标准《渔业水质标准》（GB 11607—89）《无公害食

品　淡水养殖用水水质》（NY 5051—2001）的规定执行。

（2）浮游植物的调查方法

①采集、固定及沉淀：浮游植物的采集包括定性采集和定量采集。定性采集使用25号筛绢制成的浮游生物网在水中拖曳采集。定量采集则使用2000 mL采水器取上、中、下层水样，经充分混合后，取2000 mL水样（根据河水泥沙含量、浮游植物数量等实际情况决定取样量，并采用泥沙分离的方法），加入鲁格氏液固定，48小时静置沉淀，浓缩至约30 mL，保存待检。一般将同断面的浮游植物与原生动物、轮虫作为一份定性、定量样品。

②样品观察及数据处理：室内先将样品浓缩、定量至约30 mL，摇匀后吸取0.1 mL样品置于0.1 mL计数框内，在显微镜下按视野法计数，数量较少时全片计数，每个样品计数2次，取其平均值，每次计数结果与平均值之差应在15%以内，否则增加计数次数。

每升水样中浮游植物数量的计算公式如下：

$$N = \frac{C_s}{F_s \times F_n} \times \frac{V}{v} \times P_n$$

式中：N——每升水样中浮游植物的数量（个）；

　　　C_s——计数框的面积（mm²）；

　　　F_s——视野面积（mm²）；

　　　F_n——每片计数过的视野数；

　　　V——1 L水样经浓缩后的体积（mL）；

　　　v——计数框的容积（mL）；

　　　P_n——计数所得个数（个）。

（3）浮游动物的调查方法

①采集、固定及沉淀：原生动物和轮虫的采集包括定性采集和定量采集。定性采集使用25号筛绢制成的浮游生物网在水中拖曳采集，将网头中的样品放入50 mL样品瓶中，加入福尔马林液2.5 mL进行固定。定量采集则使用2000 mL采水器在不同水层中采集一定量的水样，经充分混合后，取2000 mL的水样，然后加入鲁格氏液固定，48小时静置沉淀，浓缩为标准样。一般将同断面的浮游植物与原生动物、轮虫作为一份定性、定量样品。

②样品观察及数据处理：将采集的原生动物定量样品在室内继续浓缩到30 mL，摇匀后取0.1 mL置于0.1 mL的计数框中，盖上盖玻片后在20×10倍的显微镜下全片计数，每个样品计数2片；同一样品的计数结果与均值之差不得高于15%，否则增加计数次数。将定性样品摇匀后取2滴于载玻片上，盖上盖玻片后在显微镜下检测种类。

单位水体中浮游动物数量的计算公式如下：

$$N = \frac{nV_1}{CV}$$

式中：N——每升水样中浮游动物的数量（个）；

　　　V_1——样品浓缩后的体积（mL）；

　　　V——采样体积（L）；

　　　C——计数样品的体积（mL）；

　　　n——计数所得个数（个）。

原生动物和轮虫生物量的计算采用体积换算法。根据不同种类的体形，按其最近似的几何形测量其体积。测量枝角类和桡足类的生物量时，测量不同种类的体长，用回归方程式求其体重。

（4）底栖动物的调查方法

用改良的彼德生采泥器在布样点采集泥样，采泥器的开口面积为1/16 m^2，每个布样点采两个泥样，共1/8 m^2。将采到的两个泥样用40目分样筛分批筛选，为防止特小的底栖动物漏掉，于40目筛下再套一个60目的筛。将筛选后的样品倒入塑料袋内，放入标签，扎紧口袋，放入广口保温瓶，带回实验室检测，在实验室中将塑料袋内的残渣全部洗入白瓷盘中，借助放大镜按大类仔细检出全部底栖动物，寡毛类用5%的福尔马林固定，摇蚊科的幼虫用75%酒精和5%的福尔马林混合液固定，记录其数量并称重。称重时将标本移入自来水中浸泡3分钟，然后用吸水纸吸干表面水分，再用1/100扭力天平称量。

（5）鱼类资源的调查方法

在各监测站点不同的生境类型中设置三层刺网（1指和3指）和底置地笼（密眼 $2a$=0.8），24小时后捕捞，放入诱饵进行诱捕，黄昏下网、清晨起网捕捞鱼类标本。每天早晨8点定时收取渔获物1次。通过查阅历史资料、图片辨认、形状描述、走访当地干部群众及保护区管理机构等方法，调查鱼类的区系组成、种群数量、种群结构。

（6）水生维管束植物的调查方法

采集水深2 m以内的物种及优势种，对生长在岸边的挺水植物和漂浮植物直接用手采集，对浮叶植物和沉水植物则用钉耙将它们连根拔起。选择完整的植株，擦去表面水分，夹入植物标本夹内压干，制成腊叶标本，带回实验室鉴定保存。标本按《中国水生高等植物图说》《中国水生维管束植物图谱》进行鉴定。

二、调查结果与分析

（一）大鲵状况

本次在保护区玉垒河段的监测结果如下：2021年9月7日，工作人员在玉垒河缓冲区巡查时捕捞到4条大鲵，体长23～63 cm，体重2.7～5.0 kg；2021年9月8日，玉垒河实验区群众发现6条大鲵，体长21～46 cm，体重3.2～5.2 kg。依据估算，截至2021年，保护区玉垒河段内约有86尾大鲵。

根据调查监测结果，调查监测的2日均发现了大鲵的活动和分布，从年龄结构来看，从1龄到5龄均有分布，表明玉垒河段大鲵繁殖形成了稳定的种群。

（二）大鲵生境状况

对玉垒河的水质检测结果显示，水体中溶解氧为9.55 mg/L；pH平均为8.52；阳离子主要以钙离子为主，平均为46.54 mg/L；镁离子平均为8.21 mg/L；硫酸根离子平均为5.21 mg/L；氯离子平均为16.21 mg/L；硝酸盐氮平均为0.06 mg/L；氨氮平均为0.11 mg/L；总磷平均为0.013 mg/L；总铁平均为0.028 mg/L；总汞、总镉、铬（六价）、挥发性酚、氰化物、石油类、硫化物、草甘膦、乐果、敌敌畏等均未检出。总体而言，保护区河流水质达到了《地表水环境质量标准》（GB 3838—

2002）中的Ⅱ类和《渔业水质标准》（GB 11607—89），符合保护动物的栖息要求。水质检测结果见表4-10-2。

表4-10-2　水质检测结果

指标	采样点		平均值
	缓冲区	实验区	
温度（℃）	22.7	23.6	23.15
pH	8.51	8.53	8.52
溶解氧（mg/L）	9.65	9.45	9.55
硫酸盐（mEq/L）	5.30	5.12	5.21
钙（mg/L）	46.29	46.79	46.54
镁（mg/L）	8.11	8.32	8.21
氨氮（mg/L）	0.08	0.14	0.11
硝酸盐氮（mg/L）	0.06	0.06	0.06
总磷（mg/L）	0.011	0.014	0.013
氯化物（mg/L）	16.08	16.34	16.21
总铁（mg/L）	0.027	0.029	0.028
总汞（mg/L）	未检出	未检出	未检出
总镉（mg/L）	未检出	未检出	未检出
铬（六价）（mg/L）	未检出	未检出	未检出
挥发性酚（mg/L）	未检出	未检出	未检出
氰化物（mg/L）	未检出	未检出	未检出
石油类（mg/L）	未检出	未检出	未检出
硫化物（mg/L）	未检出	未检出	未检出
草甘膦（mg/L）	未检出	未检出	未检出
乐果（mg/L）	未检出	未检出	未检出
敌敌畏（mg/L）	未检出	未检出	未检出

（三）浮游生物状况

1.浮游植物状况

对所采到的浮游植物样品进行镜检分析，结果显示保护区共有浮游植物6门76属，其中，绿藻门30属，硅藻门20属，蓝藻门9属，裸藻门8属，甲藻门5属，金藻门4属。保护区浮游植物名录见表4-10-3。

表4-10-3　保护区浮游植物名录

分类	种类	分类	种类
绿藻门	蹄形藻属 *Kirchneriella* 鼓藻属 *Cosmarium* 小球藻属 *Chlorella* 空星藻属 *Coelastrum* 四角藻属 *Tetraedron* 网球藻属 *Dictyosphaerium* 胶囊藻属 *Gloeocystis* 卵囊藻属 *Oocystis* 球囊藻属 *Sphaerocystis* 衣藻属 *Chlamydomonas* 绿球藻属 *Chlorococcum* 团藻属 *Voluox* 四棘藻属 *Treubarta* 水绵藻属 *Spirogyra* 空球藻属 *Eudorina* 十字藻属 *Crucigenia* 针联藻属 *Ankistrodesmus* 伏氏藻属 *Franceia* 叶衣藻属 *Iobomonas* 浮球藻属 *Planktorphaeria* 卡德藻属 *Carteria* 联藻属 *Ankistrodesmus* 栅藻属 *Scenedesmus* 顶棘藻属 *Chodatella* 新月藻属 *Closterium* 粗刺藻属 *Acanthosphaera* 多鞭藻属 *Polyblepharides* 微芒藻属 *Micractinium* 盘星藻属 *Pediastrum* 实球藻属 *Pandorina*	硅藻门	等片藻属 *Diutoma* 舟形藻属 *Navicual* 曲壳藻属 *Achnanthes* 羽纹硅藻属 *Pennularia* 异端藻属 *Gomphonema* 短缝硅藻属 *Eunotia* 脆杆藻属 *Fragilaria* 菱形藻属 *Nitzschid* 桥穹藻属 *Cymbella* 针杆藻属 *Synedra* 星杆藻属 *Amphora* 小环藻属 *Cyclotella* 月形藻属 *Amphora* 双舟藻属 *Amphiprora* 布纹藻属 *Gyrosigma* 平板藻属 *Tabellaria* 侧结藻属 *Stauroneis* 双壁藻属 *Diploneis* 根藻属 *Mizosolenia* 直链藻属 *Melosi*
		裸藻门	壳虫藻属 *Trachelomonnas* 裸藻属 *Euglena* 柄裸藻属 *Colacium* 鳞孔藻属 *Lepocinclis* 陀螺藻属 *Strombomonas* 扁裸藻属 *Phacus* 素裸藻属 *Astasia* 双鞭毛藻属 *Eutreptia*
蓝藻门	蓝球藻属 *Chroococcus* 颤藻属 *Oscillatoria* 螺旋藻属 *Spirulina* 平裂藻属 *Merismopedia* 林氏藻属 *Lyngbya* 念珠藻属 *Nostoc* 拟项圈藻属 *Anabaenopsis* 项圈藻属 *Anabaena* 蓝纤维藻属 *Dactyloccopsis*	金藻门	合尾藻属 *Synura* 钟罩藻属 *Dinobryon* 金藻属 *Chromoulina* 鱼鳞藻属 *Mallomonas*
		甲藻门	裸甲藻属 *Gymnodinium* 光甲藻属 *Glenodinium* 角甲藻属 *Ceratium* 兰隐藻属 *Chromonas* 隐藻属 *Cryptomonas*

浮游植物的密度在4.021×10⁴～12.240×10⁴个/升之间，生物量在0.0031～0.0760 mg/L之间，个体数量在9.7万～96.3万个/升之间。浮游植物定量分析见表4-10-4。

表4-10-4　浮游植物定量分析表

采样断面	密度和生物量	浮游植物总量	各门浮游植物总量	
			硅藻门	绿藻门
缓冲区	密度(×10⁴个/升)	12.240	11.310	1.260
	生物量(mg/L)	0.0760	0.3420	0.0001
实验区	密度(×10⁴个/升)	4.021	3.192	0.021
	生物量(mg/L)	0.0031	0.0243	0.0002
平均值	密度(×10⁴个/升)	8.112	7.250	0.643
	生物量(mg/L)	0.03955	0.18315	0.00015

2.浮游动物状况

通过对各采样断面的浮游动物进行定性分析可知，保护区共有浮游动物34种，其中，原生动物17种，轮虫类10种，枝角类5种，桡足类2种。保护区浮游动物名录见表4-10-5。

表4-10-5　保护区浮游动物名录

分类	种类	分类	种类
原生动物	太阳虫属 Actinophrys	轮虫类	针簇多肢轮虫属 Polyarthris
	纯毛虫属 Holophrya		晶囊轮虫属 Asplenchma
	刺胞虫属 Acanthocystis		萼花壁尾轮虫 Brachionus calyciflorus
	焰毛虫属 Askenasia		长足轮虫 Rotaria neptunis
	匕口虫属 Lagynophrya		三肢轮虫 Filinia
	急游虫属 Strombidium		针簇多肢轮虫 Polyarthra trigla
	侠盗虫属 Strotilidium		同尾轮虫属 Diurella
	砂壳虫属 Diffugia		泡轮虫属 Rompholy
	膜口虫 Frontonia leucas		水轮虫属 Epiphanes
	卵圆前管虫 Prorodon ovum		轮虫属 Epiphanrs
	草履虫属 Paramecium	枝角类	裸腹溞属 Moina
	尾毛虫属 Urotuicha		象鼻溞属 Bosmina
	铃壳虫属 Tintionnopsis		长刺溞属 Daphnia
	弹跳虫属 Halteia		秀体溞属 Diaphanosoma
	钟形虫属 Vorticella		长额象鼻溞 Bosmina longirostris
	长颈虫属 Dileptus		
	变形虫属 Amoeba		
桡足类	镖水蚤属 Calanoida		
	无节幼体 Nauplius		

浮游动物的密度在6.131～7.041个/升之间，生物量在0.0051～0.0067 mg/L之间。浮游动物的定量分析见表4-10-6。

表4-10-6 浮游动物定量分析表

采样断面	密度和生物量	浮游动物总量	各类浮游动物总量	
			原生动物	轮虫
缓冲区	密度(个/升)	6.131	1.210	4.276
	生物量(mg/L)	0.0051	0.0001	0.0051
实验区	密度(个/升)	7.041	6.321	1.867
	生物量(mg/L)	0.0067	0.0003	0.0047
平均值	密度(个/升)	6.621	3.583	3.437
	生物量(mg/L)	0.0059	0.0002	0.0005

3.底栖动物状况

本次调查共鉴定出底栖动物19种，其中，寡毛类6种，水生昆虫11种，甲壳类1种，软体类1种。保护区底栖动物名录见表4-10-7。

表4-10-7 保护区底栖动物名录

分类	种类
水生昆虫	花翅前突摇蚊 *Procladius choreus* 前突摇蚊 *Procladins skuze* 隐摇蚊 *Cyptochironomus* sp. 梯形多足摇蚊 *Polypedilw stalaenum* 细长摇蚊 *Tendipes attenuatus* 箭蜓 *Gomphus* sp. 摇蚊 *Chironomus* sp. 喜盐摇蚊 *C. salinarius* 羽摇蚊 *C. plumosus* 拟背摇蚊 *Tenaipes thummi* 粗腹摇蚊 *Pelopia* sp.
寡毛类	水丝蚓 *Limnodrilus* sp. 霍浦水丝蚓 *L. hoffmeister* 尾鳃蚓 *Branchiura* sp. 泥蚓 *Ilyodrilus* sp. 盘丝蚓 *Bothrioneurum* sp. 颤蚓 *Tubifex* sp.
甲壳类	钩虾 *Gammarus* sp.
软体类	椎实螺 *Lymnaea* sp.

底栖动物的密度在53.36～63.45个/米²之间，生物量在0.0145～0.0978 g/m²之间；平均密度为58.41个/米²，生物量为0.0562 g/m²。底栖动物定量分析见表4-10-8。

表4-10-8 底栖动物定量分析表

采样断面	密度和生物量	底栖动物总量	各纲底栖动物总量		
			昆虫纲	软甲纲	腹足纲
缓冲区	密度（个/米²）	63.45	32.60	1.00	0.31
	生物量（g/m²）	0.0978	0.0065	0.0010	0.0001
实验区	密度（个/米²）	53.36	24.36	0	0
	生物量（g/m²）	0.0145	0.0831	0	0
平均值	密度（个/米²）	58.41	28.48	1.00	0.31
	生物量（g/m²）	0.0562	0.0448	0.0010	0.0001

4.鱼类资源状况

保护区共采集到鱼类2科7种（或亚种）。该保护区鱼类名录见表4-10-9。

表4-10-9 保护区鱼类名录

分类	种类
鲤科	马口鱼 *Opsariichthys bidens* 拉氏鱥 *Phoxinus lagowskii lagowskii* 棒花鱼 *Abbottina rivularis* 唇鮹 *Hemibarbus labeo* 麦穗鱼 *Pseudorasbora parva* 齐口裂腹鱼 *Schizothorax prenanti*
鳅科	北方花鳅 *Cobitis granoei*

在调查范围内共捕获鱼类323尾，总重量为0.869 kg。渔获物群落结构（见表4-10-10）总体表明，玉垒河段渔获物以小型鱼类为主。

表4-10-10 渔获物结构统计表

种名	尾数	总重(g)	体长范围 （cm）	体重范围 （g）	均重 （g）	数量占比 （%）	重量占比 （%）
马口鱼	26	165	3.4～8.2	1.39～6.95	4.8	8.0	19.0
拉氏鱥	168	182	3.1～8.7	1.80～8.95	4.6	52.0	20.9
棒花鱼	23	97	3.6～13.4	3.60～17.8	12.0	7.1	11.2
唇鮹	15	78	7.0～11.1	4.6～12.9	10.4	4.6	9.0
麦穗鱼	28	64	3.5～8.6	4.8～15.1	12.1	8.7	7.4
齐口裂腹鱼	32	197	5.4～15.8	5.2～12.4	8.9	9.9	22.7
北方花鳅	31	86	4.2～13.4	2.6～9.8	7.4	9.6	9.9
合计	323	869	—	—		100	100

5.水生维管束植物状况

保护区玉垒河段内零星分布有芦苇（*P. australis*）、水香蒲（*T. minima*）、眼子菜（*P. franehehe-fi*）等水生维管束植物。

三、总结

截至2021年，文县白龙江大鲵省级自然保护区玉垒河段约有大鲵86尾；其生境因子中，水质良好，浮游植物、浮游动物、底栖动物、鱼类资源、水生维管束植物均有分布。

参考文献

［1］刘阳光.甘肃渔业资源与区划［M］.兰州：兰州大学出版社，2000.

［2］沈镇昭，梁书升.生物资源［M］.北京：中国农业年鉴，2001.

［3］伍献文.中国鲤科鱼类志（上卷）［M］.上海：上海科学技术出版社，1964.

［4］伍献文.中国鲤科鱼类志（下卷）［M］.上海：上海科学技术出版社，1977.

［5］伍献文.中国经济动物志：淡水鱼类［M］.北京：科学出版社，1963.

［6］李思忠.黄河鱼类区系的探讨［J］.动物学杂志，1965（5）：217-222.

［7］李思忠.中国淡水鱼类的分布区划［M］.北京：科学出版社，1981.

［8］王香亭，贺汝良，赵安谟.兰州附近黄河的鱼类［J］.生物学通报，1956（12）：14.

［9］中国动物学会.中国动物学会三十周年学术讨论会论文摘要汇编［C］.北京：科学出版社，1965.

［10］张春霖.中国淡水鱼类的分布［J］.地理学报，1954，20（3）：279-284.

［11］朱元鼎，伍汉霖.中国鰕虎鱼类动物地理学的初步研究［J］.海洋与湖沼，1965，7（2）：122-140.

［12］中国鱼类学会.鱼类学论文集(第一辑)［C］.北京：科学出版社，1981.

［13］王香亭.甘肃脊椎动物志［M］.甘肃：甘肃科学技术出版社，1991.

［14］甘肃省人民政府.甘肃省公布第二批共20种重点保护野生动物名录［EB/OL］.（2007-09-22）［2023-11-25］.https://www.gov.cn/gzdt/2007-09-22/content_758612.htm.

［15］褚新洛，郑葆珊，戴定远.中国动物志·硬骨鱼纲·鲇形目［M］.北京：科学出版社，1999.

［16］陈湘遴.我国鲶科鱼类的总述［J］.水生生物学集刊，1977，6（2）：197-218.

［17］中国科学院动物研究所鱼类组与无脊椎动物组.黄河渔业生物学基础初步调查报告［M］.北京：科学出版社，1659.

［18］秦克静，姜志强，何志辉.中国北方内陆盐水水域鱼类的种类和多样性［J］.大连水产学院学报，2002，17（3）：167-175.

［19］杨君兴，陈小勇，蓝家湖.高原特有条鳅鱼类两新种在广西的发现及其动物地理学意义［J］.动物学研究，2004，25（2）：111-116.

［20］汪松，解焱.中国物种红色名录（第一卷）［M］.北京：高等教育出版社，2004.

［21］孟庆闻，苏锦祥，缪学祖.鱼类分类学［M］.北京：中国农业出版社，1995.

［22］刘建康，曹文宣.长江流域的鱼类资源及其保护对策［J］.长江流域资源与环境，1992，1（1）：17-23.

［23］武云飞，吴翠珍.青藏高原鱼类［M］.成都：四川科学技术出版社，1992.

［24］朱松泉.中国条鳅志［M］.南京：江苏科学出版社，1989.

［25］汪松.中国频危动物红皮书［M］.北京：科学出版社，1998.

［26］曲修杰.黄河玛曲段水产种质资源保护区的调查研究［D］.北京：中国农业科学院，2009.

［27］李思忠，张世义.甘肃省河西走廊鱼类新种及新亚种［J］.动物学报，1974，20（4）：414-419.

［28］农业部渔业局.中国渔业年鉴2010［M］.北京：中国农业出版社，2010.

［29］沈红保，李科社，张敏.黄河上游鱼类资源现状调查与分析［J］.河北渔业，2007（6）：37-41.

［30］刘阳光.黄河玛曲段渔业现状及其增殖途径的探讨［J］.淡水渔业，1981（3）：37-40.

［31］王骥.2007中国渔业年鉴［M］.北京：中国农业出版社，2007.